浙江山川古蹟記

〔上册〕

〔清〕杭世駿 輯

浙江文叢

浙江古籍出版社

圖書在版編目(CIP)數據

浙江山川古蹟記 / (清) 杭世駿輯. -- 杭州 : 浙江古籍出版社, 2021.11

(浙江文叢)

ISBN978-7-5540-2165-1

Ⅰ. ①浙… Ⅱ. ①杭… Ⅲ. ①自然地理—浙江—清代②名勝古蹟—浙江—清代 Ⅳ. ①P942.55②K928.705.5

中國版本圖書館CIP數據核字(2021)第246016號

浙江文叢

浙江山川古蹟記

(全二册)

〔清〕杭世駿 輯

出版發行 浙江古籍出版社

(杭州市體育場路347號 郵編:310006)

網 址 https://zjgj.zjcbcm.com

責任編輯 沈宗宇

封面設計 吴思璐

責任校對 吴穎胤

責任印務 樓浩凱

照 排 浙江時代出版服務有限公司

印 刷 浙江新華數碼印務有限公司

開 本 710 mm × 1000 mm 1/16

印 張 34.25

版 次 2021年11月第1版

印 次 2021年11月第1次印刷

書 號 ISBN 978-7-5540-2165-1

定 價 260.00圓(精裝)

ISBN 978-7-5540-2165-1

9 787554 021651 >

前言

《浙江山川古蹟記》，清杭世駿輯，現藏國家圖書館，鈔本，六卷，八册，無格。前有杭世駿自序、章鈺跋和唐翰題跋。此書是關於浙江山川古蹟歷史記載的一個總結性資料彙編，六卷目録：卷一全省考，卷二臨安山川考，卷三嘉興山川考、吴興山川考，卷四四明山川考、紹興山川考，卷五赤城山川考、金華山川考、衢州山川考，卷六睦州山川考、温州山川考、括倉山川考。

杭世駿（一六九六—一七七二），字大宗，號堇浦，又號秦亭老民、秦亭山民等。浙江仁和（今杭州）人。清代雍乾時期著名學者。乾隆元年（一七三六）舉博學鴻詞，列一等第五，授編修。乾隆八年（一七四三）削職遣歸。乾隆三十七年（一七七二）卒於杭州。現存著作約有三十餘種，其中有很大一部分未能得到刊刻，以鈔本形式流傳，《浙江山川古蹟記》便是其中一種。

杭世駿序云：

兩浙甲稱寓内，蓋山川之勝爲多。觀夫天目遥峙，兩峰近列，江介海門，環繞若帶，而吴峰、秦望諸山，錯落其間。以是錢越稱霸，趙宋徙都，龍飛鳳舞，往牒徵焉。若乃湖波澄秀，江濤奇詭，咸足壯覽觀而侈談説，斯人文所繇鍾毓矣哉！凡叙山川者，或等其遠近，或次其大小，其峰巖洞壑之類，或附見於下，或分見於後，各從一例，庶於義有據也。舊志所列，或首其大者，或先其近者，甚則兩無所據而漫然及之者。至於峰巖洞壑，往往互見或分見焉，參錯不論，何以爲義例乎？予所叙諸山，率皆自近及遠，由東及西，而南而北而四隅，皆以次。故有以培塿而首千仞者，地近也，或四方之正也；以窮隆而後岡阜者，地遠也，或四隅之偏也。乃諸峰巖嶺洞之屬，則各以類分見於後。庶乎山與山齒，則可教其前後左右而文彩可施；峰與峰齒，巖與巖齒，則見其派列區分而披覽亦便。亦猶叙水者先海次江，次河，次溪流諸委，當叙海時不聞及海之支流也，及叙江時不聞述江之分派也。嗟嗟，掛漏舛錯者無庸論矣，若徒記山名丈尺而藻繢不施，此與塗經門籍何異？頃見《廣志》所載山形物産，比類連事，焕然有文，真可增觀山川，尉爲懿典。予因參稽遺牒，質以故老之言，考厥地形，博稽物産，聯絡組繪，輯爲是書，後之按籍臥遊者，亦知撰者苦心云。

該序先總括浙江的山川形勝，回顧往古王朝在杭州建都的歷史；再説明本書的撰著緣起和編排體例。杭世駿有慨於舊志在列叙山川時體例不統一，遂確立了叙山時『自近及遠，由東及西，而南而北而四隅』，而將峰、巖、嶺、洞以類分見於後，叙水時『先海次江次河次溪流諸委』的編排順序，以期眉目清楚，便於披覽。與此同時，杭世駿認爲地志不能滿足於簡單地記録山名尺丈，而應當效仿《廣志》的比類連事、焕然有文。最後，杭世駿述及本書的編撰方法和資料來源，是『參稽遺牒，質以故老之言，考厥地形，博稽物産』。

查考實際，杭世駿此書把玉環山、天目山、武林山、四明山、普陀山、天台山、雁蕩山置於最前單獨介紹，然後從卷一開始，按照行政地理的劃分，從全省到各地方，分門別類地介紹山脉、河流、湖塘等。介紹時，主要根據歷代乃至當代的各類文獻，並對各類文獻進行剪裁和組織。另外，此書可能尚未最終完稿，因爲部分書葉的天頭有補充性文字，而在引書需要標明出處的地方仍留有一些空缺。

唐翰題跋云：

余既得仁和沈椒園先生所纂《兩浙人物志》十六卷，閱一年，復得是册，蓋一時傳録之本，同爲陳仲魚外翰所藏，圖記如一。皓劫後故家藏書十佚八九，是書離而後合，未始非緣也。卷中有抱經堂墨印、何夢花上舍石印，皆曾經鑒藏者。淵如孫觀察朱書乃親筆也。丁卯夏五月嘉興新豐鄉人記。（下鈐『鷃安平生真賞』印。）

兩書未有槧本，故藏書家珍如圖球。（下鈐『晋昌』印。）

章鈺跋云：

堇浦先生著書刊行甚多，此《浙江山川古蹟記》藁本則藏家未見著録。先生於雍正辛亥聘修《兩浙全志》，草成《兩浙經籍志》，自序見《道古堂集》。《經籍志》以有所避忌，官修官定不與采用，序言極爲憤慨。此《山川志》必係先後屬艸，或以意見不合，閼而未出。許宗彦擬先生别傳，有曰『遺書未刊者尚夥，往往散落人間』，此藁即其一也。繕寫精完，先歸陳簡莊，繼入别下齋，與沈椒園撰《兩浙人物志》藁本可謂舊鈔本中雙璧。乙亥九月初十日，霜根學人長洲章鈺題。（下鈐『同治乙丑生』印。）

兩跋透露了有關《浙江山川古蹟記》的撰著背景以及此鈔本遞藏經過的信息。

檢《道古堂集》卷六《兩浙經籍志序》云：

雍正辛亥春，制府禮聘名碩，修浙省全志。予以謭劣，謬從諸老先生後，磨鉛濡卓，得與於編削之役。《經籍》一志，所創稿也。……惟予覈丹篆之詡揚，逮虞初之諷誦，縉紳脞説、崔張小文，審隅曲其可觀，雖詅癡而必録。閲月凡九，迺克成編，爲卷五，爲目五十有九，爲書一萬五千有奇，方之前志，訂訛補闕，其亦略備也已。無何，制府朝京，局事大變。狐憑虎以作威，蜮含沙而射影。檄取成書，妄生彈射，謂時令、地理非史，天文、律曆非子，食貨不宜别標寶貨、器用，醫家不宜更分經方、針灸，樹頤眩而插齒牙，沸吼吹唇，牢不可破。予援四代史志及《崇文》、昭德、莆田、鄱陽之書以證之，益復中其所畏。倡爲鴟張狼顧之談，以濟其鵷雛腐鼠之嚇。謂聖天子稽古向學，將按籍而開獻書之路，封疆大吏慮不能盡應，以稗乙夜之覽。至或郢書燕説，記醜而博，貽曲學之譏，來求全之責，解之不能，爲累滋大。又或草莽之私史、孤憤之《離騷》，將吹毛以索疵，必傷桃而戒李。凡兹數説，轉丸飛鉗，恫疑虚喝，當局秉筆者舌撟頸縮，大有戒心，肆意塗竄，無復詮整。艾儒魁士之述作，以疑似而見删；家猷國獻之章程，因運移而並廢。續鳧斷鶴，取笑通人，今世所行本是也。……嗚呼！余生孱跛，闃堂閂穴本所不闕，因次舊稿，别本單行，聊述其顛末若此。……

其中反映的事實：杭世駿在雍正九年（一七三一）參與了浙江總督李衛主持的《浙江通志》的編撰，用九個月的時間完成了《經籍志》部分，自己非常滿意。但他的編纂體例很快招致了責難。他援引歷朝經籍志、藝文志，以及《崇文書目》《郡齋讀書志》《文獻通考·經籍考》《通志·藝文略》等目録學名著以爲依據，但反對者聲稱，如果呈上往代目録，會引得皇帝『按籍而開獻書之路』，不但將使地方官吏疲於奔命，而且有觸犯時忌的可能。『當局秉筆者』出於戒懼之心，對杭世駿的原撰大幅删改，使之面目全非。杭世駿對此痛心疾首，遂編次舊稿，别本單行。章跋所云『極爲憤慨』者謂此。章氏並據以推測『此《山川志》必係先後屬草，或以意見不合，闕而未出』，是很合理的。則《浙江山川古蹟記》亦當撰著於雍正九年（一七三一）或稍後。

杭世駿於乾隆三十七年（一七七二）年謝世。許宗彦《杭太史别傳》云：『太史遺書未刻者尚夥，賓仁既殁，往往散落人間云。』可知在少子賓仁下世後，杭世駿的未刊遺著便流散了。從本書中鈐有的『得此書費辛苦後之人其鑒我』『海甯陳鱣觀』『簡莊藝文』

『何元錫印』『生沐秘藏』『生沐』『蔣光煦印』『別下齋藏書印』『別下齋藏書』『鷁安校勘秘笈』『海豐吴氏石蓮盦』『吴重憙』諸印，結合唐翰題、章鈺跋文看，本書曾由陳鱣（一七五三—一八一七）、何元錫（一七六六—一八二九）、蔣光煦（一八一三—一八六〇）、唐翰題（一八一六—一八九六）、吴重憙（一八三八—一九一八）遞藏或經眼。傅增湘嘗跋校本《北夢瑣言》云：『其（吴重憙）書多得自嘉興唐鷁安家。』而章鈺民國年間寓居天津之際，與吴重憙過從甚密，吴氏所藏秘籍多曾寓目，故能够在民國乙亥（一九三五）爲書作跋。

《浙江山川古蹟記》徵引材料宏富，對今天考察浙江的地方文獻很有助益；抄寫精工，具有獨特的藝術欣賞價值。與雍正《浙江通志》卷九『山川』對讀，尤能見其内容上的增益與編排體例方面的匠心。

國家圖書館藏《浙江山川古蹟記》當是該書的唯一存本，價值自不待言。我們將它影印出來，並增加目録與簡介，以饗讀者，希望它能够對今後的浙地文獻考索和浙江文化建設發揮更大的作用。

目録

堇浦先生著書刊行甚多此浙江山川古蹟記稾本則藏家未見著録先生於雍正辛亥聘修兩浙全志草成兩浙經籍志自序見道古堂集經籍志以有所避忌官修定不与采用序言極爲憤慨此山川志亦係先後屬草或以意見不合鬩而未出許宗彥擬先生別傳有曰遺書未刊者尚夥往、散落人間此稾即其一也繕寫精完先歸陳簡莊後入別下齋与沈耕園撰兩浙人物志稾本可謂舊鈔本中雙璧乙亥九月初十日霜根學人長洲章鈺題余既得仁和沈椒園先生所纂兩浙人物志十六卷閱一年復得是冊蓋一時傳錄之本同為陳仲魚外孫所藏圖記如一皓叔後故家藏書十佚八九是書雖而復合未始非緣也卷中有校語者墨即何夢華上舍所印時經筌藏者淵如孫觀察先生乃親筆也丁卯夏五月嘉興新篁鄉人記

兩書未有栞本均藏書家孫如圖識

浙江山川古蹟記序

兩浙甲稱寓內蓋山川之勝為多觀夫天目遙峙兩峰近列江介海門環繞若帶而吳峰秦望諸山錯落其間以是於越稱霸趙宋徒都龍飛鳳舞往牒徵焉若乃湖波澄秀江濤奇詭咸足壯覽觀而修談說斯人文所繇鍾毓矣哉凡敘山川者或著其遠近或攷其大小其峰巖洞壑之類或附見於下或分見於後各從一例庶於義有據也舊志所列或首其大者或先其近者甚則兩無所據而漫然及之者至於峰巖洞壑往往互見或分見焉參錯不論何以為義例乎予所敘諸山率皆自近及遠由東及西而南而北而四隅皆以次敘

有以培塿而眥千仞者也近也或方之丘也以穹窿而後岡阜者也遠也或四隅之偏也乃論峰巖嶺峒之屬則各以類分見於後廣乎山與山齒則可敘其前後左右而文彩可施峰與峰齒巖與巖齒則見其派列區分而披覽亦便亦猶敘水者先海次江次河次溪流諸委當敘海時不聞及海之支流也及敘江時不聞述路之分派也嗟嗟掛漏舛錯者豈庸論矣若徒記山名或人而藻繢不施此與淮經門籍何異須見廣志所載山形物產比類連事煥然有文真可增觀山川慰爲懿典吾周參稽遺牒質以故老之言

考厥地形博稽物產聯絡組繪輯為是書俾去樵
籍所游者亦知撰者苦心云

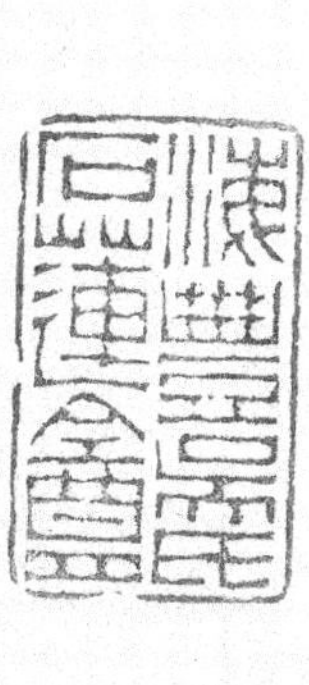

浙江山川古蹟記卷目録

仁和杭大宗世駿輯

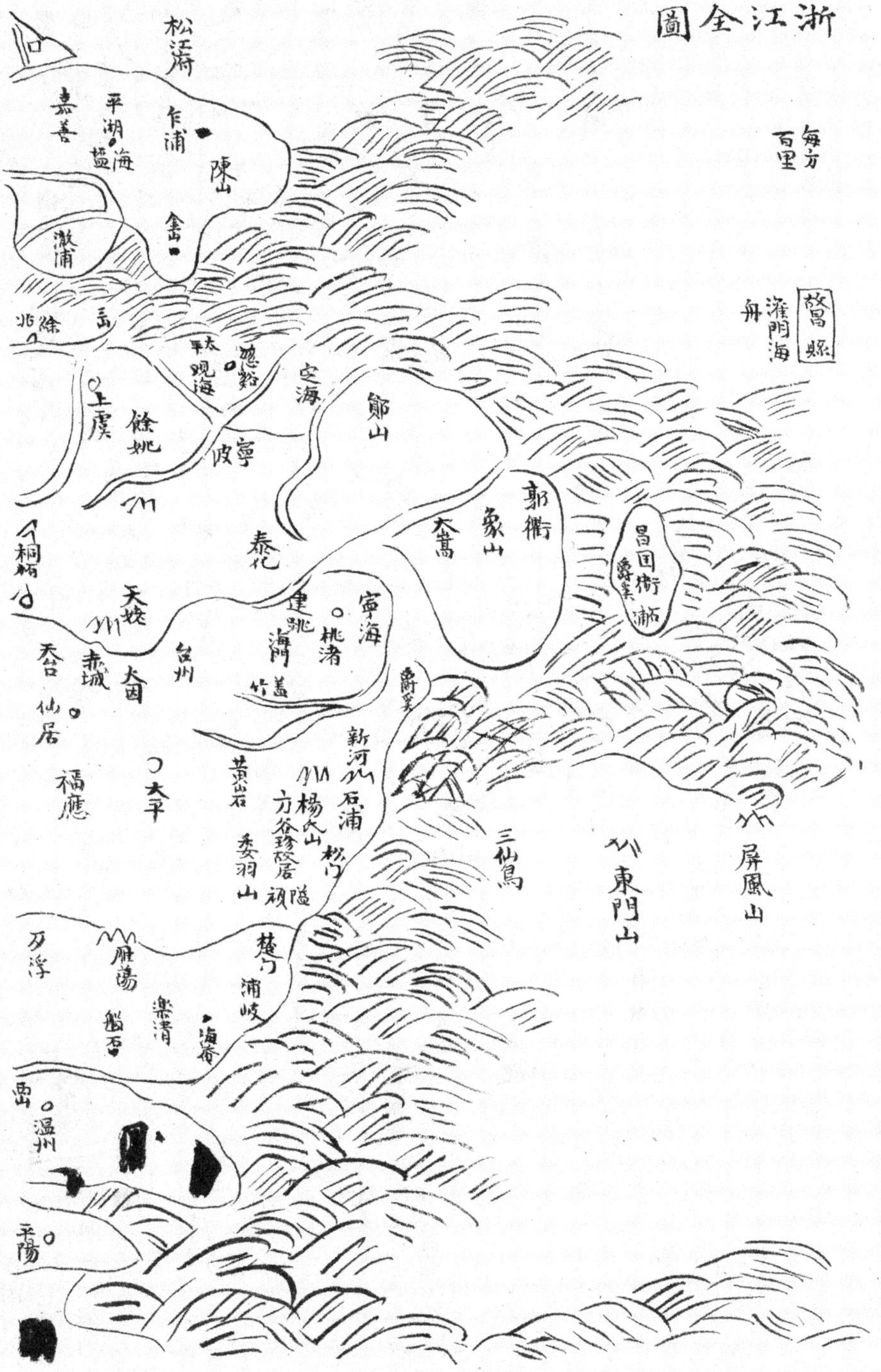
浙江全圖
每方百里
松江府
嘉善
平湖
海鹽
乍浦
陳山
澉浦
上虞
餘姚
慈谿
觀海
寧波
定海
象山
奉化
天姥
桐柏
天台
赤城
台州
仙居
寧海
健跳
海門
桃渚
新河
石浦
黄岩
太平
福應
楊氏山
委羽山
松門
三仙島
東門山
屏風山
雁蕩
楚門
浦岐
樂清
溫州
平陽

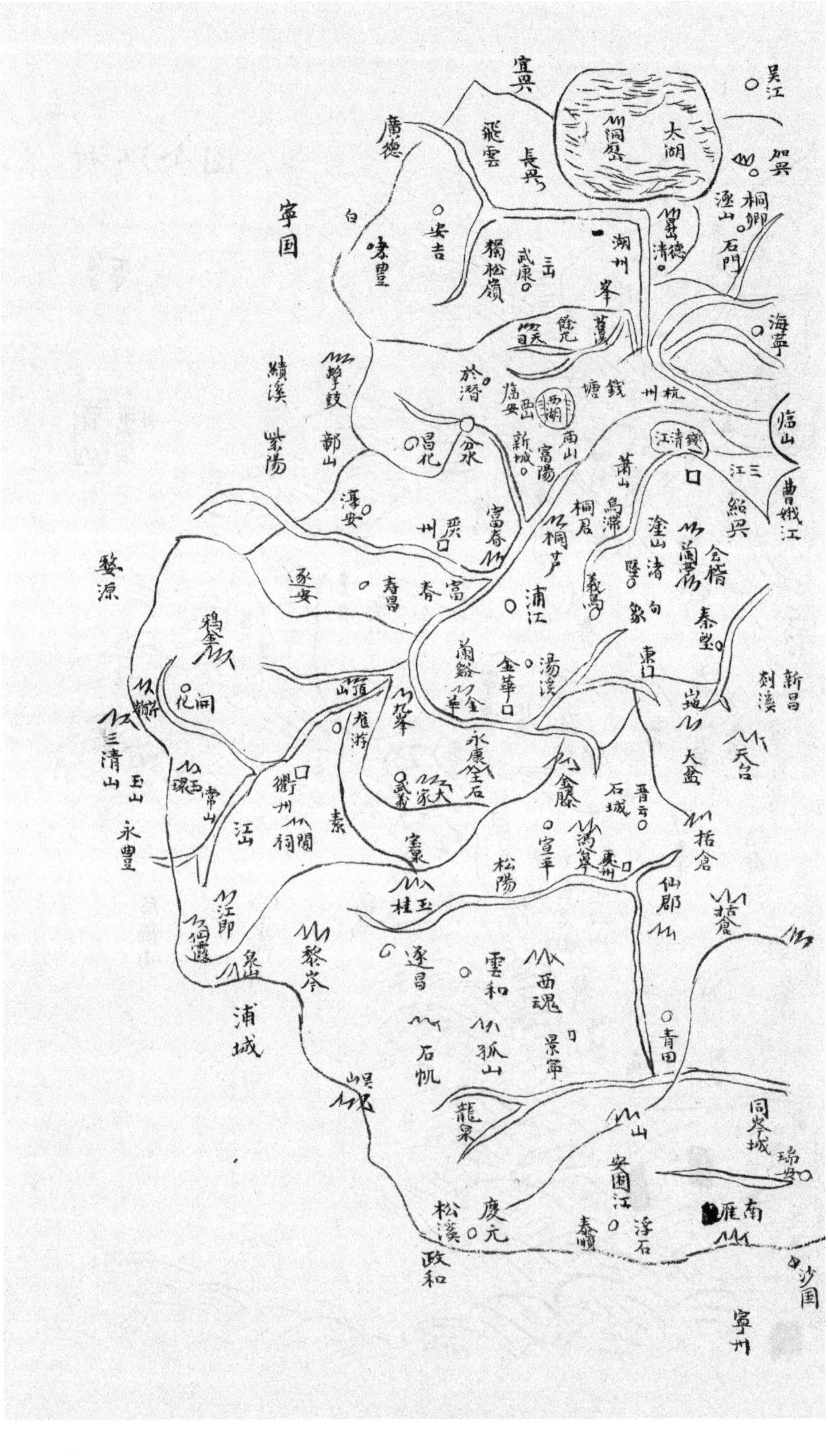
吳江
加興
太湖
宜興
廣德
飛雲
長興
桐鄉
石門
寧国
安吉
孝豊
獨松嶺
武康
湖州
德清
海寧
餘杭
於潛
臨安
西湖
錢塘
杭州
臨山
績溪
紫陽
昌化
分水
新城
富陽
錢清江
三江
曹娥江
紹興
淳安
富春
蕭山
烏滞
桐君
諸曁
婺源
遂安
壽昌
浦江
義烏
會稽
秦望
金華
湯溪
東陽
新昌
剡溪
天台
大盘
龍游
九峯
永康
衢州
常山
江山
三清山
玉山
永豊
石城
宣平
松陽
括蒼
仙郡
遂昌
雲和
景寧
青田
龍泉
浦城
松溪
慶元
政和
瑞安
南雁
寧州

通省

玉環山

玉環山舊名木嶼亦名木榴亦名地肺南宋以後改今名山界溫台之間分屬樂清太平二縣延袤七百餘里四面距海外際大洋實溫台之門戶全浙之藩維也明洪武特徙其民實內地而是山孤懸海外蒙茸蟠結歷有年所矣雍正五年總督李衛題請展復奉

命經營相度因山築城因城濬池招徠農氓廼疆廼理曰壇曰廟軍營官廨室廬倉廩悉置如制田涂墾藝賦則三壤設官以撫之駐兵以衛之都鄙有章封洫有度魚鹽有定則斥鹵有贍利與夫墩臺烽堠遊巡哨探之方具有成憲由是雞犬桑麻熙熙攘攘而玉環遂為島嶼間沃壤云

天目山

天目東西兩山太平寰宇記云高三千九百丈廣五百五十里水因山曲折東西巨源若兩目然故曰天目咸淳臨安志云一名浮玉山聯亘杭湖宣歙四州周八百里東目之脈萃于餘杭結穴于徑山西目之脈直走錢塘包絡于武林山是天目者杭之主山而形家所謂龍飛鳳舞到錢塘者也山多險潭分上中下三級最上一潭水腥不可觸有犯之者風雨雷電交作蓋龍之靈氣也山下有洗眼池相傳梁昭明分經洗眼于此山半有濡王巖傳是高麗濡王參禮中峰處有昇仙峰傳是徐仙鍊形羽化處仙鋸石二十餘扇剖削如鋸或尺許或六七寸一二寸許有未剖者亦繩墨綫〻痕跡宛然神人變化乃爾道藏列之太微元蓋洞天洵不虛云山愈高愈寒登蓮花峰者必繩引而上十月後天欲雪群猿繞屋而啼旅人不去蘇軾有云自天目山俯視雷雨但聞嬰兒聲不聞雷震宜寰中裹糧者少也

武林山

杭州舊稱武林以山得名漢地理志云武林山武林水所出舊志以為即靈隱山引宋人樓鑰詩為據明一統志又合靈隱飛来峰為武林山郎穆生辨之詳矣蓋武林山者靈隱天竺諸山之總名也自晉僧慧理有天竺國靈鷲山飛来之語而後有靈鷲之名有靈隱之名有天竺之名有飛来之名至蓮花佛國白雲白猿獅子香爐之名皆緣慧理而發者而南高北高五雲濩桂乳竇月桂諸名則又衆山之別稱要皆武林之支山也靈隱天竺兩山由一山門入有南北二澗循澗而北經迴龍橋度飛来峰對冷泉亭有絶勝覺塲是為靈隱寺循澗而南由下竺達中竺至白雲峰下是為上天竺寺南澗之水發源于白雲峰北澗之水發源于石人嶺會流于合澗橋東注二里許經行春橋而入于西湖是為錢源晏殊類要云錢塘武林山錢源出焉即漢志所謂武林水出武林山是也

四明山

四明山在鄞縣西南百五十里由天台山發脈東北湧為二百八十峰中三十六峰周回八百餘里綿亘鄞奉慈三邑及紹興之餘姚上虞嵊台之寧海諸境上有石窗四面玲瓏望之如牖中通日月星宿之光故曰四明木元虛云天下第九洞天號曰丹山赤水是也山西連沓起狀如奔牛曰奔牛山中有三朵峰宋張平子居焉其支山為杖錫峰為石樓為松巖為大小雷為雞籠為蜂火樓為峒山鰲山西山〻中常有雲氣覆冒二十里不絕名曰過雲其南曰雲南北曰雲北山隴行三十里有峰曰雲根石壁瀑布如懸河旁曰瀑溪洞後漢劉綱為上虞令與妻樊雲翹隱居洞側後人立祠有榭曰樊榭梁孔祐居山中一鹿中箭來投祐為牧豢而愈遂建鹿亭三朵峰少南則芙蓉五峰相望其中峰有漢隸大書深刻曰四明山心其上為鸞心巖晉孫綽賦云涉海則有方丈蓬萊登陸則有四明天台蓋靈仙之所窟宅也

普陀山

普陀山亦名補陀洛伽山華言小白華山去定海縣約二百里山周圍百里孤懸海中相傳普門大士示現于此善財南詢處也寺舊名寶陀

聖祖仁皇帝賜名普濟寺東五里光熙峰下舊有海潮寺後名鎮海普濟別院也康熙二十八年

御題天花法雨額改名法雨禪寺俗稱後寺去普濟東三里為潮音洞又法雨東一里為梵音洞洞顛通穴洪濤衝激噌吰鏜鞳如天樂梵音交作日光穿漏遥望石罅中有白衣化身時隱時現自開山以來無不瞻禮大士然大士無形誠動輒應

佑國庇民實相感通外更有小洛伽山相望海中亦大士示現地

天台山

天台山高一萬八千丈周圍八百里四面如一山不下數十重總以天台名之山巔一峰中有户闢名曰赤城石皆赭色形如雉堞右為玉京洞道書所云第六洞天東為國清寺隋智顗師道場山多精廬此其絕勝北為清溪西有桃源繡壁夾澗十里三折仙蹤惝怳難窮其與西南最高峰曰華頂自山麓至峰頂凡八重登其巔大海錢江栝蒼鴈蕩俱在目睫俯瞰羣峰或如蓮葉或如花鬘髻鬟芙蓉一朶浮動海上真異境也西行為瓊臺有雙闕對峙臺當大壑之心空際石起浮嵐插天狀如削瓜萬仞卓立森倚相向孫綽所謂雙闕雲竦以界道瓊臺中天而垂居是也中為桐柏山上有崇道觀晋王子晋所治金庭洞天仙人葛翁居之其北為寒巖上有鵲橋屋石欲接一罅中斷飛泉噴薄猿鳥回縱循鳥道東折迴絕處為石梁峭壁如劍削雙澗懸流兩崖支石滑不受趾文綽所謂跨穹窿之懸磴臨萬丈之絕溟是也過此則應真五百所棲兜羅示現宮闕縹緲津逮者蓋自崖而返矣

雁蕩山

雁蕩一名雁湖高四十里頂上有湖方十里候雁來賓海宿于此故名山之界東至温嶺西至白巖南至玉環山北至蒼坡山唐一行盡天下山河為南北兩戒以南戒盡于雁蕩蓋謂巴蜀湖南之山趨金陵渡錢塘而結束于此也東西内外谷包藏一百一峰而剪刀天柱最勝剪刀峰高數百丈屹立澗水中神斤劉削兩股呀然而闢天柱峰千仞壁立儼如端人正士執笏殿廷令人肅然起敬餘則隨步換形莫可名狀瀑布凡三處而大龍湫自雁湖合諸溪澗水從坳中直下疑天上銀漢望空傾瀉砰雷翻轂隨風雲飛颺沾灑數里里外高約五千餘尺小龍湫上龍湫俱遜之他如石梁之拔地梯天常雲之晴空不散梅雨泉之一綫搖漾人喧則止人寂則飛皆奇幻之尤著者聞山為諾詎羅尊者賦斤竹磵石門詩者為謝康樂以遊蹤聞者為沈伯達沈存中王龜齡諸人後之遊東甌者可考焉

浙江山川古蹟記卷一

仁和杭大宗世駿輯

浙江省

(尚書舜典)肇十有二州。(尚書禹貢)淮海惟揚州。(爾雅)江南曰揚州。(周禮職方氏)東南曰揚州。(吳越春秋)夏禹周行天下歸還大越登茅山以朝四方。(又)少康封庶子於越號曰無餘。(史記吳世家)周武王克殷求太伯仲雍之後得周章周章已君吳因而封之。(左傳)哀公元年吳王夫差敗越于夫椒遂入越。(又)哀公二十二年越滅吳。(史記越世家)楚威王大敗越殺王無疆盡取故吳地至浙江北。(資治通鑑)秦始皇帝二十四年王翦蒙武定楚以其地置楚郡。(又)王翦悉定荆江南地降百越之君置會稽郡。(史記貨殖傳注)秦置鄣郡。(史記灌嬰傳)漢高祖六年灌嬰定會稽郡。(資治通鑑)六年以淮東五十三城立從兄賈為荆王十二年立兄子濞為吳王更以荆為吳國。(又)孝惠帝三年立閩君搖為東海王都東甌。(史記吳王濞傳)景帝三年削吳會稽郡徙汝南王非王吴故地為江都王。(通鑑綱目)建元三年閩越擊東甌遣使發兵救之遂徙其衆于江淮間六年立餘善為東越王元鼎六年遣將軍楊僕等將兵擊東越元封元年東越降徙其民江淮間。(漢書地理志注)元封二年鄣郡更名丹陽。(資治通鑑)元封五年置十三部皆置刺史。(嘉靖浙江通志)始元二年以閩越地置回浦治二縣屬會稽郡。(漢書地理志)錢唐西部都尉治回浦南部都尉治。(又)會稽郡縣二十六吴曲阿烏傷毗陵餘暨陽羨諸暨無錫山陰丹徒餘姚婁上虞海鹽剡由拳大末烏程句章餘杭鄞錢唐鄮富春冶回浦丹陽郡縣十七宛陵於朁江乘春穀秣陵故鄣句容涇丹陽石城湖孰陵陽蕪湖黟溧陽歙宣城。(後漢書順帝紀)永建四年分會稽為吴郡。(後漢書郡國志)揚州刺史部郡國六丹陽郡十六城宛陵溧陽故鄣丹陽於潛涇歙黟陵陽蕪湖秣陵牛渚湖孰侯國句容江乘春穀石城會稽郡十四城山陰鄮烏傷諸暨餘暨大末上虞剡餘姚句章鄞章安永寧東部侯國吴郡十三城吴本國海鹽烏程餘杭毗陵丹徒曲阿由拳安富春陽羨邑無錫侯國婁。(三國吴志)建安十三年權以六縣爲新都郡。(又)黃武五年分丹陽吳會三郡十縣置東安郡七年罷東安郡。(又)太平二年以會稽東部爲臨海郡。(又)永安三年以會稽南部爲建安郡。(又)寶鼎元年分會稽爲東陽郡。(又)分吳丹陽爲吳興郡。(晉書地理志)吳揚州統丹陽吳會稽吳興新都東陽臨海建安豫章鄱陽臨川安成廬陵南部十四郡。(又)改新都曰新安郡。(資治通鑑)永嘉四年琅邪王睿以周玘爲吳興太守于其鄉里置義興郡以旌之。(通典)元帝渡江揚州爲王畿鎮江東浙江地。(晉書地理志)太寧元年分臨海立永嘉郡。(資治通鑑)咸和二年徙瑯琊王昱爲會稽王。(晉書地理志)吳郡統縣吳嘉興海塩、官錢唐富陽桐廬建德壽昌海虞婁吳興郡統縣烏程臨安餘杭武康東遷於潛故鄣安吉原鄉長城會稽郡統縣山陰上虞餘姚句章鄞鄮始寧剡永興諸暨東陽郡統縣長山永康烏傷吳寧太末信安豐安定陽遂昌新安郡統縣始新遂安黟歙海寧黎陽臨海郡統縣章安臨海始豐寧海永嘉郡統縣永寧安固松陽橫陽義興郡統縣陽羨義鄉國山臨津平陵永世。(宋書武帝紀)

永初二年罷會稽郡府。（資治通鑑）元嘉三十年分浙東五郡為會州省揚州立司隸校尉。（宋書州郡志）孝建元年分揚州之會稽東陽新安永嘉臨海五郡為東揚州。（宋書孝武帝紀）大明三年以揚州所統六郡為王畿以東揚州隸揚州。（宋書州郡志）大明七年吳郡度屬南徐八年復舊。（宋書孝武帝紀）大明八年以王畿諸郡為揚州以揚州為東揚州。（宋書州郡志）永光元年省東揚州幷揚州。（又）泰始四年義興屬南徐。（又）昇明三年改揚州刺史曰牧領郡十。（又）揚州刺史部會稽太守領縣十山陰永興上虞餘姚剡諸暨始寧句章鄞鄮吳郡太守領縣十二吳婁嘉興海虞海鹽、官錢唐富陽新城建德桐廬壽昌新昌吳興太守領縣十烏程東遷武康長城原鄉故鄣安吉餘杭臨安於潛東陽太守領縣九長山太末烏傷永康信安吳寧豐安定陽遂昌臨海太守領縣五章安臨海始豐寧海樂安永嘉太守領縣五永寧安固松陽樂成橫陽新安太守領縣五始新遂安歙海寧黟南徐州刺史部義興太守領縣五陽羨臨津義鄉國山綏安。（南齊書州郡志）永明二年義興郡割屬揚州後復舊。（又）揚州會稽郡山陰永興上虞餘姚諸暨剡鄞始寧句章鄮吳郡吳婁海虞嘉興海鹽錢唐富陽鹽官新城建德壽昌桐廬吳興郡烏程武康餘杭東遷長城於潛臨安故鄣安吉原鄉東陽郡長山大末烏傷永康信安吳寧豐安定陽遂昌新安郡始新黟遂安歙海寧臨海郡章安臨海寧海始豐樂安永嘉郡永寧安固松陽橫陽樂成南徐州義興郡陽羨臨津國山義鄉綏安。（隋書地理志）梁置信義郡。（梁書高祖紀）普通五年分揚州江州置東揚州。（通典）梁置金華郡。（資治通鑑）太清三年置吳州于吳郡。（梁書太宗紀）大寶元年省吳州如先為郡。（資治通鑑注）東陽郡梁置婺州。（資治通鑑）紹泰元年王僧辯以吳興為震州。（梁書敬帝紀）太平元年罷震州還復吳興郡罷東揚州還復會稽郡。（太平寰宇記）陳永定三年于東陽郡置縉州。（隋書地理志）梁立大梁郡又改為陳留。（陳書高祖紀）永定二年割吳郡鹽官海鹽前京三縣置海寧郡屬揚州。（太平寰宇記）永定三年改信安縣為信安郡。（陳書文帝紀）天嘉三年東陽郡平。（陳書文帝紀）以會稽東陽臨安永嘉新安新寧晉安建安八郡置東揚州。(陳書後主紀)貞明元年割揚州吳郡置吳州割錢唐縣為郡屬焉。(隋書地理志)平陳改吳州曰蘇州東揚州曰吳州置總管府錢唐郡廢置杭州永嘉郡開皇九年置處州廢信義吳興臨海郡廢陳留郡省大德故鄣安吉原鄉入綏安縣金華郡廢置婺州。(又)睦州十二年改曰括州。(又)仁壽三年置睦州杭州置總管府置湖州。(又)蘇州大業初復曰吳州。(又)吳州總管府大業初府廢置越州杭州總管府大業初府廢。(又)宣城郡統縣六宣城涇南陵秋浦永世綏安吳郡統縣五吳常熟昆山烏程長城會稽郡統縣四會稽句章剡諸暨餘杭郡統縣六錢唐富陽餘杭於潛鹽官武康東陽郡統縣四金華永康烏傷信安永嘉郡統縣四括蒼永嘉松陽臨海遂安郡統縣三雉山遂安桐廬。(唐書地理志)武德四年改吳郡置蘇州改餘杭郡置杭州于烏程縣置湖州改遂安郡置睦州改會稽郡置越州改東陽郡置婺州于信安縣置衢州于臨海縣置海州改永嘉郡置括州于武康縣置武州于綏安縣置綏州又名雉州析故句章縣置鄞州以桐廬分水建德置嚴州于烏傷縣置綢州

于剡置嵊州于餘姚置姚州于永康置麗州于龍邱置穀州于松陽置松州○
(舊唐書地理志)武德四年平李子通置越州總管府管越嵊姚鄞浙綱衢穀麗
嚴婺十一州○(唐書地理志)武德五年以永嘉縣置東嘉州○(舊唐書地理志)
武德七年改越州總管為都督督越婺鄞嵊麗五州○(唐書地理志)武德七年
以於潛縣置潛州睦州曰東睦州廢武雉姚綱四州八年廢潛嵊穀麗嚴松鄞
七州東睦州復舊名○(舊唐書地理志)武德八年越州都督督越婺二州○(又)
貞觀元年廢嘉州○(資治通鑑)貞觀元年分天下為十道○(舊唐書地理志)上
元二年分括州之永嘉安固二縣置溫州○(又)垂拱二年分婺州之信安龍邱
置衢州○(通鑑綱目)開元十一年分天下為十五道○(舊唐書元宗紀)開元二
十六年分越州置明州○(舊唐書地理志)蘇州天寶元年改為吳郡湖州改為
吳興郡杭州改為餘杭郡改越州為會稽郡明州為餘姚郡台州為臨海郡改
婺州為東陽郡衢州為信安郡睦州為新定郡溫州為永嘉郡括州為縉雲郡
吳郡乾元元年改為蘇州吳興郡復為湖州餘杭郡復為杭州會稽郡復為越

州餘姚郡復為明州臨海郡復為台州東陽郡復為婺州信安郡復為衢州新定郡復為睦州永嘉郡復為溫州縉晋郡復為栝州○（唐書方鎮表）至德二載置江東防禦使治杭州乾元元年置浙江西道節度使領昇潤宣歙饒江蘇常杭湖十州治昇州尋徙治蘇州未幾罷領宣歙饒三州兼餘杭軍使治杭州二年廢浙江西道節度使置觀察使更領丹陽軍使治蘇州復領宣歙饒三州上元二年浙江西道觀察使徙治宣州罷領昇州杭州刺史領防禦使大曆元年浙江西道觀察使罷領宣歙二州十二年浙江西道觀察使罷領丹陽軍使十四年合浙江東西道置觀察使建中元年分浙江東西道觀察使為二道二年合浙江東西二道觀察置節度使治潤州尋賜號鎮海軍貞元三年分浙江東西為二道復置浙江西道觀察使領潤江常蘇杭湖睦七州治蘇州四年江州隸江西觀察使元和二年陞浙江西道觀察使為鎮海軍節度使四年廢浙江西道節度使復置觀察使領鎮海軍使六年浙西觀察罷領鎮海軍使大中十二年復置鎮海軍節度使十三年廢鎮海軍節度使置觀察使咸通三年置鎮

海軍節度使八年罷鎮海軍十一年置鎮海軍節度使文德元年置忠國軍節度使治湖州龍紀元年置杭州防禦使景福元年賜杭州防禦使號武勝軍二年陞武勝軍防禦使為蘇杭等州觀察使尋廢從鎮海軍節度使治杭州○（又乾元二年置浙江東道節度使領越睦衢婺台明處溫八州治越州大曆五年廢浙江東道節度置觀察使十四年廢浙江東道觀察使以所管州隷浙江西道建中元年復置浙江東道觀察使二年廢浙江東道觀察使以所管州隷浙江西道中和三年陞浙江東道觀察使為義勝軍節度使光啟三年改義勝軍為威勝軍節度乾寧三年改威勝軍為鎮東節度○（唐書地理志）蘇州縣七吳長洲嘉興崑山常熟海鹽華亭湖州縣五烏程武康長城安吉德清杭州縣八錢塘鹽官餘杭富陽於潛臨安新城唐山睦州縣六建德清溪壽昌桐廬分水遂安越州縣七會稽山陰諸暨餘姚剡上虞蕭山明州縣四鄮奉化慈溪象山衢州縣四西安龍邱須江常山處州縣六麗水松陽縉雲青田遂昌龍泉婺州縣七金華義烏永康東陽蘭溪武成浦陽溫州縣四永嘉安固橫陽樂成台州

縣五臨海唐興黃巖樂安寧海。（五代史職方考）自浙東西十三州為吳越。（十國春秋）吳越于嘉興置開元府割華亭海鹽二縣屬焉。（又）唐長興三年罷開元府。（文獻通考）吳越王錢元瓘奏以蘇州之嘉興海鹽華亭置秀州。（十國春秋）杭州鎮海軍越州鎮東軍湖州宣德軍婺州武勝軍明州奉國軍溫州靜海軍台州德化軍。（又）西府杭州領縣十一錢塘錢江鹽官餘杭富春桐廬於潛安國新登橫山武康東府越州領縣八會稽山陰諸暨贍餘姚蕭山上虞新昌湖州領縣四烏程德清安吉長興溫州領縣四永嘉瑞安平陽樂清台州領縣五臨海黃巖台興永安寧海明州領縣六鄞奉化慈溪象山望海翁山處州領縣六麗水龍泉遂昌縉雲青田白龍衢州領縣四西安江山龍游常山婺州領縣七金華東陽義烏蘭溪永康武義浦江睦州領縣五建德壽昌遂安分水青溪秀州領縣四嘉興海鹽華亭崇德。（宋元通鑑）淳化四年始分天下郡縣為十道。（玉海）至道三年始定為十五路天聖八年又增三路為十八路。（宋史地理志）元豐三年析天下為二十三路。（元豐九域志）大都督府杭州餘杭郡寧海軍節度大都督府越州會稽郡鎮東軍節度上湖州吳興郡昭慶軍節度上婺州東陽郡保寧軍節度上明州奉化郡奉國軍節度上溫州永嘉郡軍事上台州寧海郡軍事上處州縉雲郡軍事上衢州信安郡軍事上嚴州新定郡軍事上秀州軍事。（宋史地理志）溫州永嘉郡應道軍節度嚴州新定郡遂安軍節度陞建德軍節度。（又）杭州大觀元年陞為帥府領浙江路兵馬鈐轄越州陞為帥府領浙東路兵馬鈐轄秀州軍事政和七年賜郡名曰嘉禾。（又）杭州建炎元年帶本路安撫使領杭湖嚴秀四州。（文獻通考）建炎三年高宗自建康幸杭陞臨安府以為行在所兼浙西安撫使紹興元年越州陞為紹興府置浙東安撫司。（宋史地理志）慶元府本明州紹熙五年以寧宗潛邸陞為府。（又）嘉興府本秀州慶元元年以孝宗所生之地陞為府嘉定元年陞嘉興軍節度。（又）湖州寶慶元年改安吉州。（又）瑞安府本溫州咸淳元年以度宗潛邸陞府建德府本嚴州咸淳元年陞府。（又）兩浙路熙寧七年分為兩路尋合為一九年復分十年復合府二平江鎮江州十二杭越婺湖溫台處衢嚴秀縣七十九南渡後復分臨安平江鎮江嘉興四府安吉常嚴三州江陰一軍為西路紹興慶元瑞安三府婺台衢處四州為東路。(又)臨安府縣九錢塘仁和餘杭臨安富陽於潜新城塩官昌化紹興府縣八會稽山陰嵊諸暨餘姚上虞蕭山新昌安吉州縣六烏程歸安〻吉長興德清武康婺州縣七金華義烏永康武義浦江蘭溪東陽慶元府縣六鄞奉化慈溪定海象山昌國瑞安府縣四永嘉平陽瑞安樂清台州縣五臨海黃巖寧海天台仙居處州縣六麗水松陽遂昌縉雲青田南渡後増縣一慶元衢州縣五西安禮賢龍游信安開化建德府縣六建德淳安桐廬分水遂安壽昌嘉興府縣四嘉興華亭海塩崇德。(元史地理志)臨安府至元十三年平江南立兩浙都督府又改為安撫司安吉州陞湖州路建德府改安撫司慶元府改置宣慰司衢州改衢州路總管府婺州改婺州路紹興府改紹興路瑞安府置温州路台州置安撫司處州立處州路總管府。(至元嘉禾志)至元十三年改嘉興府為安撫司十四年改為嘉興路總管府。(元史地理志)建德府至元十四年改建德路慶元府改為慶元路

總管府台州改台州路總管府。（又）秀州屬邑陞為華亭府十五年改松江府
仍置華亭縣以隸之。（又）安撫司十五年改為杭州路總管府。（又）立中書省
一行中書省十有一嶺北遼陽河南陝西四川甘肅雲南江浙江西湖廣征東
江浙等處行中書省江南浙西道肅政廉訪司杭州路領縣八錢塘仁和餘杭
臨安新城富陽於潛昌化州一海寧湖州路領縣五烏程歸安〻吉德清武康
州一長興嘉興路領縣一嘉興州二海鹽崇德建德路領縣六建德淳安遂安
桐廬分水壽昌浙東道宣慰司都元帥府慶元路領縣四鄞縣象山慈溪定海
州二奉化昌國衢州路領縣五西安龍游江山常山開化浙東海右道肅政廉
訪司婺州路領縣六金華東陽義烏永康武義浦江州一蘭溪紹興路領縣六
山陰會稽上虞蕭山嵊新昌州二餘姚諸暨温州路領縣二永嘉樂清州二瑞
安平陽台州路領縣四臨海仙居寧海天台州一黄巖處州路領縣七麗水龍
泉松陽遂昌青田縉雲慶元。（嚴陵志）至正十八年明改建德路為建安府。
（明從信録）至正十八年改婺州路為寧越府。（明大政記）至正十九年衢州改

為龍游府。（又）至正十九年處州改為安南府。（又）至正二十年改寧越府為金華府。（嚴陵志）至正二十五年改建安府為嚴州府。（成化湖州府志）丙午年定為湖州府。（萬曆杭州府志）改杭州路為府。（明從信錄）至正二十六年開浙江等處行中書省于杭州。（弘治嘉興府志）丁未年改嘉興路為嘉興府。（赤城新志）改台州路為台州府。（明大政記）至正二十七年改慶元路為明州府。（萬曆溫州府志）洪武元年改溫州路為溫州府。（萬曆紹興府志）洪武二年紹興路復為紹興府。（名山藏）洪武九年改行中書為承宣布政使司。（明大政記）洪武十四年改明州府為寧波府。（明實錄）洪武十五年以直隸嘉興湖州二府隸浙江。（廣輿記）明分天下為兩京十三省北直隸南直隸山西山東河南陝西浙江江西湖廣福建四川廣東廣西雲南貴州。（續文獻通考）浙江等處承宣布政使司杭州府領仁和錢塘於潛海寧昌化富陽餘杭臨安新城九縣湖州府領烏程歸安安吉孝豐德清武康長興州一縣六嘉興府領嘉興秀水嘉善海鹽平湖桐鄉崇德七縣寧波府領鄞縣慈谿奉化定海象山五縣衢州府領西安龍游江山常山開化五縣金華府領金華蘭谿東陽義烏永康武義浦江湯溪八縣紹興府領山陰會稽蕭山諸暨餘姚上虞嵊縣新昌八縣溫州府領永嘉樂清平陽瑞安泰順五縣台州府領臨海黃巖天台仙居寧海太平六縣嚴州府領建德淳安桐廬遂安壽昌分水六縣處州府領麗水青田縉雲松陽遂昌龍泉慶元雲和宣平景寧十縣

皇清定天下為兩京十四省直隸盛京江南浙江江西湖廣福建山東山西河南陝西四川廣東廣西雲南貴州置浙江等處承宣布政使司統轄各府州縣凡隸布政司者府一十一州一縣七十六

杭州府

浙西地春秋時吳越錯居闔閭與越爭檇李至句踐保于稽西浙江以西地屬吳復句入越盡復吳所侵地則浙以西地仍屬越唐詩列江吳盡隔岸越山多亦就一特言之耳

（通典）春秋越國之西境。（輿地廣記）戰國屬楚。（咸淳臨安志）秦始皇二十五年置縣杭城屬會稽郡縣曰錢唐餘杭富春海鹽。（史記秦始皇本紀）三十七年過丹陽至錢唐臨浙江。（咸淳臨安志）漢高帝六年杭屬荊國十二年屬吳國景帝三年復屬會稽郡。（通典）順帝以後屬吳郡。（太平寰宇記）建安十六年分餘杭立臨水縣。(清類天文分野之書)吳大帝置鹽官縣。(太平寰宇記)黄武五年析富春置新城縣。(三國吳志注)寶鼎元年餘杭臨水於潛分為吳興郡。(通典)杭州晋屬吳興吳二郡地宋齊梁因之。(文獻通考)杭州陳以為錢唐郡。(清類天文分野之書)於潛屬錢唐郡。(隋書地理志)平陳廢郡併所領新城入錢唐。(太平寰宇記)開皇九年以吳郡之鹽官吳興之餘杭合四縣置杭州在餘杭縣。(隋書地理志)仁壽中置杭州總管府大業初府廢置餘杭郡。(又)餘杭郡統縣六錢唐富陽餘杭於潛鹽官武康。(太平寰宇記)唐武德四年平李子通置杭州領錢塘餘杭富陽三縣六年復沒于輔公祏七年復置杭州又置潛州領於潛臨水二縣八年省潛州及臨水縣以於潛縣來屬。(唐書地理志)鹽官武德七年省入錢塘新城省入富陽。(文獻通考)杭州唐屬江南道。(舊唐書地理志)鹽官貞觀四年復分錢塘置新城永淳元年分富陽置紫溪垂拱二年分於潛置臨安二年分餘杭於潛置紫溪萬歲通天元年改為武隆具年依舊。(通志地理畧)開元十道圖杭州江南東道。(舊唐書地理志)天寶元年改餘杭郡乾元二年復為杭州。（唐書方鎮表）至德二載置江東防禦使治杭州。（又）景福元年杭州號武勝軍光化初鎮海軍節度治錢塘。（唐書地理志）杭州餘杭郡上縣八錢塘鹽官餘杭富陽於潛臨安新城唐山。（十國春秋）光化二年唐勅陞杭州為大都督府。（五代史梁太祖紀）開平二年改臨安縣為安國縣。（十國春秋）梁勅改唐山縣為吳昌縣（輿地廣記作金昌）改新城縣曰新登吳越改富陽曰富春置錢江縣。（咸淳臨安志）後周同光初改金昌縣復為唐山。（冊府元龜）晉天福七年改唐山縣為橫山縣。（十國春秋）西府杭州領縣十一錢塘錢江鹽官餘杭富春桐廬於潛安國新登橫山武康。（文獻通考）宋淳化五年改寧海軍節度。（宋史地理志）大觀元年陞為帥府領兩浙西路兵馬鈐轄。（又）兩浙路杭州（此至道天聖間所分之路）。（宋史高宗紀）建炎三年陞杭州為臨安府。（文獻通考）杭州屬浙西路（此元豐間所分路所屬）。（宋史地理志）臨安大都督府杭州餘杭郡縣九錢塘仁和餘杭臨安富陽於潛新城鹽官昌化。（元史世祖紀）至元十三年二月以臨安為兩浙大都督府六月罷兩浙大都督府立行東漢朱雋封錢唐侯注引錢唐記云郡議曹華信作塘以捍海潮募人致土石一斛與錢一千遂名曰錢塘元和郡縣志太平寰宇記咸淳臨安志云秦置會稽郡

中書省于臨安設安撫使。(元史地理志)至元十五年改杭州路總管府二十一年遷江淮行省治于杭。(元史世祖紀)至元二十八年改江淮行省為江浙等處行中書省治杭州。(續文獻通考)置江南浙西道肅政廉訪司于杭州統杭州等路。(元書地理志)元貞元年陞鹽官縣為州天曆二年更曰海寧。(元史地理志)杭州路領縣八錢塘仁和餘杭臨安新城富陽於潛昌化州一海寧。(明實録)太祖罷浙東行省開浙江等處行中書省于杭州。(明史)明改杭州府。(舊浙江通志)洪武二年改海寧州為縣。(明一統志)置浙江等處承宣布政使司領杭州府。(續文獻通考)杭州府領仁和錢塘於潛海寧昌化富陽餘杭臨安新城九縣

國朝定為杭州府屬浙江布政使司領縣九錢塘仁和海寧富陽餘杭臨安於潛新城昌化

錢塘縣

(太平寰宇記)秦舊縣隷會稽郡。(漢書地理志)會稽郡縣錢唐(注 西部都尉治)。(三國吳

志）吳郡都尉治錢唐。（晉書地理志）吳郡統縣錢唐。（宋書州郡志）吳郡太守為縣二十四錢唐居其一始皇三十七年東遊至錢唐臨浙江臺待華信而後名爭字本不從土至唐時始加土從後遂因之諸說以咸淳志為據領錢唐。（南齊書州郡志）吳郡錢唐。（隋書地理志）舊置錢唐郡平陳廢郡。（又）餘杭郡統縣錢唐。（唐書地理志）杭州餘杭郡錢塘唐以唐為國號加土為。（十國春秋）吳越西府杭州領縣錢塘。（宋史地理志）臨安大都督府杭州餘杭郡錢塘。（元史地理志）杭州路領縣錢塘。（舊浙江通志）明錢塘縣屬杭州府

國朝錢塘縣附郭屬杭州府編戶一百三十五里

仁和縣

（太平寰宇記）錢塘鹽官之地。（十國春秋）吳越割錢塘鹽官各半置錢江縣割富春二鄉入錢江。（元豐九域志）宋太平興國四年改錢江縣為仁和縣。（宋史地理志）臨安大都督府杭州餘杭郡仁和。（元史地理志）杭州路領縣仁和。（舊浙江通志）明仁和縣屬杭州府按吳越王錢鏐分錢塘鹽官及富春之長壽安吉鄉置錢江縣太平寰宇記云唐龍德二年析置于州郭新舊唐書皆不載又册府元龜云晉天福中改縣名有與高祖同者悉改之歐陽忞輿地廣記云避高祖名改錢塘曰錢江後別置錢塘分治但不詳別置分治于何年咸淳志云長壽安吉二鄉今屬錢塘亦非仁和境

國朝仁和縣附郭屬杭州府編戶二百四十八里

海寧縣

《漢書地理志注》海鹽縣故武原鄉有鹽官。《宋書州郡志》吳立為海昌都尉。《弘治嘉興府志》吳析海鹽置鹽官縣屬吳郡。《晉書地理志》吳郡統縣鹽官。《宋書州郡志》吳郡太守領鹽官。《清類天文分野之書》陳永定二年置海寧郡鹽官屬焉。《隋書地理志》餘杭郡統縣鹽官。《唐書地理志》武德四年隸東武州。《元和郡縣志》武德七年省入錢塘縣貞觀四年復置。《唐書地理志》杭州餘杭郡鹽官。《十國春秋》吳越西府杭州領縣鹽官。《宋史地理志》臨安大都督府杭州餘杭郡鹽官。《續文獻通考》元以戶口繁多陞為鹽官州天曆二年改海寧州。《元史地理志》杭州路領海寧州。《舊浙江通志》明改州為海寧縣屬杭州府

國朝海寧縣屬杭州府編戶三百有二里

富陽縣

《咸淳臨安志》秦始皇置富春縣隸會稽郡。《漢書地理志》會稽郡縣富春。《後漢書郡國志》吳郡城富春。《三國吳志》黃武五年置東安郡。《又》黃武七年罷東

安郡。(元和郡縣志)晉孝武帝改春為陽（晉簡文鄭太后名春孝武改曰富陽）。(晉書地理志)吳郡統縣富陽。(宋書州郡志)吳郡太守領富陽。(南齊書州郡志)吳郡富陽。(隋書地理志)餘杭郡統縣富陽。(唐書地理志)杭州餘杭郡富陽。(十國春秋)奏改西府富陽縣為富春縣。(又)吳越西府杭州領縣富春。(宋史地理志)臨安大都督府杭州餘杭郡富陽（富春仍名富陽在太平興國三年）。(元史地理志)杭州路領縣富陽。(舊浙江通志)明富陽縣屬杭州府

國朝富陽縣屬杭州府編户七十二里

餘杭縣

(後漢書郡國志注)秦始皇至會稽經餘杭立為縣。(漢書地理志)會稽郡餘杭。(資治通鑑注)吳分屬吳興郡。(晉書地理志)吳興郡統縣餘杭。(宋書州郡志)吳興太守領餘杭。(南齊書州郡志)吳興郡餘杭。(隋書地理志)餘杭郡統縣餘杭。(舊唐書地理志)隋置杭州後徙治錢塘。(唐書地理志)杭州餘杭郡餘杭。(十國春秋)吳越西府杭州領縣餘杭。(宋史地理志)臨安大都督府杭州

餘杭郡餘杭。（元史地理志）杭州路領縣餘杭。（舊浙江通志）明餘杭縣屬杭州府

國朝餘杭縣屬杭州府編户七十三里

臨安縣

（三國吳志賀齊傳）漢建安十六年賀齊表言分餘杭為臨水縣。（宋書州郡志）臨安吳臨水縣晋武帝太康元年更名。（晋書地理志）吳興郡統縣臨安。（宋書州郡志）吳興太守領臨安。（南齊書州郡志）吳興郡臨安。（咸淳臨安志）唐武德七年置臨水縣。（舊唐書地理志）武德七年潛州領臨水縣武德八年臨安縣省入於潛縣。（元和郡縣志）垂拱四年巡撫使狄仁傑奏復置臨水縣。（唐書地理志）杭州餘杭郡臨安臨水之改臨安在光化三年。（五代史梁太祖紀）梁開平二年改臨安縣為安國縣。（十國春秋）吳越西府杭州領縣安國。（元豐九域志）宋太平興國三年改安國縣復為臨安。（宋史地理志）太平興國四年改順化軍縣復舊名五年軍廢。（又）臨安大都督府杭州餘杭郡臨安。（元史地理志）杭州路領縣臨安

宋志太康元年更名臨水縣為臨安唐志武德七年又書置臨水縣中間必有併省歲月

。（舊浙江通志）明臨安縣屬杭州府

國朝臨安縣屬杭州府編户三十二里

縣不知始于何時地理志潛字本作𣿬東漢郡國志始加水作潛諸史皆同惟隋書地理志作於濳

於潛縣

（漢書地理志）丹陽郡於𣿬。（晉書地理志）吳興郡統縣於潛。（宋書州郡志）吳興太守領於潛。（方輿紀要）陳屬錢唐郡。（隋書地理志）餘杭郡統縣於濳。（舊唐書地理志）武德七年置潛州領於潛縣八年廢潛州於潛還杭州。（唐書地理志）杭州餘杭郡於潛。（十國春秋）吳越西府杭州領縣於潛。（宋史地理志）臨安大都督府杭州餘杭郡於潛。（元史地理志）杭州路領縣於潛。（舊浙江通志）明於潛縣屬杭州府

國朝於潛縣屬杭州府編户一十二里

新城縣

（元和郡縣志）漢富陽縣地。（咸淳臨安志）吳黃武七年置新城縣尋省併桐廬。（宋書州郡志）晉咸和九年又立。（又）吳郡太守領新城。（南齊書州郡志）吳郡

新城。（方輿紀要）隋省入錢唐。（淳祐臨安志）大業十四年置。（唐書地理志）武德七年省入富陽。（太平寰宇記）永淳元年分富陽之地又置新城縣。（唐書地理志）杭州餘杭郡新城。（十國春秋）梁改新城縣曰新登。（又）吳越西府杭州領縣新登。（宋史地理志）太平興國五年復名新城。（元豐九域志）淳化五年以南新場為昭德縣六年改昭德縣為南新熙寧五年省南新縣為鎮入新城。（宋史地理志）臨安大都督府杭州餘杭郡新城。（元史地理志）杭州路領縣新城。（舊浙江通志）明新城縣屬杭州府

國朝新城縣屬杭州府編户一十五里

昌化縣

（元和郡縣志）漢於潛縣地。（唐書地理志）垂拱二年析於潛置紫溪縣萬歲通天元年曰武隆其年復為紫溪又析紫溪別置武隆縣聖曆三年省武隆入紫溪長安四年復置神龍元年更武隆為唐山大曆三年皆省長慶初復置唐山。（又）杭州餘杭郡唐山。（吳越備史）梁改唐山為吳昌（輿地廣記作金昌）縣。（十國春秋）後

唐復改爲唐山晉天福七年勅改曰橫山。（又）吳越西府杭州領縣橫山晉又改爲吳昌。（太平寰宇記）宋太平興國三年改爲昌化縣。（宋史地理志）臨安大都督府杭州餘杭郡昌化。（元史地理志）杭州路領縣昌化。（舊浙江通志）明昌化縣屬杭州府

國朝昌化縣屬杭州府編户一十里

嘉興府

（水經注）韋昭曰越北鄙在嘉興。（方輿紀要）嘉興府戰國時又爲楚地。（清類天文分野之書）秦分楚地爲會稽郡改長水爲由拳縣。（漢書地理志）漢會稽郡海塩由拳。（至元嘉禾志）東漢屬吳郡。（續漢志）吳大帝黃龍四年嘉禾生于由拳改縣曰禾興後以太子名和改曰嘉興。（輿地廣記）晉末屬吳郡。（弘治嘉興府志）梁天監六年以海塩縣屬信義郡太清三年析海塩置前京縣與海塩嘉興俱屬吳州。（至元嘉禾志）陳武帝割海塩屬塩官。（清類天文分野之書）隋罷嘉興縣以其地屬蘇州。（舊唐書地理志）武德七年分置嘉興縣八年

廢嘉興入吳縣。(唐書地理志)嘉興貞觀八年復置海鹽景雲二年復置。(記治嘉興府志)天寶元年割嘉興之東境海鹽之北境崑山之南境置華亭縣。(又)乾元元年隸浙江西道節度使永泰元年隸浙江西道觀察使大曆十四年改隸浙江都團練觀察使。(唐書地理志)蘇州吳郡上縣嘉興海鹽華亭。(十國春秋注)梁初嘉興縣改屬杭州。(十國春秋)吳越武肅王于嘉興置開元府割華亭海鹽二縣屬焉。(又)唐長興三年罷開元府。(又)晉天福三年吳越析嘉興為崇德縣。(又)晉天福五年吳越奏嘉興縣置秀州以嘉興海鹽華亭崇德隸焉。(又)吳越秀州領嘉興海鹽華亭崇德。(宋史地理志)兩浙路秀州。(又)政和七年賜郡名曰嘉禾。(宋史寧宗紀)慶元元年升秀州為嘉興府。(文獻通考)秀州屬浙西路。(宋史寧宗紀)嘉定元年升嘉興府為嘉興軍。(宋史地理志)嘉興府本秀州軍事縣四嘉興華亭海鹽崇德。(至元嘉禾志)元至元十三年改嘉興府安撫司十四年改為嘉興路總管府。(元史地理志)江浙等處行中書省為路嘉興。(又)江南浙西道肅政廉訪司嘉興路。(元史世祖紀)

至元十五年改華亭縣為松江府。(元史地理志)元貞元年升海鹽崇德為州。(又)嘉興路上領縣一嘉興州二海鹽崇德。(玊史)明復為嘉興府。(續文獻通考)洪武二年海鹽崇德復為縣。(明一統志)浙江等處承宣布政使司領嘉興府。(史槩)宣德五年增置嘉興府秀水嘉善桐鄉平湖四縣。(續文獻通考)嘉興府領嘉興秀水嘉善海鹽平湖桐鄉崇德七縣

國朝定為嘉興府屬浙江布政使司領縣七嘉興秀水嘉善海鹽崇德平湖桐鄉康熙元年改崇德為石門縣

嘉興縣

(輿地廣記)故檇李地吴之南境。(元和郡縣志)春秋時長水縣秦為由拳縣。(漢書地理志)會稽郡縣由拳。(後漢書郡國志)吴郡城由拳。(宋書州郡志)孫權黄龍四年由拳縣生嘉禾改曰禾興。(三國吴志)赤烏五年立子和為太子改禾興為嘉興縣。(晋書地理志)吴郡統縣嘉興。(宋書州郡志)吴郡太守領嘉興。(南齊書州郡志)吴郡嘉興。(弘治嘉興府志)梁太清三年嘉興隸吴州陳

永定二年嘉興仍屬吳郡。(清類天文分野之書)隋罷縣以其地屬蘇州。(唐書地理志)武德七年置嘉興八年省入吳貞觀八年復置。(弘治嘉興府志)天寶元年割嘉興之東境入華亭。(唐書地理志)蘇州吳郡嘉興。(輿地廣記)五代屬杭州。(五代會要)兩浙錢元瓘奏以杭州嘉興縣置秀州。(十國春秋)吳越秀州領縣嘉興。(宋史地理志)嘉興府嘉興。(元史地理志)嘉興路領縣嘉興。(舊浙江通志)明嘉興縣屬嘉興府

國朝嘉興縣屬嘉興府附郭編戶二百八十八里

秀水縣

(廣輿記)吳嘉興地。(續文獻通考)宣德四年析嘉興縣置秀水縣。(舊浙江通志)

明秀水縣屬嘉興府

國朝秀水縣屬嘉興府附郭編戶二百里

嘉善縣

(廣輿記)古魏塘鎮。(續文獻通考)宣德五年析嘉興縣置嘉善縣。(舊浙江通志)

明嘉善縣屬嘉興府

國朝嘉善縣屬嘉興府編户二百里

海鹽縣

（越絶書）海鹽縣始爲武原鄉○（資治通鑑注）秦爲海鹽縣○（至元嘉禾志）秦屬會稽郡○（漢書地理志）會稽郡縣海鹽○（後漢書郡國志）吳郡城海鹽○（至元嘉禾志）順帝時移治故邑山爲故邑縣晉咸康元年復爲海鹽縣○（晉書地理志）吳郡統縣海鹽○（宋書州郡志）吳郡太守領海鹽○（南齊書州郡志）吳郡海鹽○（方輿紀要）梁屬信義郡○（清類天文分野之書）陳省入鹽官縣○（至元嘉禾志）唐武德七年復屬蘇州貞觀元年省入嘉興○（舊唐書地理志）景雲二年分嘉興縣復置先天元年廢開元五年復置治吳禦城○（唐書地理志）蘇州吳郡海鹽○（至元嘉禾志）晉天福五年置秀州縣屬焉○（十國春秋）吳越秀州領海鹽○（宋史地理志）嘉興府海鹽○（元史地理志）元貞元年升海鹽州○（又）嘉興路領海鹽州○（海鹽縣圖經）明初右丞華雲龍以州籍獻洪武二年仍爲海鹽

縣而縣等居上如宋云。(舊浙江通志)明海塩縣屬嘉興府

國朝海塩縣屬嘉興府編户一百六十四里

石門縣

(元豐九域志)崇德古越地。(國語)越王句踐至于軍從舍至于檇兒。(至元嘉禾志)句踐傳六世為楚威王所併地入楚秦郡縣天下置會稽郡檇兒為由拳縣之西鄙介于錢唐烏程之間。(弘治嘉興府志)更六朝檇兒皆為嘉興之西鄙歷唐如故。(十國春秋)晋天福三年廣陵王元璙鎮中吳請析嘉興之崇德等九鄉為縣治義和鎮遂以鄉名縣。(又)吳越秀州領縣崇德。(至元嘉禾志)宋熙寧十年又割嘉興縣梧桐永新清風千金保寧五鄉以益之。(宋史地理志)嘉興府崇德。(元史地理志)元元貞元年升崇德州。(又)嘉興路領崇德州。(弘治嘉興府志)洪武二年復崇德為縣。(舊浙江通志)明崇德縣屬嘉興府

國朝崇德縣屬嘉興府編户一百六十四里康熙元年因與

太宗文皇帝年號相同改名石門以縣有石門鎮故也

平湖縣

(廣輿記)古當湖市。(後漢書郡國志注)海鹽縣之故治順帝時陷而為湖今謂之當湖。(續文獻通考)宣德五年析海鹽縣置平湖縣。(舊浙江通志)明平湖縣屬嘉興府

國朝平湖縣屬嘉興府編户一百十四里

桐鄉縣

(明一統志)本崇德縣地。(續文獻通考)宣德五年割崇德梧桐六鄉置為縣。(舊浙江通志)明桐鄉縣屬嘉興府

國朝桐鄉縣屬嘉興府編户一百里

湖州府

(史記孔子世家)汪罔氏之君守封禺之山汪罔即防風國。(通典)春秋屬吳、滅屬越、滅屬楚。(太平寰宇記)秦屬會稽郡亦鄣郡之境。(漢書地理志)會稽郡縣烏程丹陽郡縣城故鄣。(後漢書郡國志)吳郡城烏程丹陽郡城故鄣。(宋書州郡

志)原鄉中立二年分故鄣立安吉分故鄣立永安吳分烏程餘杭立。(三國吳志)吳分吳郡丹陽九縣為吳興郡治烏程。(清類天文分野之書)晉太康三年分烏程西鄉為長城東鄉為東遷又改永安為武康。(晉書地理志)永興元年割吳興之陽羨并長城縣之北鄉置陽羨四縣又分丹陽之永世置平陵及永世凡六縣立義興郡。(又)吳興郡統縣十烏程臨安餘杭武康東遷於潛故鄣安吉原鄉長城。(宋書州郡志)永初三年分宣城之廣德吳興之故鄣長城及陽羨義鄉五縣立綏安縣屬義興太守。(又)吳興太守領縣十烏程東遷武康長城原鄉故鄣安吉餘杭臨安於潛。(元和郡縣志)梁紹泰初改吳興郡為震州。(梁書敬帝紀)太平元年罷震州復為吳興郡。(隋書地理志)烏程舊置吳興郡平陳郡廢并東遷縣入焉。(又)長城武康平陳廢。(又)綏安省故鄣安吉原鄉入焉。(又)仁壽中置湖州。(又)仁壽二年復長城武康。(輿地廣記)大業初湖州省屬餘杭吳二郡。(舊唐書地理志)武德四年平李子通置湖州領烏程一縣六年復沒于輔公祏七年復置仍廢武州以武康來屬又省雉州以長城縣來屬安吉廢入長城。(文獻通考)湖州唐屬江南道。(舊唐書地理志)安吉麟德元年復分長城縣置。(唐書地理志)德清本武源天授二年析武康置景雲二年曰臨溪天寶元年更名。(通志地理略)開元十道圖湖州江南東道。(舊唐書地理志)天寶元年改爲吳興郡乾元元年復爲湖州。(唐書方鎮表)文德元年置忠國軍節度使。(唐書地理志)湖州吳興郡上縣五烏程武康長城安吉德清。(順存錄)梁開平元年割武康隸杭州。(十國春秋)長城縣吳越改長興。(又)顯德六年升湖州爲宣德軍。(又)吳越湖州領縣四烏程德清安吉長興。(元豐九域志)宋太平興國三年武康復隸湖州。(文獻通考)太平興國六年析烏程置歸安縣。(宋史地理志)兩浙路湖州。(又)景祐元年升昭慶軍節度。(又)寶慶元年改安吉州。(文獻通考)湖州屬西路。(宋史地理志)湖州上吳興郡縣六烏程歸安安吉長興德清武康。(元史地理志)至元十三年升湖州路。(又)江浙等處行中書省爲路湖州。(又)元貞元年升長興縣爲州。(又)湖州路上領縣五烏程歸安安吉德清武康州一長興。(函史)明改湖州府改長興州為縣。(明一統志)浙江等處承宣布政使司領湖州府。(名山藏)正德二十三年置孝豐縣。(吏聚)正德元年改浙江安吉縣為州。(續文獻通考)湖州府領安吉一州烏程歸安德清武康長興孝豐六縣

國朝定為湖州府屬浙江布政使司領縣六烏程歸安長興德清武康孝豐州一安吉

烏程縣

(越絕書)烏程故大越徙民秦始皇刻石徙之。(清類天文分野之書)秦屬會稽郡。(漢書地理志)會稽郡縣烏程。(後漢書郡國志)會稽郡縣烏程。(輿地廣記)吳于烏程置吳興郡。(宋書州郡志)東遷晉太康三年分烏程立元徽四年更名東安昇明元年復舊。(晉書地理志)吳興郡統縣烏程東遷。(宋書州郡志)吳興太守領烏程東遷。(南齊書州郡志)吳興郡烏程東遷。(方輿紀要)隋平陳東遷廢入烏程屬蘇州。(清類天文分野之書)仁壽二年烏程復屬湖州。(資治通鑑注)大業初以縣屬吳郡。(隋書地理志)吳郡統縣烏程。(舊唐書地理志)武德四年置湖州治烏程領烏程一縣六年沒于輔公祏七年復置。(唐

書地理志）湖州吳興郡烏程。（十國春秋）吳越湖州領縣烏程。（萬曆湖州府志）宋寶慶元年改湖州為安吉州領縣如故。（宋史地理志）湖州吳興郡烏程。（元史地理志）湖州路領縣烏程。（舊浙江通志）明烏程縣屬湖州府

國朝烏程縣屬湖州府附郭編户二百八十二里

歸安縣

（輿地廣記）本烏程縣地。（宋史地理志）太平興國七年析烏程地置縣。（又）湖州吳興郡歸安。（元史地理志）湖州路領縣歸安。（舊浙江通志）明歸安縣屬湖州府

國朝歸安縣屬湖州府附郭編户三百九里

長興縣

（元和郡縣志）吳王闔閭使弟夫槩居此築城狹而長因以為名。（明一統志）秦以為鄣郡地漢為烏程故鄣縣地。（三國志注）丹陽故鄣分隸吳興郡。（資治通鑑注）晉太康三年分烏程立長城縣屬吳興郡。（又）永興元年分吳興之長城

立義鄉縣屬義興郡。（晋書地理志）吳興郡統縣長城。（宋書州郡志）吳興太守領長城。（南齊書州郡志）吳興郡長城。（隋書地理志）平陳縣廢仁壽二年復。（又）吳郡統縣長城。（舊唐書地理志）武德四年置雉州領長城原鄉二縣七年州廢及原鄉併入長城屬湖州。（唐書地理志）湖州吳興郡長城。（十國春秋）吳越長城縣改長興避梁諱也。（又）吳越湖州領縣長興。（宋史地理志）湖州吳興郡長興。（元史地理志）元貞元年升為州。（又）湖州路領州一長興。（續文獻通考）明初改名長安尋復舊洪武二年改為縣。（舊浙江通志）明長興縣屬湖州府

國朝長興縣屬湖州府編户二百三十二里

德清縣

（路史）烏程有餘不鄉。（元和郡縣志）天授二年析武康鄉置武原縣景雲二年改為臨溪縣以臨餘不溪也天寶元年改為德清縣。（唐書地理志）湖州吳興郡德清。（十國春秋）吳越湖州領縣德清。（宋史地理志）湖州吳興郡德清。（元

史地理志)湖州路領縣德清○(舊浙江通志)明德清縣屬湖州府

國朝德清縣屬湖州府編户三百一十二里

武康縣

(太平寰宇記)古防風氏國○(元和郡縣志)本漢烏程餘不鄉之地○(方輿紀要)後漢初平中孫氏析置永安縣○(資治通鑑注)晉改為永康○(史記孔子世家注)晉太康元年改永康為武康○(晉書地理志)吳興郡統縣武康○(宋書州郡志)吳興太守領武康○(南齊書州郡志)吳興郡武康○(隋書地理志)平陳縣廢仁壽二年復○(又)餘杭郡統縣武康○(唐書地理志)李子通置安州又曰武州武德四年平李子通因之七年州廢隸湖州○(又)湖州吳興郡武康○(十國春秋)西府杭州領縣武康○(宋史地理志)太平興國三年武康自杭州來隸○(又)湖州吳興郡武康○(元史地理志)湖州路領縣武康○(舊浙江通志)明武康縣屬湖州府

國朝武康縣屬湖州府編户六十二里

安吉州

（元和郡縣志）本漢故鄣縣地。（後漢書郡國志注）故鄣中平年分縣南置安吉縣。（又）故鄣中平二年又分立原鄉縣。（晋書地理志）吳興郡統縣故鄣安吉原鄉。（宋書州郡志）吳興太守領原鄉故鄣安吉。（南齊書州郡志）吳興郡故鄣安吉原鄉。（隋書地理志）綏安平陳省故鄣安吉原鄉入焉。（唐書地理志）安吉義寧二年沈法興置武德四年因之以縣隸桃州七年省入長城麟德元年復置。（又）湖州吳興郡安吉。（十國春秋）吳越湖州領縣安吉。（宋史地理志）湖州吳興郡安吉。（元史地理志）湖州路領縣安吉。（嘉靖安吉州志）至正十六年明取安吉以隸長興州吳元年復以安吉隸湖州。（續文獻通考）正德元年升安吉縣為州領縣一孝豐

國朝安吉州屬湖州府編户六十四里

孝豐縣

（續文獻通考）本安吉縣地。（嘉靖浙江通志）弘治元年析安吉置孝豐縣。（明一

統志)安吉陞州因屬焉。(舊浙江通志)明孝豐縣屬湖州府

國朝孝豐縣屬湖州府編户五十四里。

寧波府

(清類天文分野之書)秦以地置鄞縣屬會稽郡。(宋書州郡志)漢會稽東部都尉治鄞。(漢書地理志)會稽郡句章鄞鄮。(隋書地理志)句章平陳併餘姚鄞鄮三縣入。(唐書地理志)武德四年析故句章縣置鄞州八年州廢更置鄮縣隸越州。(舊唐書地理志)象山神龍二年分寧海及越州鄮縣置屬台州。(唐書地理志)開元二十六年以越州之鄮縣置明州。(通志地理畧)開元十道圖明州江南東道。(舊唐書地理志)奉化慈溪翁山已上皆鄮縣地開元二十六年析置。(又)天寶元年改為餘姚郡乾元二年復為明州天寶領縣四鄮奉化慈溪翁山。(唐書地理志)象山廣德二年來屬。(又)翁山大曆六年省。(嘉靖寧波府志)元和四年置望海鎮于甬江之海口。(唐會要)長慶元年移明州置于鄮縣。(唐書地理志)明州餘姚郡上縣四鄮奉化慈溪象山。(輿地廣記)梁開

寧波

平三年升明州為望海軍節度○（十國春秋）梁初置明州靜安縣一作望海縣又改定海縣○（又）吴越改鄮曰鄞○（又）吴越明州領縣六鄞奉化慈溪象山望海翁山翁山不知何年復置○（宋史地理志）建隆元年升奉國軍節度○（又）昌國熙寧六年析鄞縣地置○（元豐九域志）上明州奉化郡奉國軍節度○（宋史地理志）兩浙路明州○（又）紹興初置沿海制置使八年以浙東安撫使兼制司十一年罷隆興元年復置○（資治通鑑）紹熙五年升明州為慶元府○（文獻通考）明州屬浙東路○（宋史地理志）慶元府縣六鄞奉化慈溪定海象山昌國○（元史地理志）至元十三年改置宣慰司十四年改為慶元路總管府升昌國縣為州○（又）江浙等處行中書省為路慶元○（又）元貞元年升奉化縣為州○（續文獻通考）大德六年移浙東道宣慰司都元帥府治慶元○（元史地理志）慶元路上領縣四鄞象山慈溪定海州二奉化昌國○（明史）明改明州府○（嘉靖浙江通志）洪武二年昌國奉化復為縣○（續文獻通考）洪武十四年改明州府為寧波府○（明一統志）浙江承宣布政使司領寧波府○（明實錄）洪武二十年廢寧波府昌國縣○（續文獻

通考）寧波府領鄞慈谿奉化定海象山五縣

國朝定為寧波府屬浙江布政使司領縣五鄞縣慈谿奉化定海象山康熙二十五年題請舟山設立縣治名定海縣而以舊定海為鎮海縣

鄞縣

（清類天文分野之書）漢句章縣地東漢曰鄞又曰鄮。（漢書地理志）會稽郡鄞縣。（晉書地理志）會稽郡統縣鄞。（宋書州郡志）會稽太守領縣鄞。（方輿紀要）隋平陳省縣入句章。（又）唐復置鄮縣為鄞州治州尋廢以縣屬越州。（太平寰宇記）開元二十六年于縣置明州。（唐書地理志）明州餘姚郡鄮縣。（十國春秋）吳越明州領縣鄞。（宋史地理志）明州奉化郡鄞縣。（元史地理志）慶元路領鄞縣。（舊浙江通志）明鄞縣屬明州府尋屬寧波府

國朝鄞縣屬寧波府附郭編户四百五十一里

慈谿縣

（輿地廣記）漢句章縣地。（太平寰宇記）唐鄮縣地。（元和郡縣志）開元二十六年

置慈溪縣。(唐書地理志)明州餘姚郡慈溪。(十國春秋)吳越明州領縣慈溪。(宋史地理志)明州奉化郡慈溪。(元史地理志)慶元路領縣慈溪。(舊浙江通志)明慈谿縣屬明州府尋屬寧波府

國朝慈谿縣屬寧波府編户二百八里

奉化縣

(輿地廣記)本漢鄞縣地。(清類天文分野之書)隋開皇九年并鄞入句章。(太平寰宇記)唐鄮縣地。(元和郡縣志)開元二十六年置奉化縣。(唐書地理志)明州餘姚郡縣奉化。(十國春秋)吳越明州領縣奉化。(宋史地理志)明州奉化郡奉化。(元史地理志)元貞元年升奉化州隸慶元路。(舊浙江通志)明復為奉化縣屬明州府尋屬寧波府

國朝奉化縣屬寧波府編户一百二十九里

鎮海縣

(清類天文分野之書)秦會稽句章縣地。(續文獻通考)唐為鄮縣望海鎮地。(太

平寰宇記)梁開平三年吳越置望海縣後改定海縣。(十國春秋)吳越明州領縣望海。(清類天文分野之書)宋熙寧十年分鄞之海晏靈巖大郎三鄉屬焉。(宋史地理志)明州奉化郡定海。(元史地理志)慶元路領縣定海。(明一統志)以昌國縣省入定海縣。(舊浙江通志)明定海縣屬明州府尋屬寧波府

國朝康熙二十七年更名鎮海縣屬寧波府編户九十六里

象山縣

(清類天文分野之書)本漢鄞縣晉分臨海之北與鄞縣之安化鄉置寧海縣屬臨海郡隋開皇九年省寧海入臨海屬永嘉郡。(方輿紀要)神龍元年析寧海及鄮縣地置象山縣屬台州廣德二年改屬明州。(唐書地理志)明州餘姚郡象山。(十國春秋)吳越明州領縣象山。(宋史地理志)明州奉化郡象山。(元史地理志)慶元路領縣象山。(舊浙江通志)明象山縣屬明州府尋屬寧波府

國朝象山縣屬寧波府編户二十里

定海縣

（清類天文分野之書）唐開元二十六年置明州分鄮縣置翁山大曆六年罷○（十
國春秋）吳越明州領縣翁山○（清類天文分野之書）宋端拱二年置鹽場熙寧
六年乃置尉以治之尋立縣曰昌國○（定海縣志）元豐元年割定海縣之金塘
鄉益之○（宋史地理志）明州奉化郡昌國○（元史地理志）元至元十四年升州
仍置昌國縣以隸之後止立昌國州隸慶元路○（定海縣志）明洪武二年以昌國
州復為縣隸明州府十七年廢縣改昌國衛二十年移于象山縣三都海口東
門二十五年改隸定海衛
國朝康熙二十三年移定海總兵于舟山二十六年改舟山為定海山二十七年建
縣治名定海縣總四鄉十九畐內昌國鄉為附郭

紹興府

（越絕書）禹到大越上茅山大會計爵有德封有功更名茅山曰會稽○（通鑑綱目
前編）夏后少康五十有二歲封庶子無餘于越以奉先王墓祀○（通典）春秋時
越國之都○（太平寰宇記）秦滅楚以越并入吳立會稽郡○（漢書地理志）漢高

帝六年為荆國。十二年更名吳。景帝四年會稽郡屬揚州。（宋書州郡志）永建漢順帝年號四年分會稽為吳郡，會稽移治山陰。（又）餘暨吳更名永興。（三國吳志）太平二年以會稽東部為臨海郡，永安三年以會稽南部為建安郡，寶鼎元年分會稽為東陽郡。（晋書地理志）晋平吳，揚州統會稽郡，郡統縣十：山陰、上虞、餘姚、句章、鄞、鄮、始寧、剡、永興、諸暨。（嘉泰會稽志）東晋為會稽國，改太守為内史。（清類天文分野之書）咸和四年改會為鄶。（嘉泰會稽志）宋永初二年罷會稽郡府，復為會稽郡。（資治通鑑）孝建元年分揚州浙東五郡置東揚州，治會稽。（宋書地理志）永光元年省東揚州并揚州。（隋書地理志）梁置東揚州。（梁書敬帝紀）罷東揚州。（陳書文帝紀）以會稽置東揚州。（隋書地理志）平陳改曰吳州，置總管府。（又）會稽舊置會稽郡，平陳郡廢，又廢山陰、永興、上虞、始寧四縣入句章，併餘姚、鄞、鄮三縣入。（晏公類要）大業初改為越州，後廢州為會稽郡。（隋書地理志）會稽郡統縣四：會稽、句章、剡、諸暨。（唐書地理志）武德四年以剡置嵊州，并析置剡城縣；餘姚析故句章縣置，以縣置姚州，析故

紹興

句章縣置鄞州。（太平寰宇記）武德四年置越州總管〻越嵊姚鄞浙綢衢縠麗嚴婺十一州。（唐書地理志）山陰武德七年析會稽置餘姚州廢來屬。（太平寰宇記）改總管為都督〻越婺鄞嵊麗五州越州領會稽諸暨山陰餘姚四縣。（唐書地理志）武德八年嵊州廢省剡城以剡來屬鄞州廢更置鄮縣隸越州山陰省。（太平寰宇記）貞觀元年更督越婺泉建台括六州。（文獻通考）越州唐屬江南道。（唐書地理志）永興儀鳳二年置。（又）山陰垂拱二年復置。（玉海）景雲二年越州為中都督府。（輿地廣記）開元二十六年以越州之鄮縣置明州。（通志地理略）開元十道圖越州江南東道。（舊唐書地理志）天寶元年改越州為會稽郡永興改為蕭山。（清類天文分野之書）乾元〻年分置浙江東道節度治越州大曆四年改置浙東觀察使。（唐書方鎮表）大曆十四年以浙東所管隸浙西道。（唐書地理志）上虞貞元中析會稽置。（唐書方鎮表）建中元年復置浙江東道觀察使二年以所管州隸浙江西道中和三年升浙江東道觀察使為義勝軍節度使光啟三年改威勝軍乾寧三年改鎮東節度。(唐書地理志)越州會稽郡縣七會稽山陰諸暨餘姚剡蕭山上虞。(十國春秋)乾寧四年錢鏐陞越州為東府。(又)梁勅升越州為大都督府。(又)晉天福五年析東府剡縣十三鄉為新昌縣改剡縣為贍縣。(又)吳越東府越州領縣八會稽山陰諸暨贍縣餘姚蕭山上虞新昌。(元豐九域志)宋大都督府越州會稽郡鎮東軍節度。(宋史地理志)兩浙路越州。(又)大觀元年升為帥府領兩浙東路兵馬鈐轄。(資治通鑑)建炎四年升越州為紹興府。(宋史地理志)紹興府為東路。(又)紹興府縣八會稽山陰嵊諸暨餘姚上虞蕭山新昌。(元史地理志)至元十三年改紹興路。(又)江浙等處行中書省為路紹興。(又)浙東海右道肅政廉訪司紹興路。(續文獻通考)元貞元年升餘姚諸暨為州。(元史地理志)紹興路上領縣六山陰會稽上虞蕭山嵊新昌州二餘姚諸暨。(明史)明復為紹興府。(續文獻通考)諸暨初為諸全州尋復改諸暨縣餘姚州復改為縣。(明一統志)浙江等處承宣布政使司領紹興府。(續文獻通考)紹興府領山陰會稽蕭山諸暨諸姚上虞嵊縣新昌八縣

國朝定爲紹興府屬浙江布政使司領縣八山陰會稽蕭山諸暨餘姚上虞嵊縣新昌

山陰縣

（越絕書）夏無餘初封大越都秦餘望南至句踐徙治山北句踐小城山陰城也。（清類天文分野之書）秦始皇二十五年置山陰縣。（漢書地理志）會稽郡山陰。（宋書州郡志）永建四年會稽郡移治山陰。（晉書地理志）會稽郡統縣山陰。（嘉泰會稽志）晉屬會稽國宋永初二年復屬會稽郡。（南齊書州郡志）會稽郡山陰。（隋書地理志）平陳廢山陰。（唐書地理志）山陰武德七年析會稽置八年省垂拱二年復置大曆二年省七年復置元和七年省十年復置。（又）越州會稽郡山陰。（十國春秋）吳越東府越州領縣山陰。（宋史地理志）紹興府山陰。（元史地理志）紹興路領縣山陰。（舊浙江通志）明山陰縣屬紹興府

國朝山陰縣屬紹興府附郭編戶二百十一里

會稽縣

（史記夏本紀）禹會諸侯江南計功命曰會稽會稽者會計也。（通志地理略）越都

會稽。（清類天文分野之書）秦始皇二十五年置會稽郡。（輿地廣記）漢順帝以後為郡治。（明一統志）陳析置會稽縣。（隋書地理志）平陳廢山陰永興上虞始寧四縣入會稽。（又）會稽郡統縣會稽。（唐書地理志）越州會稽郡會稽。（十國春秋）吳越東府越州領縣會稽。（宋史地理志）紹興府會稽。（元史地理志）紹興路領縣會稽。（舊浙江通志）明會稽縣屬紹興府

國朝會稽縣屬紹興府附郭編户一百二十里

蕭山縣

（元和郡縣志）本曰餘暨吳王弟夫槩邑。（漢書地理志）會稽郡餘暨。（方輿紀要）三國吳改曰永興。（晉書地理志）會稽郡統縣永興。（宋書州郡志）會稽太守領永興。（隋書地理志）平陳廢永興入會稽。（舊唐書地理志）儀鳳二年分會稽諸暨置永興縣天寶元年改為蕭山。（唐書地理志）越州會稽郡蕭山。（十國春秋）吳越東府越州領縣蕭山。（宋史地理志）紹興府蕭山。（元史地理志）紹興路領縣蕭山。（舊浙江通志）明蕭山縣屬紹興府

國朝蕭山縣屬紹興府編户一百四十二里

諸暨縣

(路史)秦縣界有諸山暨浦允常之都。(漢書地理志)會稽郡統縣諸暨。(宋書州郡志)會稽太守領諸暨。(隋書地理志)會稽郡統縣諸暨。(唐書地理志)越州會稽郡諸暨。(十國春秋)吳越東府越州領縣諸暨。(清類天文分野之書)乾道八年以其地之楓橋鎮置義安縣後省。(宋史地理志)紹興府諸暨。(元史地理志)元貞元年升州。(又)紹興路領諸暨州。(史槩)至正十九年諸暨改為諸全州至正二十六年改諸全州為諸暨縣。(舊浙江通志)明諸暨縣屬紹興府

國朝諸暨縣屬紹興府編户一百五十二里

餘姚縣

(史記正義)舜後支庶所封之地舜姚姓故云餘姚。(清類天文分野之書)秦屬會稽郡。(漢書地理志)會稽郡餘姚。(晉書地理志)會稽郡統縣餘姚。(宋書州

郡志）會稽太守領餘姚。（隋書地理志）平陳并餘姚入句章。（舊唐書地理志）武德四年復置仍置姚州七年州廢縣屬越州。（唐書地理志）越州會稽郡餘姚。（十國春秋）吳越東府越州領縣餘姚。（宋史地理志）紹興府餘姚。（元史地理志）紹興路領餘姚州元貞元年升。（舊浙江通志）明復為餘姚縣屬紹興府

國朝餘姚縣屬紹興府編户二百七十五里

上虞縣

（清類天文分野之書）秦上虞縣屬會稽郡。（漢書地理志）會稽郡上虞。（會稽記）永建四年分上虞南鄉立始寧縣。（晉書地理志）會稽郡統縣上虞始寧。（宋書州郡志）會稽太守領上虞始寧。（隋書地理志）廢上虞始寧入會稽。（上虞縣志）貞元中復置上虞縣。（太平寰宇記）長慶初廢入餘姚後復置移于此地。（唐書地理志）越州會稽郡上虞。（十國春秋）吳越東府越州領縣上虞。（宋史地理志）紹興府上虞。（元史地理志）紹興路領縣上虞。（舊浙江通志）明上

虞縣屬紹興府

國朝上虞縣屬紹興府編户一百四十二里

嵊縣

（資治通鑑注）剡漢古縣。（漢書地理志）會稽郡剡縣。（晉書地理志）會稽郡統剡縣。（宋書州郡志）會稽太守領剡縣。（舊唐書地理志）武德四年置嵊州及剡城縣八年廢嵊州及剡城以剡縣來屬。（唐書地理志）越州會稽郡剡縣。（十國春秋）吳越東府越州領贍縣。（宋史地理志）宣和八年改嵊。（又）紹興府嵊縣。（元史地理志）紹興路領嵊縣。（舊浙江通志）明嵊縣屬紹興府

國朝嵊縣屬紹興府編户八十八里

新昌縣

（續文獻通考）本剡之東鄙。（十國春秋）天福五年析剡縣十三鄉為新昌縣。（又）吳越東府越州領縣新昌。（宋史地理志）紹興府新昌。（元史地理志）紹興路領縣新昌。（舊浙江通志）明新昌縣屬紹興府

國朝新昌縣屬紹興府編戶三十里

台州府

(通典)春秋及戰國時屬越按越世家戰國時台州屬楚。(十道志)秦屬閩中郡。(文獻通考)漢屬會稽郡亦東甌之境。(太平御覽)始元二年以東甌境為回浦縣。(太平寰宇記)後漢光武時改回浦為章安。(後漢書郡國志)永和三年以章安東甌鄉為永寧縣。(太平寰宇記)吳初置南始平縣。(又)吳大帝分章安永寧置臨海縣會稽王置臨海郡。(宋書州郡志)始平晉太康元年更名始豐。(太平寰宇記)晉永和三年置樂安縣寧海縣。(晉書地理志)臨海郡統縣八章安臨海始豐永寧寧海松陽安固橫陽。(赤城志)宋孝建元年析揚之五郡為東揚州臨海與焉。(宋書州郡志)永光元年省東揚州并揚州臨海太守領縣五章安臨海始豐寧海樂安。(太平寰宇記)梁又為赤城郡。(陳書文帝紀)天嘉三年屬東揚州。(赤城志)至德元年復為郡治始豐。(元和郡縣志)隋平陳廢郡為臨海縣。(通典)開皇九年屬永嘉郡。(赤城志)廢始豐寧海復入臨海。(舊唐書地理志）武德四年平李子通置海州領臨海章安始豐樂安寧海五縣。（又）武德五年改為台州六年没于輔公祏七年仍置台州省寧海入章安。（又）武德八年廢始豐樂安二縣入臨海貞觀八年復分置始豐。（文獻通考）台州唐屬江南道。（唐書地理志）始豐上元二年更名唐興永寧樂安析臨海置。（舊唐書地理志）永昌元年分臨海置寧海。（唐書地理志）永寧天授元年更名黃巖。（通志地理略）開元十道圖台州江南東道。（文獻通考）天寶元年改臨海郡。（赤城志）乾元二年復為台州。（唐書地理志）台州臨海郡上縣五臨海唐興黃巖樂安寧海。（十國春秋）光啓二年升台州為德化軍節度。（續文獻通考）五代時錢氏奏改唐興為台興樂安為永安。（十國春秋）吳越台州領縣五臨海黃巖台興永安寧海。（元豐九域志）宋建隆元年改台興縣為天台景德四年改永安縣為仙居。（宋史地理志）兩浙路台州。（文獻通考）台州屬浙東路。（宋史地理志）台州上臨海郡軍事縣五臨海黃巖寧海天台仙居。（元史地理志）至元十三年置安撫司十四年改台州路總管府。（又）江浙等處行中書省為路台州。(文)浙東海右道肅政廉訪司台州路。(續文獻通考)元貞元年升黃巖縣為州。(元史地理志)台州路上領縣四臨海仙居寧海天台州一黃巖。(丞史)明改台州府。(明一統志)黃巖仍改為縣。(又)浙江等處承宣布政使司領台州府。(續文獻通考)成化六年建太平縣。(又)台州府領臨海黃巖天台仙居寧海太平六縣

國朝定為台州府屬浙江布政使司領縣六臨海黃巖天台仙居寧海太平

臨海縣

(通典)漢會稽郡地。(後漢書郡國志)後漢會稽郡章安。(通典)吳太元二年分章安置臨海縣。(晉書地理志)臨海郡統縣臨海。(宋書州郡志)臨海太守領臨海。(隋書地理志)永嘉郡統縣臨海。(舊唐書地理志)武德四年于縣置台州。(唐書地理志)武德四年析置章安縣八年省。(又)台州臨海郡臨海。(十國春秋)吳越台州領縣臨海。(宋史地理志)台州臨海郡軍事縣臨海。(元史地理志)台州路領縣臨海。(舊浙江通志)明臨海縣屬台州府

國朝臨海縣屬台州府附郭編户一百八十里

黄巖縣

(資治通鑑注)章安前漢冶縣故閩越地屬會稽郡。(唐書地理志)黄巖本永寧上元二年析臨海置天授元年更名。(又)台州臨海郡黄巖。(十國春秋)吳越台州領縣黄巖。(宋史地理志)台州臨海郡軍事縣黄巖。(元史地理志)黄巖州元貞元年升。(又)台州路領黄巖州。(台州府志)明復為縣屬台州府

國朝黄巖縣屬台州府編户一百五十六里

天台縣

(赤城新志)漢章安縣地。(元和郡縣志)吳分章安置南始平縣。(太平寰宇記)晋太康元年更名始豐。(晋書地理志)臨海郡統縣始豐。(宋書州郡志)臨海太守領始豐。(舊唐書地理志)隋末廢武德四年復置八年又廢貞觀八年復為臨海縣上元二年改為唐興。(唐書地理志)台州臨海郡唐興。(吳越備史)梁初改唐興縣為天台縣。(冊府元龜)晋天福七年改唐興為台興縣。(十國春

秋）吳越台州領縣台興。（赤城志）宋建隆初改今名。（宋史地理志）台州臨海郡軍事縣天台。（元史地理志）台州路領縣天台。（舊浙江通志）明天台縣屬

台州府

國朝天台縣屬台州府編戶四十二里

仙居縣

（輿地志）晉永和三年分始豐南鄉置樂安縣屬臨海郡。（宋書州郡志）臨海太守領樂安。（南齊書州郡志）臨海郡樂安。（清類天文分野之書）隋開皇九年省。（唐書地理志）武德四年析臨海置樂安八年省上元二年復置。（又）台州臨海郡樂安。（續文獻通考）五代時錢氏奏改永安。（十國春秋）吳越台州領縣永安。（赤城志）宋景德更今名。（宋史地理志）台州臨海郡軍事縣仙居。（元史地理志）台州路領縣仙居。（舊浙江通志）明仙居縣屬台州府

國朝仙居縣屬台州府編戶九十五里

寧海縣

（清類天文分野之書）漢鄞縣地。（輿地廣記）晉析回浦鄞二縣地置寧海縣。（晉書地理志）臨海郡統縣寧海。（宋書州郡志）臨海太守領寧海。（元和郡縣志）隋開皇九年廢郡併入章安縣。（唐書地理志）寧海武德四年析臨海置七年省入章安永昌元年復置。（又）台州臨海郡寧海。（十國春秋）吳越台州領縣寧海。（宋史地理志）台州臨海郡軍事縣寧海。（元史地理志）（舊浙江通志）台州路領縣寧海。（舊浙江通志）明寧海縣屬台州府

國朝寧海縣屬台州府編户一百十三里

太平縣

（赤城新志）明成化六年析黄巖南鄉置太平縣。（舊浙江通志）明太平縣屬台州府

國朝太平縣屬台州府編户五十里

金華府

（太平寰宇記）春秋戰國時為越之西界。（通典）秦屬會稽郡。（太平寰宇記）漢初

屬荆吳二國。（漢書地理志）會稽郡縣烏傷太末。（後漢書郡國志注）烏傷初平三年分爲長山縣太末分立新安縣。（又）諸暨興平二年分立吳寧縣。（宋書州郡志）豐安興平二年孫氏分諸暨立。（又）吳赤烏二年分太平立平昌八年分烏傷上浦立永康。（三國吳志）寶鼎元年分會稽爲東陽郡。（晉書地理志）吳揚州統東陽郡。（又）東陽郡統縣九長山永康烏傷吳寧太末信安豐安定陽遂昌。（萬曆金華府志）宋孝建元年分揚州之五郡爲東揚州東陽與其一。（文獻通考）梁置金華郡。（隋書地理志）平陳置婺州廢建德太末豐安三縣入長山改爲吳寧縣。（又）大業初置東陽郡。（又）東陽郡統縣四金華永康烏傷信安。（舊唐書地理志）武德四年以烏傷置綢州并析置華川縣置婺州領華川長山二縣來康置麗州七年廢綢州及華川縣改烏傷爲義烏縣以縣屬婺州八年廢麗州以永康來屬廢長山入金華縣。（文獻通考）婺州唐屬江南道。（唐書地理志）蘭溪咸亨五年析金華置東陽垂拱二年析義烏置。（舊唐書地理志）天授二年分永康置武義縣尋改武成。（通志地理略）開元十道圖婺州

金華

江南東道。（舊唐書地理志）天寶元年改婺州為東陽郡。（唐書地理志）浦陽
天寶十三年析置。（舊唐書地理志）乾元元年復為婺州。（唐書地理志）婺州
東陽郡上縣七金華義烏永康東陽蘭溪武成浦陽。（十國春秋）吳越武肅王
改浦陽為浦江武成復名武義。（又）晋天福四年敕升婺州為武勝軍。（又）吳
越婺州領縣七金華東陽義烏蘭溪永康武康浦江。（宋史地理志）淳化元年
改保寧軍節度。（又）兩浙路婺州。（文獻通考）婺州屬浙東路。（宋史地理志）
婺州上東陽郡縣七金華義烏永康武義浦江蘭溪東陽。（元史地理志）至元
十三年改婺州路。（又）江浙等處行中書省為路婺州。（續文獻通考）元貞元
年升蘭溪縣為州。（又）浙東道宣慰司都元帥府元治婺州大德六年移治慶
元置浙東海右道肅政廉訪司。（元史地理志）婺州路上領縣六金華東陽義
烏永康武義浦江州一蘭溪。（名山藏）至正十八年明置中書分省于婺州改曰
寧越府洪武二年復以蘭溪為縣二十年復名寧越府曰金華。（明一統志）浙
江等處承宣布政使司領金華府。（續文獻通考）成化七年析龍游金華蘭溪

遂昌置湯溪縣。(又)金華府領金華蘭谿東陽義烏永康武義浦江湯溪八縣

國朝定為金華府屬浙江布政使司領縣八金華蘭谿東陽義烏永康武義浦江湯溪

金華縣

(太平寰宇記)本漢烏傷縣地。(後漢書郡國志注)後漢初平三年分縣南鄉為長山縣。(輿地廣記)三國吳為東陽郡治。(隋書地理志)平陳改為吳寧縣十二年改曰東陽十八年改名金華。(又)東陽郡統縣金華。(唐書地理志)武德八年省長山入金華垂拱四年曰金山神龍元年復名金華。(又)婺州東陽郡金華。(十國春秋)吳越婺州領縣金華。(宋史地理志)婺州東陽郡金華。(元史地理志)婺州路領縣金華。(金華縣志)明洪武初仍為吳寧縣尋復為金華。(舊浙江通志)明金華縣屬寧越府尋屬金華府

國朝金華縣屬金華府附郭編户二百五里

蘭谿縣

(輿地廣記)本金華縣地。(清類天文分野之書)唐咸亨五年分金華之西部三河

戊置蘭溪縣。(唐書地理志)婺州東陽郡蘭溪。(十國春秋)吳越婺州領縣蘭溪。(宋史地理志)婺州東陽郡蘭溪。(元史地理志)婺州路領蘭溪州元貞元年升。(舊浙江通志)明洪武二年復為蘭溪縣屬寧越府尋屬金華府

國朝蘭谿縣屬金華府編户二百六十九里

東陽縣

(清類天文分野之書)漢興平二年分諸暨置吳寧縣。(又)隋開皇中縣罷分五鄉入烏傷。(名勝志)唐垂拱二年分烏傷及廢吳寧縣治置縣。(唐書地理志)婺州東陽郡東陽。(名勝志)梁開平四年錢鏐奏改東場。(十國春秋)吳越婺州領縣東場。(清類天文分野之書)宋咸平中復曰東陽。(宋史地理志)婺州東陽郡東陽。(元史地理志)婺州路領縣東陽。(舊浙江通志)明東陽縣屬寧越府尋屬金華府

國朝東陽縣屬金華府編户二百二里

義烏縣

漢書地理志漢會稽郡烏傷。清類天文分野之書三國吳屬東陽郡。隋書地理志平陳置婺州統烏傷。太平寰宇記唐武德四年于此置綢州分烏傷立華川縣七年州縣并廢改烏傷為義烏縣。唐書地理志婺州東陽郡義烏。十國春秋吳越婺州領縣義烏。宋史地理志婺州東陽郡義烏。元史地理志婺州路領縣義烏。舊浙江通志明義烏縣屬寧越府尋屬金華府

國朝義烏縣屬金華府編户一百四十五里

永康縣

清類天文分野之書漢烏傷縣地。資治通鑑注吳大帝赤烏八年分上虞烏傷立永康縣屬東陽郡。晉書地理志東陽郡統縣永康。宋書州郡志東陽太守領永康。隋書地理志隋東陽郡統縣永康。舊唐書地理志武德四年置麗州又分置縉雲縣八年廢麗州及縉雲縣以永康來屬。唐書地理志婺州東陽郡永康。十國春秋吳越婺州領縣永康。宋史地理志婺州東陽郡永康。元史地理志婺州路領縣永康。舊浙江通志明永康縣屬寧越府尋屬

金華府

國朝永康縣屬金華府編户一百二十三里

武義縣

（清類天文分野之書）漢烏傷縣地。（舊唐書地理志）天授二年分永康置武義縣復名武義在唐天祐中又改為武成。（唐書地理志）婺州東陽郡武成。（十國春秋）吳越婺州領縣武義。（宋史地理志）婺州東陽郡武義。（元史地理志）婺州路領縣武義。（舊浙江通志）明武義縣屬寧越府尋屬金華府

國朝武義縣屬金華府編户九十三里

浦江縣

（宋書州郡志）興平二年孫氏分諸暨立豐安。（隋書地理志）平陳廢豐安。（唐書地理志）天寶十三載析義烏蘭溪及杭州之富陽置浦陽。（又）婺州東陽郡浦陽。（十國春秋）吳越改婺州浦陽縣為浦江縣。（又）吳越婺州領縣浦江。（宋史地理志）婺州東陽郡浦江。（元史地理志）婺州路領縣浦江。（舊浙江通志）

明浦江縣屬寧越府尋屬金華府
國朝浦江縣屬金華府編户一百三里

湯溪縣

續文獻通考本龍游東鄙金華西鄙蘭溪南鄙遂昌北鄙。萬曆金華府志成化七年增置湯溪縣。舊浙江通志明湯溪縣屬金華府
國朝湯溪縣屬金華府編户八十五里

衢州府

資治通鑑注秦為大末縣。後漢書郡國志注初平三年分大末立新安縣。宋書州郡志定陽漢建安二十三年孫氏分信安立（信安當作新安）。清類天文分野之書三國吳分會稽立東陽郡大末新安俱屬焉。宋書州郡志信安晉太康元年更名。隋書地理志平陳廢大末入吳寧縣。輿地志唐武德四年析婺州之西境于信安縣置衢州。舊唐書地理志武德四年置穀州及大末白石二縣又分置須江定陽二縣八年廢衢州及須江定陽二縣以信安還屬婺州廢

衢州

穀州穀州廢大末白石廢入信安縣。（唐書地理志）大末貞觀八年析信安金華復置更名龍
邱隸婺州。（舊唐書地理志）咸亨五年分信安置常山屬婺州。（太平寰宇記）
垂拱二年又分婺州之信安龍邱置衢州常山改屬衢州。（舊唐書地理志）永
昌元年分信安復置須江縣如意元年分龍邱置盈川縣。（通志地理略）開元
十道圖衢州江南東道。（舊唐書地理志）天寶元年改為信安郡乾元二年復
為衢州常山屬信州又還衢州。（唐書地理志）元和七年省盈川入信安。（又）
咸通中更信安曰西安。（又）衢州信安郡上縣四西安龍邱須江常山。（十國
春秋）吳越改衢州龍邱縣曰龍游又改須江縣曰江山。（又）吳越衢州領縣四
西安江山龍游常山。（隆平集）太平興國八年以衢州開化場為開化縣。（續
文獻通考）宣和四年改龍游為盈川縣紹興初復名龍游咸淳中改江山為禮
賢縣改常山為信安縣。（文獻通考）衢州屬浙東路。（宋史地理志）衢州信安
郡軍事縣五西安禮賢龍游信安開化。（元史地理志）至元十三年改衢州路
總管府。（續文獻通考）復禮賢為江山縣信安為常山縣。（元史地理志）江浙

等處行中書省爲路衢州。（又）浙東道宣慰司都元帥府衢州路。（又）衢州路上領縣五西安龍游江山常山開化。（衢州府志）明初改衢州路爲龍游府尋改爲衢州府。（續文獻通考）衢州府領西安龍游常山江山開化五縣

國朝定爲衢州府屬浙江布政使司領縣五西安龍游常山江山開化

西安縣

（水經注）大末是越之西部姑蔑之地也秦以爲縣。（漢書地理志）會稽郡大末。（後漢書郡國志）大末初平三年分立新安縣。（輿地廣記）晉太康元年改新安名信安屬東陽郡。（晉書地理志）東陽郡統縣大末信安。（宋書州郡志）東陽太守領大末信安。（隋書地理志）平陳置婺州統信安廢大末入吳寧縣。（舊唐書地理志）武德四年置衢州縣仍屬焉八年廢衢州還屬婺州垂拱二年復置衢州信安仍屬之。（輿地廣記）咸通中改信安曰西安。（唐書地理志）衢州信安郡西安。（十國春秋）吳越衢州領縣西安。（宋史地理志）衢州信安郡軍事縣西安。（元史地理志）衢州路領縣西安。（舊浙江通志）明西安縣屬龍游府尋屬衢州府

國朝西安縣屬衢州府附郭編户一百六十五里

龍游縣

(舊唐書地理志)漢大末縣屬會稽郡晋置龍邱縣以山爲名至隋廢。(唐書地理志)武德四年置穀州并置白石縣八年州廢省大末白石入信安。(舊唐書地理志)貞觀八年分金華信安置龍邱縣屬婺州垂拱二年屬衢州。(唐書地理志)如意元年析置盈川縣證聖二年置武安縣後省武安元和七年省盈川入信安。(又)衢州信安郡龍邱。(太平寰宇記)錢鏐改爲龍游。(十國春秋)吴越衢州領縣龍游。(宋史地理志)宣和三年改爲盈川縣紹興故復故。(元史地理志)衢州信安郡軍事縣龍游。(又)衢州路領縣龍游。(舊浙江通志)明龍游縣屬龍游府尋屬衢州府

國朝龍游縣屬衢州府編户二百一十五里

常山縣

(元和郡縣志)本大末縣地。(方輿紀要)漢建安中孫氏分新安置定陽縣三國吴

寶昌初屬東陽郡。(元和郡縣志)隋初置定陽縣隋末廢。(舊唐書地理志)武德四年置定陽縣八年廢常山咸亨五年分信安置屬婺州垂拱二年改屬衢州乾元二年屬信州又還衢州。(唐書地理志)衢州信安郡常山。(十國春秋)吴越衢州領縣常山。(宋史地理志)咸淳三年改信安。(又)衢州信安郡軍事縣信安。(元史地理志)宋改信安今復舊名。(又)衢州路領常山。(舊浙江通志)明常山縣屬龍游府尋屬衢州府

國朝常山縣屬衢州府編户一百六里

江山縣

(舊唐書地理志)須江武德四年分信安置。(唐書地理志)須江武德八年省永昌元年復置。(又)衢州信安郡須江。(十國春秋)吴越衢州領縣江山本唐須江縣吴越改今名。(正德江山縣志)宋咸淳中改江山為禮賢。(宋史地理志)衢州信安郡軍事縣禮賢。(方輿紀要)至元十三年復禮賢為江山縣。(元史地理志)衢州路領縣江山。(舊浙江通志)明江山縣屬龍游府尋屬衢州府

國朝江山縣屬衢州府編戶一百二十七里

開化縣

(太平寰宇記)本常山縣地。(輿地廣記)宋乾德四年置開化場。(宋史地理志)太平興國八年升開化場為縣。(又)衢州信安郡軍事縣開化。(元史地理志)衢州路領縣開化。(舊浙江通志)明開化縣屬龍游府尋屬衢州府

國朝開化縣屬衢州府編戶一百六十里

嚴州府

(通典)春秋時屬吳後屬越又屬楚。(清類天文分野之書)秦屬會稽為鄣郡之地。(又)漢屬會稽及丹陽郡。(又)後漢屬吳郡及丹陽郡。(三國吳志)建安十三年權使賀齊討黟歙分歙為始新新定犂陽休陽縣以六縣為新都郡。(清類天文分野之書)三國吳立建德桐廬新昌三縣屬吳郡。(晉書地理志)吳郡統縣富陽桐廬建德壽昌吳新昌晉太康元年改壽昌。(嚴陵志)晉太康元年改郡曰新安改新定縣曰遂安。(清類天文分野之書)梁普通二年改壽昌屬新安郡。(隋書

地理志新安郡平陳廢為新安縣遂安桐廬廢又廢建德入吳寧縣仁壽三年置睦州遂安桐廬復併壽昌入新安○又大業初改新安名雉山置遂安郡○又遂安郡統縣雉山桐廬遂安○舊唐書地理志武德四年改為睦州領雉山遂安二縣○太平寰宇記武德四年置分水縣復置建德縣○舊唐書地理志桐廬武德四年于縣置嚴州領桐廬分水建德三縣七年廢州及分水建德二縣以桐廬屬睦州○文獻通考睦州唐屬江南道○唐書地理志建德永淳二年復置雉山文明元年曰新安壽昌永昌元年析雉山置載初元年省分水如意元年復置更名武盛神龍元年復故名壽昌復置○太平寰宇記開元二十年改新安為還淳縣○通志地理略開元十道圖睦州江南東道○清類天文分野之書天寶元年改新安郡乾元元年復為睦州○唐書地理志青溪永貞元年還淳更名○唐書方鎮表隸浙江東道節度○唐書地理志睦州新定郡上縣六建德青溪壽昌桐廬分水遂安○清類天文分野之書光化三年錢氏以桐廬屬杭州○十國春秋吳越睦州領縣五建德壽昌遂安分水青溪○宋史地理

嚴州

志)太平興國二年桐廬隸睦州為遂安軍節度。(宋史地理志)宣和元年升建德軍節度。(清類天文分野之書)宣和三年改睦州曰嚴州青溪縣曰淳化。(宋史地理志)兩浙路嚴州。(續文獻通考)紹興中淳化縣始名淳安。(文獻通考)嚴州屬浙西路。(宋史地理志)建德軍咸淳元年升府縣六建德淳安桐廬分水遂安壽昌。(元史地理志)至元十三年改建德府安撫司十四年改建德路。(又)江浙等處行中書省為路建德。(又)江南浙西道肅政廉訪司建德路。(又)建德路上領縣六建德淳安遂安桐廬分水壽昌。(續文獻通考)明初改建安府尋改嚴州府。(明實録)移置浙江行省于嚴州。(明一統志)浙江等處承宣布政使司領嚴州府。(續文獻通考)嚴州府領建德淳安桐廬遂安壽昌分水六縣

國朝定為嚴州府屬浙江布政使司領縣六建德淳安桐廬遂安壽昌分水

建德縣

(通典)漢富春縣地。(太平寰宇記)吳黃武四年分富春地置建德縣屬吳郡。(清

類天文分野之書）梁分屬東陽郡。（隋書地理志）長山廢建德入改為吳寧縣。（清類天文分野之書）唐武德四年置建德屬嚴州。（唐書地理志）武德七年省入桐廬雉山永淳二年復置。（又）睦州新定郡建德。（十國春秋）吳越睦州領縣建德。（宋史地理志）建德府縣建德。（元史地理志）建德路領縣建德。（舊浙江通志）明建德縣屬建安府尋屬嚴州府

國朝建德縣屬嚴州府附郭編戶八十六里

淳安縣

（舊唐書地理志）漢歙縣地屬丹陽郡。（清類天文分野之書）晉為新安郡。（嚴陵志）隋開皇九年平陳廢郡為新安縣大業初改曰雉山。（隋書地理志）遂安郡統縣雉山。（舊唐書地理志）文明元年復為新安開元二十年改還淳永貞元年避憲宗名改為青溪。（唐書地理志）睦州新定郡青溪。（十國春秋）吳越睦州領縣青溪。（宋史地理志）宣和初改淳化南渡後改今名。（又）建德府淳安。（元史地理志）建德路領縣淳安。（舊浙江通志）明淳安縣屬建安府尋屬嚴

州府

國朝淳安縣屬嚴州府編户六十一里

桐廬縣

（宋書州郡志）吳分富春立桐廬。（晉書地理志）吳郡統縣桐廬。（宋書州郡志）吳郡太守領桐廬。（名勝志）隋開皇中併入錢唐。（隋書地理志）桐廬仁壽中復。（舊唐書地理志）武德四年于縣置嚴州七年廢州以桐廬屬睦州。（唐書地理志）睦州新定郡桐廬。（嚴陵志）光化三年錢鏐割縣隸杭州。（十國春秋）吳越西府杭州領縣桐廬。（類清天文分野之書）宋太平興國中仍屬睦州。（宋史地理志）建德府桐廬。（元史地理志）建德路領縣桐廬。（舊浙江通志）明桐廬縣屬建安府尋屬嚴州府

國朝桐廬縣屬嚴州府編户五十三里

遂安縣

（元和郡縣志）吳大帝使賀齊平黟歙縣之南鄉安定里置新定縣。（宋書州郡志）

遂安晉太康元年更名。(隋書地理志)平陳廢仁壽中復。(又)遂安郡統縣遂安。(唐書地理志)睦州新定郡遂安。(十國春秋)吳越睦州領縣遂安。(宋史地理志)建德府遂安。(元史地理志)建德路領縣遂安。(舊浙江通志)明遂安縣屬建安府尋屬徽州府

國朝遂安縣屬徽州府編戶六十四里

壽昌縣

(宋書州郡志)壽昌吳分富春立新昌縣晉太康元年更名。(清類天文分野之書)梁普通二年改屬新安郡。(嚴陵志)隋開皇九年廢新安郡併壽昌入新安縣。(舊唐書地理志)壽昌永昌元年分雉山縣置載初元年廢神龍元年復。(唐書地理志)睦州新定郡壽昌。(十國春秋)吳越睦州領縣壽昌。(宋史地理志)建德府壽昌。(元史地理志)建德路領縣壽昌。(舊浙江通志)明壽昌縣屬建安府尋屬徽州府

國朝壽昌縣屬徽州府編戶三十六里

分水縣

（嚴陵志）唐武德四年置嚴州治桐廬乃析桐廬七鄉別為縣名分水。（清類天文分野之書）武德七年併入桐廬如意元年復置改名武盛。（舊唐書地理志）神龍元年改為分水。（唐書地理志）寶應二年析置昭德縣大曆六年省。（又）睦州新定郡分水。（十國春秋）吳越睦州領縣分水。（宋史地理志）建德府分水。（元史地理志）建德路領縣分水。（舊浙江通志）明分水縣屬建安府尋屬嚴州府

國朝~~嚴~~分水縣屬嚴州府編戶一十八里

溫州府

（通典）春秋戰國並屬越（楚滅越後屬于楚）。（史記東越列傳）秦幷天下以其地為閩中郡。（又）漢孝惠三年舉高帝時越功曰閩君搖功多立為東海王都東甌。（漢書地理志）會稽郡回浦。（輿地志）後漢光武改為章安縣。（太平寰宇記）永和三年置永寧縣。（資治通鑑）吳屬臨海郡。（宋書州郡志）安固吳立曰羅陽改曰

安陽晉太康元年更名。(又)橫陽晉太康四年以橫嶼屯為始陽仍復故名。(晉書地理志)太寧元年分臨海立永嘉郡統永寧安固松陽橫陽四縣而揚州統永嘉郡。(又)寧康二年分永嘉郡之永寧縣置樂成縣。(萬曆溫州府志)宋孝威建元年置東揚州統永嘉郡永光元年以東揚州併入揚州仍統永嘉等郡。(宋書州郡志)永嘉太守領縣五永寧安固松陽樂成橫陽。(梁書高祖紀)普通五年分揚州置東揚州。(陳書文帝紀)天嘉三年以永嘉八郡置東揚州。(萬曆溫州府志)隋開皇九年平陳廢永嘉郡置處州改永寧為永嘉省橫陽入安固十三年改處州為栝州省安固樂成入永嘉統栝蒼永嘉松陽臨海四縣。(太平寰宇記)大業復為永嘉郡。(唐書地理志)永嘉武德五年以縣置東嘉州並析置永寧安固橫陽樂成四縣七年樂成省入永嘉貞觀元年州廢省橫陽永寧以永嘉安固隸栝州。(唐書地理志)溫州上元二年析栝州之永嘉安固置。(文獻通考)溫州唐屬江南道。(唐書地理志)載初元年復置樂成縣大足元年析安固復置橫陽縣。(通志地理略)開元十道圖溫州江南東道。(舊

溫州

唐書地理志天寶元年改為永嘉郡。太平寰宇記乾元二年復為温州。唐書地理志温州永嘉郡上縣四永嘉安固横陽樂成。十道春秋晉天福四年初建温州為静海軍節度。又吳越温州領縣四永嘉瑞安平陽樂清（瑞安即安固縣平陽即横陽縣樂清即樂成縣）。宋史地理志太平興國三年降為軍。又兩浙路温州。又政和七年升應道軍節度建炎三年罷軍額。文獻通考温州屬浙東路。宋史地理志瑞安府本温州咸淳元年以度宗潛邸升府。又瑞安府縣四永嘉平陽瑞安樂清。元史地理志至元十三年瑞安府仍為温州。又江浙等處行中書省為路温州。又浙江海右道肅政廉訪司温州路。元史成宗紀元貞元年陞平陽瑞安縣為州。元史地理志温州路上領縣二永嘉樂清州二瑞安平陽。續文獻通考明改為温州府洪武二年瑞安平陽復改為縣。明一統志浙江等處承宣布政使司領温州府。明從信録景泰三年立泰順縣。續文獻通考明温州府領縣五永嘉樂清瑞安平陽泰順

國朝定為温州府屬浙江布政使司領縣五永嘉樂清平陽瑞安泰順

永嘉縣

（後漢書郡國志）永寧永和三年以章安縣東甌鄉爲縣。（萬曆溫州府志）吳太平三年以東部都尉爲臨海郡永寧屬之。（清類天文分野之書）晉爲永嘉郡治。（宋書州郡志）永嘉太守領永寧。（隋書地理志）永嘉舊曰永寧置永嘉郡平陳郡廢縣改名焉。（唐書地理志）武德五年以縣置東嘉州并析置永寧縣。（又）貞觀元年州廢省永寧以永嘉隸括州。（舊唐書地理志）上元二年置溫州治于此縣。（唐書地理志）溫州永嘉郡永嘉。（十國春秋）吳越溫州領縣永嘉。（宋史地理志）瑞安府永嘉。（元史地理志）溫州路領縣永嘉。（舊浙江通志）

明永嘉縣屬溫州府

國朝永嘉縣屬溫州府附郭編户二百八十四里

樂清縣

（宋書州郡志）樂成晉寧康三年分永寧立。（又）永嘉太守領縣樂成。（萬曆溫州府志）隋省入永嘉屬括州。（唐書地理志）武德五年析置樂成縣七年省入永嘉。(舊唐書地理志)載初元年分永嘉復置。(唐書地理志)溫州永嘉郡樂成。(十國春秋)吳越溫州領縣樂清避梁王父諱改。(宋史地理志)瑞安府樂清。(元史地理志)溫州路領縣樂清。(舊浙江通志)明樂清縣屬溫州府

國朝樂清縣屬溫州府編戶一百三十六里

平陽縣

(太平寰宇記)本永嘉安固之地。(萬曆溫州府志)晉太康初析橫嶼船屯置始陽縣尋改曰橫陽。(晉書地理志)太寧元年立永嘉郡統橫陽縣。(宋書州郡志)永嘉太守領橫陽。(萬曆溫州府志)隋省入安固。(舊唐書地理志)武德五年分安固縣置貞觀元年廢大足元年復分安固置。(唐書地理志)溫州永嘉郡橫陽。(十國春秋)吳越武肅王時改平陽。(又)吳越溫州領縣平陽。(宋史地理志)瑞安府平陽。(元史地理志)溫州路領平陽州元貞元年升。(舊浙江通志)明復為平陽縣屬溫州府

國朝平陽縣屬溫州府編戶二百四十一里

瑞安縣

（元和郡縣志）本漢回浦縣地，後漢改回浦為章安。（方輿紀要）三國吳析置羅陽縣，寶鼎三年改曰安陽，晉太康初改曰安固，屬臨海郡。（晉書地理志）太寧元年立永嘉郡，統安固縣。（宋書州郡志）永嘉太守領安固。（萬曆溫州府志）隋開皇十二年省入永嘉，屬栝州。（舊唐書地理志）武德八年分永嘉縣置，屬嘉州，貞觀元年廢嘉州，安固屬栝州，上元二年屬溫州。（唐書地理志）溫州永嘉郡安固。（十國春秋）吳越溫州領縣瑞安（武肅王改）。（宋史地理志）瑞安府縣瑞安。（元史地理志）溫州路領瑞安州，元貞元年升。（舊浙江通志）明復為瑞安縣，屬溫州府。

國朝瑞安縣屬溫州府，編戶一百三十八里。

泰順縣

（萬曆溫州府志）景泰二年割瑞安十二里、平陽六里立為縣，名泰順。（舊浙江通志）明泰順縣屬溫州府。

國朝泰順縣屬温州府編户一十八里

處州府

（太平寰宇記）古縉雲之墟。（栝蒼彙紀）春秋戰國時屬越〻亡入楚。（太平寰宇記）秦會稽郡地（處州秦時當屬閩中郡）。（太平御覽）漢初爲東甌地後爲回浦縣。（清類天文分野之書）後漢改爲章安。（栝蒼彙紀）松陽縣建安八年立。（資治通鑑）吳大帝赤烏二年分大末立平昌縣（晉太康元年更名遂昌縣）。（晉書地理志）太寧元年分臨海立永嘉郡統永寧安固松陽橫陽四縣而揚州統永嘉郡。（栝蒼彙紀）隋開皇九年廢二郡爲縣分松陽之東鄉置栝蒼縣以栝蒼松陽永嘉臨海四縣置處州十二年改爲栝州。（文獻通考）煬帝時復置永嘉郡。（舊唐書地理志）武德四年平李子通置栝州置總管府管松嘉台三州栝州領栝蒼麗水二縣八年廢松州爲松陽縣來屬省麗水入栝蒼遂昌併入松陽。（又）貞觀元年廢都督府省嘉州以永嘉安固二縣來屬。（文獻通考）栝州唐屬江南道。（唐書地理志）縉雲聖曆元年析栝蒼及婺州之永康置青田景雲二年析栝蒼置遂

昌復置。（通志地理略）開元十道圖括州江南東道。（舊唐書地理志）天寶元
年改為縉雲郡乾元二年復為括州。（唐書地理志）龍泉乾元二年析遂昌松
陽置。（太平寰宇記）大曆十四年改為處州避德宗諱括蒼改為麗水。（唐書方鎮表）建中
元年隸浙江東道觀察使。（唐書地理志）處州縉雲郡上縣六麗水松陽縉雲
青田遂昌龍泉。（十國春秋）吳越處州領縣六麗水龍泉遂昌縉雲青田白龍
松陽錢氏初改長松又改白龍。（宋史地理志）兩浙路處州。（又）慶元三年分龍泉松源鄉置
慶元縣。（文獻通考）處州屬浙東路。（宋史地理志）處州上縉雲郡軍事縣七
麗水龍泉松陽遂昌縉雲青田慶元。（元史地理志）至元十三年立處州路總
管府。（又）江浙等處行中書省為路處州。（又）浙東海右道肅政廉訪司處州
路。（又）處州路上縣七麗水龍泉松陽遂昌青田縉雲慶元。（續文獻通考）明
改為處州府。（明一統志）浙江等處承宣布政使司領處州府。（明淺信錄）景
泰三年置宣平雲和景寧三縣。（續文獻通考）處州府領縣十麗水青田縉雲
松陽遂昌龍泉慶元雲和宣平景寧

處州

國朝定爲處州府屬浙江布政使司領縣十麗水青田縉雲松陽遂昌龍泉慶元雲和宣平景寧

麗水縣

（清類天文分野之書）漢回浦縣地屬會稽郡。（括蒼彙紀）後漢章安縣地。（崇禎處州府志）吳晉爲松陽縣地屬臨海郡。（名勝志）隋開皇中分松陽之東界立括蒼縣。（隋書地理志）永嘉郡統縣括蒼。（舊唐書地理志）武德四年括州領括蒼麗水二縣八年省麗水入括蒼。（又）大曆十四年改爲麗水縣州所治。（唐書地理志）處州縉雲郡麗水。（十國春秋）吳越處州領縣麗水。（宋史地理志）處州縣麗水。（元史地理志）處州路領縣麗水。（舊浙江通志）明麗水縣屬處州府

國朝麗水縣屬處州府附郭編户一百十五里

青田縣

（唐書地理志）青田景雲二年析括蒼置。（又）處州縉雲郡青田。（十國春秋）吳越

處州領縣青田。（宋史地理志）處州縣青田。（元史地理志）處州路領青田。

（舊浙江通志）明青田縣屬處州府

國朝青田縣屬處州府編户一百四十六里

縉雲縣

（舊唐書地理志）萬歲登封元年分括蒼及婺州永康縣置縉雲縣。（唐書地理志）處州縉雲郡縉雲。（十國春秋）吴越處州領縣縉雲。（宋史地理志）處州縣縉雲。（元史地理志）處州路領縣縉雲。（舊浙江通志）明縉雲縣屬處州府

國朝縉雲縣屬處州府編户一百九十里

松陽縣

（元和郡縣志）本漢回浦縣之地屬會稽後漢分立此縣。（崇禎處州府志）吴太平二年隸臨海郡。（晋書地理志）臨海郡統縣松陽太寧元年立永嘉郡統松陽縣。（宋書州郡志）永嘉太守領松陽。（南齊書州郡志）永嘉郡松陽。（括蒼彙紀）唐武德三年改為松州。（舊唐書地理志）武德八年廢松州為松陽縣来屬

○（唐書地理志）處州縉雲郡松陽。（五代史職方考）處州長松故曰松陽梁改曰長松。（清類天文分野之書）晉天福四年改爲白龍縣。（十國春秋）吳越處州領縣白龍。（崇禎處州府志）宋咸平二年復爲松陽縣。（宋史地理志）處州縣松陽。（元史地理志）處州路領松陽。（舊浙江通志）明松陽縣屬處州府

國朝松陽縣屬處州府編户一百六里

遂昌縣

（清類天文分野之書）漢太末縣地。（後漢書郡國志）建安二十三年立遂昌縣。（崇禎處州府志）吳赤烏二年分置平昌縣屬東陽郡。（宋書州郡志）晉太康元年更名遂昌。（括蒼彙紀）隋屬處州。（資治通鑑注）唐武德八年省入松陽。（舊唐書地理志）景雲二年分松陽縣復置。（唐書地理志）處州縉雲郡遂昌。（十國春秋）吳越處州領縣遂昌。（宋史地理志）處州縣遂昌。（元史地理志）處州路領縣遂昌。（舊浙江通志）明遂昌縣屬處州府

國朝遂昌縣屬處州府編户七十四里

龍泉縣

（清類天文分野之書）本松陽栝蒼遂昌三縣地。（舊唐書地理志）乾元二年越州刺史獨孤嶼奏請于栝州龍泉鄉置縣以龍泉為名從之。（唐書地理志）處州縉雲郡龍泉。（十國春秋）吳越處州領縣龍泉。（宋史地理志）宣和三年改為劍川縣紹興元年復故。（又）處州縣龍泉。（元史地理志）處州路領縣龍泉。（舊浙江通志）明龍泉縣屬處州府

國朝龍泉縣屬處州府編户一百六十五里

慶元縣

（宋史地理志）慶元三年分龍泉松源鄉置縣因以年紀名。（又）處州縣慶元。（元史地理志）處州路領縣慶元。（崇禎處州府志）明洪武三年革縣治為巡檢司十四年復建縣隸處州府

國朝慶元縣屬處州府編户五十九里

雲和縣

(名勝志)景泰三年析麗水之浮雲元和二鄉置縣名曰雲和○(舊浙江通志)明雲和縣屬處州府

國朝雲和縣屬處州府編戶五十九里

宣平縣

(括蒼彙紀)景泰三年以麗水宣慈等三鄉置宣平縣隸處州府

國朝宣平縣屬處州府編戶六十里

景寧縣

(括蒼彙紀)景泰二年以青田地廣析僊上等三里為景寧縣隸處州府

國朝景寧縣屬處州府編戶六十六里

玉環

(太平縣志)玉環山在縣西南七十里楚門港中顧野王輿地志云樂清東南港有地肺山一名木榴山因嫌錢鏐諱改今名又云宋高宗南渡遺玉環于此故名○(樂清縣志)海去縣東南橫亘三百餘里東為白沙赤水蒲岐清江北轉至玉

環而止海居縣東波濤洶湧海舡至此必艤舟云○雍正五年浙江總督李衛
請展復玉環隸温州府

浙江山川古蹟記卷二

仁和杭大宗世駿輯

杭州府 錢塘仁和二縣附郭

吳山（名勝志）在府城内之南春秋時為吳南界以別于越故曰吳山或曰以伍子胥訛伍為吳故郡志又稱胥山凡城南隅諸山蔓衍相屬總曰吳山

金地山（咸淳臨安志）在城隍廟南

寶月山（成化杭州府志）在布政司對巷東接吳山與峨眉山並列

石佛山（西湖游覽志）西聯寶山南面瑞石舊有大粟石佛寺宋大中祥符間改名積善海會寺

寶蓮山（方輿勝覽）在吳山之北

寶山（萬曆杭州府志）在吳山之西南東接石佛山

七寶山（西湖遊覽志）在白馬廟巷之西三茅觀在其東北

瑞石山（萬曆杭州府志）在寶山南上有紫陽菴中有瑞石泉橐駝峰此山秀石

玲瓏巖竇窈窱湖山與區罕與倫比

蛾眉山（成化杭州府志）在布政司南東接湖吳山其側有八眼井

淺山（成化杭州府志）在蛾眉山前其側有漾沙坑

竹園山（成化杭州府志）在吳山西相接一脉獨趨而北隱隱隆起陰陽家謂為府治之主山宋臨安尹趙與𥲅建閣其上扁曰竹山

清平山（成化杭州府志）在吳山南鳳山門之北

雲居山（舊浙江通志）在城西南上有雲居寺西望湖接楓嶺頗稱佳境

虎林山 一名武林山（名勝志）在武林門內一里而近高可三丈舊名祖山（楊孟瑛虎林山記）錢氏有國時山在城外巽虎出焉故名虎林音訛為武葉紹翁四朝聞見錄謂虎林即靈隱山因避唐諱改為武林者非漢志明載武林山為武林水所出安有避唐諱之說虎林武林原有二山未可混為一也

紫坊嶺（萬曆杭州府志）在豐寧坊漾沙坑側平為民居不存

駱駝嶺（萬曆杭州府志）在馨如坊三茅觀之麓

鐵冶嶺（萬曆杭州府志）在豐寧坊七寶山之西

青衣洞（成化杭州府志）在吳山重陽菴後故老相傳昔人至洞口有青衣童子問之不應良久入洞逐之不見但聞風雨之聲毛髮悚慄而出有青衣泉（西湖遊覽志）泉淅淅出石罅清鑒毛髮山頂巨石墜下有石承之若甌飣然前有石門上横石梁壁間皆細字水波文宋慶元間韓侂冑賜第寶蓮山下建閱古堂砌瑪瑙石為池引泉注之名閱古泉

紫陽洞（成化杭州府志）在橐駝峰之側前有紫陽菴

湧金池（萬曆杭州府志）在今湧金門內吳越錢氏時守將曹杲引西湖水為池吳越王元瓘刻石識其旁

白龜池（嘉靖仁和縣志）在錢塘門裏舊錢塘池側此水不堪汲飲止資洗濯

仁和倉池（成化杭州府志）在倉之南相傳仁和倉舊為縣基乃吳公子慶忌故居古有此池

白洋池（成化杭州府志）在梅家橋東周三里宋淳祐丁未旱水涸人爭汲此水至有以舟載賣如湖水者一方賴之

按白洋池一名南湖宋時張鎡功甫搆園亭其上號曰桂隱後捨為廣壽慧雲寺俗呼張家寺寺碑有鎡捨宅發願文云秀踞南湖之上幽當北郭之隣是也

大河（成化杭州府志）舊為鹽橋運河南自錦雲橋而北至通江橋與保安水門橋之河合又北過新定橋稍西與鍾公橋小河合又北至梅家橋合西河小河出武林水門又西小派萬家橋由天水院橋出武林水門

小河（杭州府志）舊為市河東自鍾公橋西轉北由濯肺橋直至仁和倉橋之北轉東與梅家橋合出武林水門又一派自觀橋而西合清湖河北出武林水門

西河（成化杭州府志）舊為清湖河西南自府前宣化橋東至戒子橋閘兒頭轉北至轉運橋與湧金門河合流東與西浙河合北合曲阜橋河至結縛橋東由衆安橋與小河合出武林水門又一派自八字橋西清湖橋下分派西行轉北至紀家橋車橋達便橋出武林水門

東運河（成化杭州府志）舊為菜市橋自東浙河頭至章家橋北抵壩子橋出艮山水門與城外河合（舊在城外今在城內）

吳山井（咸淳臨安志）在吳山北錢氏時韶國師始開此井品其水味為錢塘第一淳祐丁未大旱城中諸水皆涸獨此井日下萬綆如常都人神之趙安撫與

蕙奏立祠以旌異之又為亭覆井上（成化杭州府志）洪武七年浙江参政立石表刻吴山第一泉五字紀宋遺事于石表之陰浚建亭井上屢燬里人隨浚以惠利在人深也

相國井（萬曆杭州府志）在甘泉坊側今井亭橋者是也井上覆亭因以名橋

西井（萬曆杭州府志）在舊安國羅漢寺今鄴侯李泌祠前者是也水口今為城基以井在相國寺西故名

方井（萬曆杭州府志）俗呼四眼井舊富藏庫西水口在舊玉蓮堂北

金牛井一（萬曆杭州府志）即金牛池久廢

小方井（萬曆杭州府志）俗呼六眼井在錢塘門内水口在菩提寺前今為城基

按以上六井唐刺史李泌所鑿白龜池亦其一也

錢塘縣城外山川

巨石山（萬曆杭州府志）在西湖北磊磈巑屼負郭挺立高六十三丈周一十三里上有石甑山巍然如甑浮圖七層高出雲表曰保叔塔以僧保俶所建也（杭州府志）一名寶石山山之勝曰石屏風獅子峰屯霞石下為寶稷山山下有乳泉佛

足最絶頂為寶峰

霍山（成化杭州府志）在寶石山北于湖北諸山最小山形多骨石笋鱗起瀕湖諸山至此為斷壞矣

孤山（咸淳臨安志）在湖中稍西一嶼聳立旁無聯附為湖山勝絶處

石佛山（萬曆杭州府志）即秦始皇纜舡石（咸淳臨安志）相傳始皇東遊纜舟于此俗呼西石頭北関僧思淨刻大石佛因名舊傳西湖本通海東至沙河塘向南一岸皆大江也故始皇纜舟于此

仙姑山（咸淳臨安志）在東山衖（西湖游覽志）仙姑山之西東山衖口可通古蕩西溪靈隱山脉至此少斷若伏而連其旁有挑花衖

集慶山（萬曆杭州府志）在仙姑之西南山前折而南曰飛来峰曰上中下三竺三面阻山中路直闢若函谷然長松夾道唐刺史袁仁敬守杭植松以達靈竺凡九里

武林山（即靈隱山）（漢書地理志）錢塘西部都尉治武林山武林水所出東入海行八

百十三里（晏公類要）十三州記曰錢塘武林山泉錢源出焉（太平寰宇記）靈隱山在縣西十五里許由葛洪皆隱此山（萬曆杭州府志）亦曰靈苑曰仙居曰武林俗稱西山其山起歙出睦跨富春控餘杭蜿蜒數百里結局于錢塘如引兩臂其南澗之源出自白雲峰北澗之源出自西溪峰東注經合澗橋又東二里過行春橋出隱靈浦入西湖謂之錢源（雲麓漫鈔）靈隱寺東西澗二水東曰龍溪橫過寺前冷泉亭在其上西曰錢源二水合出橫坑橋

栗山（太平寰宇記）在縣西十七里山下有石杵闊二丈長一丈四尺吳大帝刻為黃武二年歲在戊午八月三日十二字微茫尚存（太平御覽）吳地記云一名新石頭山上有城下有飛泉（成化杭州府志）山高六十二丈周回十八里

南屏山（咸淳臨安志）在興教寺後怪石聳秀中穿一洞上有石壁若屏障然刻司馬溫公所書家人卦樂記禮樂不可斯須去身中庸道不遠人各一章（兩湖麈談）

杭有南屏山流俗相傳淨慈寺後山為是余考武林舊事及西湖百咏集皆謂在淨慈寺右興教寺之後其山正對蘇隄與俗傳甚戾心甚疑之已丑春客淨慈有支院請遊焉直抵山麓石壁離立試一登眺則司馬溫公隸書家人卦米元章大書琴臺皆在焉乃知其地即興教遺址山乃南屏也識之以祛羣疑

花家山（咸淳臨安志）在大麥嶺後一名蛇山

丁家山（錢塘縣志）瀕湖水影山光上下相接

赤山（名勝志）在太子灣西厥土赤埴故名

五參山（杭州府志）在石屋嶺左（夢粱録）一峰聳出衆山繚繞古木列垂森翠難

描

雞籠山（咸淳臨安志）在龍井風篁嶺側高而圓若雞籠然

靈石山（咸淳臨安志）一名積慶山在西山放馬場側山石嘗見光怪故名

大慈山（名勝志）在縣西南十里有虎跑泉

龍山（成化杭州府志）在城南十里一名臥龍山

包家山（咸淳臨安志）在城南

秦望山（晏公類要）在縣南秦始皇東遊登此山欲度會稽（咸淳臨安志）在縣南一十二里高一百六十文周回百步後唐同光中錢氏于秦望建上清宮有巨石二十餘株自然成行名金洞門有羅剎石在山之南東橫截江濤商舡海舶經此多為風浪掀覆因呼為羅剎五代開平中為潮沙漲沒

五雲山（萬曆杭州府志）在縣治西南二十里高千丈周回十五里山半有伏虎

亭梯以石城以便往來至巔平岡名月輪山江三折當其前有天井二大旱不竭

定山（萬曆杭州府志）一名獅子山在縣治東南四十里（水經注）錢塘縣東有定山已（疑作包）諸山皆西臨浙江水流于兩行（山）之間江水急迅兼濤水晝夜再來至二月八月最高峨峨二丈有餘吳越春秋以為子胥文種之神也上有可避濤處行者賴之云是海神婦家（太平寰宇記定山突出浙江數百丈即國志云江濤至是輒抑過此便雷吼霆怒）

浮山（方輿勝覽）在縣東南四十里蘇子瞻奏狀云潮水東來勢若雷霆而浮山峙于江中犬牙錯入以亂潮水

廟山（成化杭州府志）在縣西南去城十五里突出江心潮勢至此方殺

秦亭山（萬曆杭州府志）在縣治西北二十里高百丈周三里

按近人于青枝塢掘浮地唐于府君墓志銘乃貞元中人具銘有云大墓高岡新亭之陽杭志無新亭山而青枝塢正當秦亭之南則秦亭唐時固名新亭矣田汝成西湖志亦云秦亭俗又名蜻蜓蓋以字音訛非俗稱也附此備攷

石壁山　龍駒山　法華山（成化杭州府志）並在欽賢鄉東抵西堰橋西與羣

山連接

鄭公尖山（萬曆杭州府志）在縣治西北三十五里高四百丈周回五里本靈鷲支山爲鄭姓者所浮故名

龍門山（成化杭州府志）在西溪高峻上有龍池寺

荆山（杭州府志）在縣治西北四十五里高二百丈周回五里

真山（萬曆杭州府志）在縣治西南四十里高一千二百丈周回二十里境中諸山惟茲最高

羅帶山（萬曆杭州府志）在縣治西南七十里主山高百丈周回二十里左右羣峰迤邐環繞若羅帶然

靚山（萬曆杭州府志）在縣治西南四十五里高七十丈周回六里

黄梅山（杭州府志）在縣治西南五十里高八百丈周回十里

白巖山（萬曆杭州府志）在縣治西南五十里高九百二十丈周四十五里

瓜藤山（萬曆杭州府志）在白巖東迤邐而來羣峰起伏勢若瓜藤高四十五丈

西山（萬曆杭州府志）在縣治西南六十里高七百丈周回二十里

九里暗山（萬曆杭州府志）在縣治西六十里高百丈周回二十里

唐墓山（成化杭州府志）在孝女南鄉高十五丈周八里唐馮孝女墓在焉

黄杜山　芓頭山　荊山　篠山　楊梅山（咸淳臨安志）在崇化鄉第七都衆山連接高一百五十丈周三十五里

界石山（元和郡縣志）在州西南四十九里

大遮山　烏尖山（成化杭州府志）並在縣西北孝女北鄉高三百丈

西塢山（萬曆杭州府志）在縣治西南六十里高二百丈周回二十里

神山（萬曆杭州府志）在縣治西南六十里高四百丈周回四里

石和尚山（萬曆杭州府志）在縣治西南六十五里高六百丈周回十里山巔巨石如僧伽狀故名

方山（成化杭州府志）在縣西北崇化鄉高三十丈

大雄山（萬曆杭州府志）在縣治北五十里高千丈周回八里有大雄寺白龍潭

在焉

金山（萬曆杭州府志）在縣北孝女鄉高千丈周回四里

窰山（萬曆杭州府志）在縣治北七十里形如覆掌窰屋繞山西半里即餘杭界

萬松山（成化杭州府志）在安溪北鄉與鳳泉山連有石門嶺在山上過此即武康界故又名界山

烏石峰（萬曆杭州府志）在瑪瑙山後下有石洞高二丈即紫雲洞也

巾子峰（萬曆杭州府志）在壽星石後形如巾幘

飛來峰（咸淳臨安志）晉咸和元年西天僧慧理登茲山歎曰此是中天竺國靈鷲山之小嶺不知何年飛來佛在世日多為仙靈所隱今此亦復爾邪因挂錫造靈隱寺號其峰曰飛來

國朝康熙三十八年
聖祖仁皇帝南巡幸雲林寺
御書飛來峰三字勒石

御製再遊鷲峰七言詩一首

卓筆峰一名石筍峰（咸淳臨安志）在靈隱無垢院有石筍形如卓筆

白猿峰（咸淳臨安志）西僧慧理畜白猿于此峰

靈鷲峰（成化杭州府志）在下天竺寺後

稽留峰（杭州府志）在下天竺寺西（太平寰宇記）許由葛洪皆隱此山忘返因號嵇留（名勝志）稽留峰者相傳堯時許由隱居茲山遂名許由峰訛為稽留水經注云昔有道士入此不返因以嵇留為山號未嘗顯指許由也

月桂峰（成化杭州府志）在下天竺寺前天聖中天降靈實于此山狀如珠璣識者曰此月中桂子也

蓮花峰（成化杭州府志）在下天竺寺西峰頂（水經注）靈隱山有孤石可四十圍頂上開散狀似蓮花

北高峰（錢塘縣志）在郡城西北十三里石磴數百級曲折三十六灣羣山拱立雲光倒垂望長江如匹練上有塔唐天寶間建咸淳中止存三級

慧日峰（咸淳臨安志）在淨慈寺後有慧日閣

雷峰（名勝志）在淨慈寺前昔有雷就者居之故名穹窿迴映亦名中峰

南高峰（西湖遊覽志）在南北諸峰之界羊腸詰屈松篁葱蒨塔居峰頂晉天福間建宋崇寧乾道兩度崇修元季燬舊七級今存五級

虎頭巖（咸淳臨安志）顧夷吾在錢塘門外界于寶巖定業二寺後山巖石突出如虎頭故名吳越王納土後望氣者云杭州西湖有虎頭山形勝命鑿之

青林巖（咸淳臨安志）顧夷吾山川記曰靈隱山有青林巖其上皆櫧桂凌冬不凋故其林常情

理公巖（咸淳臨安志）在天竺山靈鷲院之右陸羽記云昔慧理宴息于下後有僧僧于巖上周回鐫小羅漢佛菩薩像

玉女巖（咸淳臨安志）在靈隱山南一石似人形兩髻分明俗謂之女兒山

佛手巖（萬曆杭州府志）在烟霞洞上奇石玲瓏下垂其尤異者有石筍五支如手節下指故名其旁多宋人留題

落石巖（萬曆杭州府志）任佛手巖右狀如星隕故名其下兩石壁立夾持如含

珠然

葛嶺（咸淳臨安志）在西湖之西葛仙翁煉丹于此

棲霞嶺（萬曆杭州府志）在葛嶺西嶺上桃開時爛燦如霞有水一道名桃溪

石人嶺（咸淳臨安志）在靈隱寺西極高峻有石人卧路旁故名

黄泥嶺（萬曆杭州府志）在行春橋水竹塢南

大小二麥嶺（舊浙江通志）在西山界乎南北二山之間舊多種麥因名

駝巘嶺（咸淳臨安志）在九里松之東乾道志作駝苑嶺（西湖游覽志）今俗稱桃源嶺

臙脂嶺（咸淳臨安志）在九里松麴院路之西土色獨紅因名

郎當嶺（咸淳臨安志）在大青嶺之南

風篁嶺（咸淳臨安志）路通龍井嶺最高峻脩篁怪石風韻蕭爽因名

八蟠嶺（萬曆杭州府志）在大麥嶺後

慈雲嶺（萬曆杭州府志）在方家峪

梯雲嶺（萬曆杭州府志）在慈雲嶺之西

憇歌嶺（萬曆杭州府志）在大慈山塢

五嶺（萬曆杭州府志）在龍山之北

白塔嶺（萬曆杭州府志）在龍山之東

徐村嶺　礌馬嶺　牛坊嶺（咸淳臨安志）並在定山北鄉

青木嶺（咸淳臨安志）在縣治西四十里

姜叙嶺（萬曆杭州府志）在縣西南二十里路登五雲山

長嶺（萬曆杭州府志）在五雲山東北三里通九溪十八澗

白巖嶺（萬曆杭州府志）在白巖山南

鷺鷥嶺（杭州府志）在白巖山北高二十丈長五里

龍門嶺（萬曆杭州府志）在縣治西南四十里西達餘杭縣界

黄山大嶺（杭州府志）在黄山左平坦如掌北達西溪南通長江

鮑家嶺（萬曆杭州府志）在縣治西南五十里東達官路至富陽

小嶺（萬曆杭州府志）在壜山北東達定南公館

滕村嶺（咸淳臨安志）在縣治西南五十里

分金嶺（咸淳臨安志）在縣治西南六十里

荆山嶺（萬曆杭州府志）在縣治西北四十里西達餘杭界

石嶺（萬曆杭州府志）在神山東峻極人不易登南通工埠

銀子嶺（萬曆杭州府志）在縣治北六十里西北達餘杭界

蛾墅嶺（萬曆杭州府志）在大遮山

太平嶺（杭州府志）在白雲嶺西

金龍嶺（萬曆杭州府志）在金龍山西

石門嶺（萬曆杭州府志）在唐山西南有唐家陡門閘蓄安溪苕溪諸水雖亢旱可溉田數千頃東達仁和界

界山嶺（杭州府志）在縣治北七十里

瑪瑙坡（萬曆杭州府志）在寶勝寺有碎石如瑪瑙故名舊有瑪瑙院

棲霞洞（咸淳臨安志）在棲霞嶺巔妙智寺側其地多巖石蔽翳蓁莽中入其中

穹然如厦屋復巨石相倚為閘閣每風從南來穿谿谺而出輒凄神寒骨不可久立故暑遊最勝

紫雲洞（西湖游覽志）在棲霞嶺巔去妙智菴數百步許倚空如懸陰涼徹骨

龍泓洞（咸淳臨安志）在靈隱山下吳赤烏二年葛仙翁于此得道有石洞徹淛江下通蕭山有采石乳者入洞聞波浪聲舊有人就洞而還鑿羅漢十六尊

呼猿洞（高僧傳）宋僧智一居錢塘靈隱寺半峰善嘯有哀松之韻常養猿于山間臨澗長嘯衆猿畢集人謂之猿父有飯猿臺

華津洞（萬曆杭州府志）在方家峪巖户靚深石色秀異如翠螺蒼玉清氣沁人雖夏月登臨寒砭肌骨

水樂洞（咸淳臨安志）在南山烟霞嶺下舊為錢氏西關淨化院宋淳熙六年以其地賜李泉仍建佛宇巖石礧峙有洞虛坳泉味清甘聲如金石熙寧二年守鄭獬名曰水樂（西湖游覽志）嘉泰以來洞為楊郡王别墅年久蕪穢水渠絶響賈似道得之俯覗旁聽寂然有契曰谷虛而後能應水激而後有聲今水瀦其

中土壅其外欲其振響浮乎亟命疏導有聲泆洞間出節奏自然勝概始復

石屋洞（咸淳臨安志）在烟霞塢南山大仁院洞高敞如屋周圍鐫羅漢及諸佛像極底有泉

烟霞洞（咸淳臨安志）在縣舊治之西一十六里晋開運元年有僧彌洪結菴洞口遇神人指山後有勝蹟何不顯之洪尋見一洞内有石刻羅漢六尊洪既卒吴越王錢氏夢僧告云吾有兄弟一十八人今方有六王可聚之夢覺訪得烟霞洞有六羅漢遂别刻一十二尊以符所夢其洞極大乃諸洞之首旁有巖名曰佛手巖象鼻巖

天池洞（萬曆杭州府志）在南高峰之南山半石筍躍起架虚壁立其上有穴蓄水旱潦不加盈涸天然之天池下即洞深邃莫測

護國仁王院洞（咸淳臨安志）在錢塘門埽帚塢有泉出洞中旱禱而雨（西湖游覽志）故老相傳曩旻時常有神物蜿蜒卧松上其氣茀然而黄蓋黄龍也故世號黄龍洞孟珙建仁王寺并作龍祠

千人洞（萬曆杭州府志）在天池洞右山洞僅六尺許漸進漸廣殆可容千人相

傳昔有兇雞里人多避于此今瓶甕陶器尚存時有樵人取石墜下不聞其聲

無門洞（萬曆杭州府志）在千人洞上百步峭石嶙巖壁石數仞可視不可登洞深丈餘左右鐫羅漢十六平坡石磴可坐十餘人視下如在浮雲中

鐵窗櫺洞（咸淳臨安志）在赤山嚴司左軍塞內尼菴之側洞口高數尺舊有蛟龍出入居民鑄鐵窗櫺嵌于石槽以拒之水自窗櫺中出六月如氷

風水洞（咸淳臨安志）在楊村慈巖院舊名恩德有洞極大流水不竭頂上又一洞立夏清風自生立秋則止故名中多石子紅點如丹持出即隱置于內如故

靈化洞（咸淳臨安志）在郊臺天真院山頂深百餘步直下闊十餘丈有和靖東坡題名刻于石

白龍洞（咸淳臨安志）在崇化鄉大雄山嘉定八年趙安撫時侃以旱禱雨隨至奏封顯靈孚應侯賜廟額曰敏應

葛塢（咸淳臨安志）在靈隱山吳方士葛孝先所居也晉葛洪亦隱于此

石人塢（咸淳臨安志）在靈隱寺西石人嶺下

水竹塢（咸淳臨安志）在九里松行春橋南舊有水竹之勝

青芝塢咸淳臨安志作青枝（萬曆杭州府志）在九里松石板巷玉泉後山巷南渡駐蹕繞湖皆巷市故有石板巷之名

龍駒塢（萬曆杭州府志）在西溪

東嶴塢（成化杭州府志）在靈隱寺西

法華塢（咸淳臨安志）在西溪中有東東嶽祠

楓木塢（咸淳臨安志）在中下天竺之間舊多楓木故名

錦塢（咸淳臨安志）在錢塘門外上智果寺前寶雲菴下舊多花卉故名

楊梅塢（咸淳臨安志）古蹟事實云在南山近瑞峰石塢內有一老嫗姓金其家楊梅甚盛俗稱楊梅塢

靈石塢（萬曆杭州府志）在楊梅塢後山

方家峪（成化杭州府志）在清波門外路通慈雲嶺梯雲嶺

冷水峪（成化杭州府志）在邑家山多桃花中有流水為城南勝槩

壽星石 舊名落星石 (成化杭州府志)在錢塘門外巨石山南嶺謂之青山頂有二圓石湖中望之若星墜焉

三生石 (成化杭州府志)在下天竺寺後山唐李源與僧圓澤為友同至三峽期後世見于杭州葛洪川畔後十二年如期至忽聞牧童隔水呼源歌曰三生石上舊精魂賞月吟風不要論慚愧情人遠相訪此身雖異性常存歌畢拂袖而去石之中峰有篆刻三生石三字旁石題名甚多

神運石 (萬曆杭州府志)在龍井高可六尺許奇怪突兀特立簷下有木香一架穿繞竅竇宛若蛇蟠明正統十三年中貴李德駐龍井屬旱令力士淘之得斯石上有神運二字不知何代所鐫

一片雲石 (杭州府志)在風篁嶺上高可丈許青潤玲瓏乃若鏤刻

赤山步 (萬曆杭州府志)俗稱曰埠在赤山路口

法公步 (萬曆杭州府志)在茅家步南

茅家步 (萬曆杭州府志)在飲馬橋北 按輟耕錄作毛家步

西湖一名明聖湖（水經注）錢塘縣南江側有明聖湖父老傳言湖有金牛古見之神化不測湖取名焉（宋史河渠志）西湖周迴三十里源出武林泉（西湖游覽志）本名錢塘湖以在郡西故名西湖三面環山溪谷縷注下有淵泉百道瀦而為湖諸山之脉皆宗天目蜿蟺東來若翔若舞萃于錢塘南北諸山崢嶸迴繞洩惡停深若練若鏡形勝關乎郡城餘波潤于下邑（方輿勝覽）西湖十題有平湖秋月蘇堤春曉斷橋殘雪雷峰落照南屏晚鐘麯院風荷花港觀魚栁浪聞鶯三潭映月兩峰插雲

國朝康熙三十八年

聖祖仁皇帝南巡駐蹕西湖

御書十景建亭勒石雍正二年以西湖有關東南水利

特命督撫會勘重加疏濬詳見水利

西溪（萬曆杭州府志）在武林山之西北欽賢鄉宋高宗欲都其地後得鳳凰山乃云西溪且留下俗稱留下云

九溪（咸淳臨安志）在赤山烟霞嶺西南通徐村出大江北達龍井

淩溪（咸淳臨安志）在長壽鄉

安溪（咸淳臨安志）在縣北五十里溪上大遮山有龍王穴有人相傳風雨之夕龍吐珠有光

鳳口溪（咸淳臨安志）在安溪之北十八里

十八澗（萬曆杭州府志）在龍井之西路通六和塔

金沙澗（萬曆杭州府志）在靈隱寺側自合澗橋繞靈隱寺山一帶唐家衕石橋過行春橋由麴院流入湖

碧沼（夢粱錄）在湖州市左八郎廟巷池廣三畝水清甘有扁曰碧沼

如意池（萬曆杭州府志）在上天竺甃以青石方丈面鏤如意文曲折回繞可以流觴

金沙池　銀沙池　（萬曆杭州府志）並對呼猿洞

萬工池（萬曆杭州府志）在淨慈寺門外宋建炎已前寺屢遭回祿鞠為荊墟淳

熙間有善青烏之術者云須鑿池以禳之寺僧宗本乃募化開池與力者萬人故名

太子灣（萬曆杭州府志）在九曜山之西宋時莊文景獻二太子攢園

枯樹灣（萬曆杭州府志）東逼德勝橋

渟泉 在孤山之麓聖因寺内寒碧一泓澄澈可鑒

國朝康熙四十六年

聖祖仁皇帝南巡駐蹕

御書渟泉二字勒于崖石

御製五言詩一首

沁雪泉（西湖游覽志）在大佛身右壁崇陵方思道題

後僕夫泉（萬曆杭州府志）元僧方洲所鑿也先是智圓居孤山有僕夫藝竹得泉遂稱僕夫泉後徙寺葛山藉葛井以汲寺僧艱之方洲鑿地得此遂名

參寥泉（成化杭州府志）在智果寺蘇軾應夢記云僕在黄州參寥子自吳中來

訪一夕夢參寥子賦詩覺而記兩句寒食清明都過了石泉槐火一時新後七年僕守錢塘而參寥子始卜居西湖智果院有泉出石縫間甘冷宜茶寒食之明日僕與客泛湖自孤山來謁參寥子汲泉鑽火烹黃蘗茶忽憶夢兆于七年之前眾客皆歎傳記所載非虛語也

六一泉（萬曆杭州府志）在孤山後巖東坡守杭時泉出有懷六一翁因名乃敘而而銘之久廢成化丙申南京大理寺卿夏時正閒訪得蓁穢中命掃薙而濬發之泓然故物也（蘇軾六一泉銘并序）歐陽文忠公將老自謂六一居士予昔通守錢塘見公于汝陰而南公曰西湖僧慧勤甚文而長于詩吾昔為山中樂三章以贈之子閒于民事求人于湖山間而不可得則往從勤乎予到官三日訪勤于孤山之下抵掌而論人物曰公天人也人見其暫寓人間而不知其乘雲馭風歷五岳而跨滄海也此邦之人以公不一來為恨公麾斥八極何所不至雖江山之勝莫適為主而奇麗秀絕之氣常為能文者用故吾以謂西湖蓋公几案間一物耳勤雖語幻怪而理有實然者明年公薨予哭于勤舍又十八年予為錢塘守則勤亦化去久矣訪其舊居則弟子二仲在焉畫公與勤之像事之如生舍下舊無泉予未至數月泉出講堂之後孤山之趾汪然溢流甚白而甘即其地鑿巖架石為室二仲謂予師聞公來出泉以相勞苦公可無言乎乃取勤舊語推本其意名之曰六一泉且銘之曰泉之出也去公數千里後公之沒十有八年而名之曰六一不幾其誕乎曰君子之澤豈獨五世而已蓋得其人則可至于百傳常試與子登孤山而望吳越歌山中之樂而飲此水則公之遺風餘烈亦或見于斯泉也

玉泉（夢粱録）在錢塘九里松北淨空院南齊末有靈悟大師曇超開山說法龍君來聽撫掌出泉有小池水清可鑑異魚游泳其中（萬曆杭州府志）宋淳祐八年趙與𥲅甃治龍潭增築為二池元末寺燬而泉如舊至嘉靖間郡守陳仕賢為亭其上寺後有細雨泉

國朝雍正六年總督李衛浚于泉上建亭曰洗心

冷泉（萬曆杭州府志）在靈隱寺外飛來峰即石門澗水浦

煖泉（咸淳臨安志）一名渦渚在東嶼見陸羽二寺記

茯苓泉（咸淳臨安志）在靈隱無垢院半山古松婆娑下有甘泉博物志云松脂入地千年為茯苓因名

白沙泉（成化杭州府志）在靈隱西菩院方丈西有泉泛白沙中流出

武林泉（咸淳臨安志）西漢及晉地理志云錢塘有武林山武林水所出東入于海晏元獻輿地志云武林山錢唐泉所出顧夷吾山川記自南徂東臨浙江一派謂之靈隱浦

月桂泉　伏犀泉　永清泉　丹井　偃松泉　聰明泉　侍錫泉（萬曆杭州府志）皆出天竺

玉液泉（萬曆杭州府志）在永清塢心菴後白雲巖下

定光泉（成化杭州府志）在西山長耳相院西定光菴側山腰有泉盤迴飛流濺沫可愛淳祐丁未亢旱此泉不竭寺僧用筧引泉供庖

真珠泉（萬曆杭州府志）在集慶寺内圍顯德閣泉自地迸出寺僧圍甃為方池聞剝琢聲則泉益涌纍纍如貫珠宋景祐中官家取以釀酒遂以名酒雷峰路口亦有真珠泉

筲箕泉（萬曆杭州府志）在赤山之陰合于惠因澗元黄子久號大癡卜居泉上

劉公泉（萬曆杭州府志）在南高峰下出石竇間清澈可玩宋常平劉寛甃池因篆書劉公泉三字于石

蓮花泉（萬曆杭州府志）在飛來峰頂石巖無土清而可啜

虎跑泉（舊浙江通志）在城西南十里大慈山上（咸淳臨安志）舊傳性空禪師常

居大慈山無水忽有神人告之曰明日當有水矣是夜二虎跑地作穴泉涌出因名

國朝康熙三十八年

聖祖仁皇帝南巡臨幸

御製七言詩一首

儀和泉（胡引嘉儀和泉記）在錢塘大雄山麓方廣可八九尺甃石圍砌清水湛然斷碣隱隱草際字畫磨滅洗而讀之曰儀和泉淳熙三年三月十日吳興沈彥重立共二十四字餘七字漫不可讀

涌泉（萬曆杭州府志）在霍山清心院前山坡上宋紹興間高宗日遣人取之瀹茗寺僧護以朱欄泉注石罅中流出廟前折入黄山橋小河味極清甘亢旱不竭

惠泉（咸淳臨安志）在長壽鄉大老山泉自地涌出亢旱不竭有寺以泉為名

渦水（西溪梵隱志）在西溪東北本南漳湖宋百詠題曰蒹葭深處俗呼河水亦

名漪水一望沙汀水瀨秋時荻花如雪

方井（咸淳臨安志）在西溪有亭扁曰方井米芾書

龍井（武林舊事）吴赤烏中葛稚川常煉丹于此在風篁嶺上巖壑林樾幽古石竇一泓清澈翠寒甘美可愛雖久旱不涸石上流水處其色如丹遊者視久水變（俶溢人去）雖久旱即減其西深不可測相傳與江海通有龍居之每禱必應或見小蟹斑魚蜥蜴之類井旁有惠濟龍王祠

錢塘江（萬曆錢塘縣志）在縣東南本名浙江虞喜志林云潮水投浙山下折而曲一云江有反濤水勢折歸故云浙江一名浙河山海經云禹治水至于浙河說文云江水東至會稽山陰為浙江又漸水出丹陽黟中東入海今錢塘浙江是也秦始皇渡浙江至會稽則浙名舊矣（桑欽載漸水所經入正今浙江而不名為浙浙字近浙而相妄如郝鄒因浙之得名既以先秦而桑欽更以為漸漸許氏漸水漸水又浚而出皆不可曉）又名曲江枚乘七發曰觀濤于廣陵之曲江一名羅剎江（取風濤險惡意）今名錢塘江其源發黟縣曲折而東以入于海潮水晝夜再上奔騰衝激聲撼地軸郡以人八月十八日傾城觀潮為樂昔有善泅者泝濤出没謂之弄潮往往没溺屢禁乃止其沿江之塘自唐宋

隶代有修築錢武肅王所謂射潮捍塘處

餘杭塘河（萬曆杭州府志）在武林門外自江漲橋四十五里至餘杭縣北通新

開運河 詳見水利

龍山河（萬曆杭州府志）自鳳山水門至龍山閘舊有河計一十二里置閘以限潮水歲久壅塞元延祐三年行省丞相脫脫命民開浚造石橋立二閘洪武七年行省參政徐本拓廣浚深舟楫始便 詳見水利

下湖河（萬曆杭州府志）在海水橋沿東西馬塍羊角埂上泥橋至賣魚橋西合餘杭塘河一派入左家橋河入江漲橋河

沙河塘（唐書地理志）錢塘南五里有沙河塘咸通二年刺史崔彦曾開

明珠浦（晏公類要）在縣西

仁和縣 城外山川

鳳凰山（萬曆杭州府志）在城南十里有金星洞郭公泉出焉西岡石筍林立名排衙石形家為一郡旺氣藉此左瞰大江直望海門山下唐以來肇造州治五

季末錢鏐旋加崇關南宋建都遂環入禁苑（名勝志）舊在城内元末張士誠築城截之于外今沿城南

巧山（萬曆杭州府志）在縣治北四十里（名勝志）俗傳錢王七夕登山乞巧于此又名珠山

三峰山（萬曆杭州府志）鄉人呼為西南山在縣治北六十里三山形如品字皆相去半里

獨山（仁和縣志）又名金鰲山在縣北三十里聳出一方傍無別山故名

瓜山（萬曆杭州府志）在縣東北二十五里高幾一仞周三百步

望洛山（名勝志）一名落山在縣北六十里昔有高士自洛陽来隱于此常登巔望洛故名

臯亭山（咸淳臨安志）在縣治東北二十里高百餘丈有崇善靈惠王祠名半山廟旁有水竇及桃花塢

青龍山（成化杭州府志）在臯亭山東約高七十餘丈山脊蒼翠偃曲如龍

母山（咸淳臨安志）在皋亭山東北高一百餘丈張翼左右如母顧子因名

桐扣山（咸淳臨安志）在臨平山之西（異苑）晉武帝時吳郡臨平岸圮出一石鼓打之無聲以問張華〻曰可取蜀中桐材刻作魚形扣之則鳴矣于是如言聲聞數十里

黄鶴山（咸淳臨安志）在縣治東北三十八里佛日山之北高百餘丈巔有龍池一名渥洼山腰有黄鶴仙洞

佛日山（成化杭州府志）在母山東北高六十餘丈有佛日淨慧寺

臨平山（　　）在縣治東北五十四里周十八里高五十三丈上有龍洞天井旱未嘗涸下有東嶽廟景靈觀又下有臨平湖

超山（咸淳臨安志）在縣治東北六十里高三十七丈周二十里

黄山（萬曆杭州府志）在縣治東北五十里高五十里周回五里北一里為横山名東西二横山皆相連絡

大旗山（咸淳臨安志）在黄鶴山北高五十餘丈有青草塢居民可二百家名大

旗村

南山（ ）在大旗山北高十餘文

烏頭山（ ）在肇元鄉峰鋭而秀高八十餘文

石姥山（ ）在烏頭山東高五十餘文有嶺南接運河塘赤岸嶺西有真珠塢

東山（萬曆杭州府志）城西北五十一里高二十六文周回七百九十三文

石音山（成化杭州府志）去城西北五十七里出石音如雷一名稽留山無毒獸惡虫（通典）錢塘有石音山數用為最

馬嘷山（咸淳臨安志）郡國志吳伐越至此遇大風雨軍敗騎失有馬嘷呼求其主遂名

亭市山（ ）在餘石鄉亭市村（萬曆杭州府志）石音馬嘷亭市皆舊志所有于今無考姑録之以備叅訪

艮山（嘉靖仁和縣志）在城東北隅一小土阜（西湖游覽志）艮山南山之盡脉也高不踰尋丈沿城五六里漫為平原土沃畸腴禾菽芃茂盖餘氣之散衍耳（咸寒堂集）艮山相傳為南渡哀游看新綠之處

萬松嶺（成化杭州府志）在鳳山門外西嶺上舊夾嶺栽松唐白樂天詩云萬株松樹青山上十里沙隄明月中在南宋時密邇大内第宅民居高下鱗比後為空山曠嶺而松亦無幾

國朝雍正八年總督李衛補植萬株

黄犢嶺（萬曆杭州府志）在城東北六十里安隱寺後（咸淳臨安志）安隱院後有黄犢嶺唐卯隱士每乘黄犢采藥故名

月巖（七修類稿）江干鳳凰山有石如片雲拔地數丈有一竅尺餘名曰月巖惟中秋之月穿竅而出餘月則斜

金星洞（萬曆杭州府志）在鳳凰山介亭下生金星草因名

細礪洞（咸淳臨安志）在臨平山深十餘丈高一丈五尺出礪石

龍洞（　）在臨平山深水不可測祈禱多應

海雲洞（　）在超山上有乾濕二洞黑龍王祠

臨平湖（　）在縣東長樂鄉周回十里湖中有白馬潭赤烏二年寶鼎

見舊名昂湖（三國吴志）歸命侯皓天璽元年吴郡上言臨平湖自漢末草穢壅塞今更除平故老相傳此湖開天下平又于湖邊得石函中有小石青色長四寸廣二尺餘刻上作皇帝字俄而晋武帝平吴

御息湖一名詔息湖（　）在縣東北一十八里相傳秦始皇東游暫憩于此（水經注）浙江北合詔息湖本名作湖

像光湖（咸淳臨安志）在縣治東長樂鄉唐神龍元年湖有五色光明掘地得石佛像因立佛刹而名其湖曰像光

石鼓湖（　）在桐扣山下

渥洼池（鮮于樞皋亭山遊記）淨慧寺循東廡下入庫堂觀渥洼池池泉玉色出東北山麓有石坡陀半在水中因蘇公句遂名蘇軾詩有承敎蒼龍浴渥洼

洗馬池（萬曆杭州府志）在城南二里鳳山右翼下宋有馬廐于此

龍池（　）在城東北四十里黄鶴山下

磨劍池（咸淳臨安志）在臨平山下有片石俗傳錢王磨劍于此

浴龍池（思古堂集）皋皋山崇光寺有浴龍池宋高宗嘗洗手因名

龍游潭（咸淳臨安志）在皋亭山時有蜿蜒出沒其間鄉人稱為水甕旱禱必雨

金沙泉（萬曆杭州府志）在永和鄉

周公惠泉（咸淳臨安志）在湖墅下閘宋乾道三年周安撫淙重修取人德之故名

安平泉（　　）在安仁西鄉安隱寺有池名安平泉

噴玉泉（桐溪草堂集）在皋亭崇光寺後味清甘石壁舊鐫噴玉二字

横溪（萬曆杭州府志）在城北二十五里獨山之北傍皆藕蕩菱灘紅碧相間人家隱約于迴洲合浦之間舟舡出沒烟波渺瀰儼如画境

外沙河（成化杭州府志）自永昌門北繞城東過永昌壩螺螄橋東至蔡湖橋北達慶春門外河相合沿城轉西至會安壩下艮山河西入泛洋湖轉北至德勝橋東與上塘運河合

前沙河（　　）在菜市門東太平橋外沙河北水陸寺前入港可通湯鎮赭山仁和鹽場

浚沙河（　）在艮山門外壩子橋北

上下塘河（　）自武林水門接城内大河西河過吳山水驛達清湖上中下三閘至德勝橋東與外沙河菜市河泛洋湖合分為兩派一派由東北上塘至舊東倉新橋入運河至長安壩曰上塘河一派由西北過德勝橋至江漲橋與子塘河合流至此北新橋西北入湖州界曰下塘河北接新開運河

新開運河（　）在武林門外北新橋之北通蘇湖常秀潤等河凡諸路綱運及商販客州皆由此達于城

柳浦（神州古史考）在鳳凰山下宋書孔覬傳云吳喜至錢塘進軍柳浦舊唐書云隋自餘杭徙州理錢塘又徙州于柳浦是也吳越王浚築宮堙塞多不可考

錢幢浦（成化杭州府志）在候潮門外吳越錢武肅王射潮築塘箭所至處立幢識之因以得名宋淳祐戊申趙與篙置亭其上

藕花洲（萬曆杭州府志）在城東北六十里臨平安隱寺前按洲以參寥子詩句得名

海門（咸淳臨安志）在縣東北六十五里有山曰赭山與龕山隸紹興府對峙潮水出

其間郭璞地記所謂海門一點巽山起又曰海門筆架峰巒起皆指此

海寧縣

花山（嘉靖海寧縣志）在縣治東五十里高十五丈周回一里

菩提山（名勝志）在縣東六十里晉干寶捨宅為菩提寺故名

黄山（萬曆杭州府志）在縣治東五十二里高六十丈周回七里上有靈泉井

錢山（名勝志）去菩提山東里許

蜀山（咸淳臨安志）在縣西南二十七里（隋書地里志）餘杭郡鹽官縣有蜀山

管山（成化杭州府志）在縣東六十里高四丈周回半里

箬帽山（　）在縣東六十里高五丈周回半里

白鶴山（　）在縣東六十里高十二丈周回二里近烏龍井

葛嶺山（　）在縣東六十里高四十丈周回四里

黄湾山（萬曆杭州府志）在青陽山西一里高八十九丈周回九里

赭山（成化杭州府志）在縣西南四十五里高七十五丈周三里二百步其山西

南仁和縣界與紹興龕山相對是爲海門

衮花山（咸淳臨安志）在縣東六十里（嘉靖海寧縣志）即妙果之尾因鑿斷名曰龍尾

妙果山（萬曆杭州府志）在縣治東六十里高二十丈周回七里

贅山（　　）在縣治東北六十里高五丈周回二里深潭與渫俗稱錢王磨劍之池

紫微山（咸淳臨安志）在縣東北六十里（峽川志）西山一名紫微山石刻紫微山三字宋右班殿直監澉浦稅樊世卿書（成化杭州府志）硤石山即紫微山也兩山相峙中通河流因名峽石山上有寺山脚連東峯有磨劍池（萬曆杭州府志）山高三十丈周回一里唐中書舍人白居易登此山望硤石湖中書本紫微省因名

沈山一名審山（咸淳臨安志）在縣東北六十里高五十三丈周七里三百步（至元嘉禾志）舊經云宋臨海南陽二郡太守沈景葬于此因名唐屬蘇州海鹽縣昭宗大順中割歸杭州今沈山即鹽官縣硤石鎮之東山（峽川志）東山一名審山高一百五十丈杭郡志謂漢辟陽侯審食其葬此海鹽志謂上有宋臨海南陽二郡太守沈景墓故名俗誤沈爲審也

尖山（成化杭州府志）在縣治東六十里高九十九丈周回一十里瀕海

青陽山（　　）在縣治東六十五里高十九丈周回三里

金牛山（咸淳臨安志）在縣治東高三百丈周回十九里山側有洞深不可測宋建炎初居民避難多藏此（太平寰宇記）昔吴越間有金牛自毘陵奔此而没因名

談家山（成化杭州府志）在縣治東南七十里高二十丈周回三里

烏龍山（萬曆杭州府志）去談家山東二里高六十丈周回二里壁立昂起若翱若翔上有烏龍井大旱不竭祈禱輒應宋有勅賜烏龍廟

石棋山（　　）在縣治東北六十五里高四十五丈周回四里

葛嶴山（　　）在縣西南四十三里高六丈周回三里

盤山（　　）在葛嶴南八里高七丈周回二里

禅機山（成化杭州府志）去縣西南四十五里高五丈周回五里

文堂山（　　）去縣西南四十五里周半里

雷山（萬曆杭州府志）在縣治西南四十三里高七丈周回一里奔潮盪激漸徙
入海山形圓小翠鬱可嘉

巖門山（　）在縣治西南四十七里高九十九丈周回五里穹窿峭
拔群為主山

望夫山（嘉靖海寧縣志）高七十五丈東抵海鹽縣界周回四里其山即廟山腳
在海門

廟山（　）在縣東南六十八里東至海鹽縣界上有皋蘇二將軍廟
宋敕寧祐

茗山（名勝志）在縣西北四十里高十丈周回二里六十步

赤土嶺（成化杭州府志）在縣東六十里長一里二百步東南接靈泉井西連黃
山腳

紫微山洞（杭州府志）在紫微山後深一丈一尺闊四尺為自然煉丹之所世稱
為神仙洞

硤石湖（硤川志）亦稱峽川在縣東北六十里廣三十二丈（成化杭州府志）其源自茶湖南通麻涇港迤西南流入于洛塘河東達海鹽縣界黄道湖

建興湖（成化杭州府志）在縣西北二十五里東西十里南北六里深五尺吳建興中開因名

高湖（海寧縣志）在縣東北十七里東西二十八里南北一里三步

放生池（杭州府志）在縣北一里舊在延恩院東南二百五步宋慶元四年令施𥙊改鑿于此

白洋池（萬曆杭州府志）在縣西北二十五里周回五十五丈八尺發源新郎塘

𩃬池（　）在硤石鎮審山上水旱不盈涸

烏龍井（　）在縣東七十里闊四尺深四尺冬夏不竭宋邑令胡堅常怒元州判申繼賢皆以旱禱獲雨

石井（海寧縣志）在縣西北十二里（徐寬石井記）馬目煞奇，𨀁不一，今故宅蕪爲荒墟，遺井尚在

黄灣浦（　）在縣東六十里

百尺浦（名勝志）在縣西四十里輿地志云昔越王起百尺樓望海因名

海（成化杭州府志）在縣治南十里西接浙江潮汐往來朔漲不一今在縣治南半里

富陽縣

觀山（太平寰宇記）一名石頭山〻有觀濤所（咸淳臨安志）在縣治東百餘步一峰高聳横截大江孫氏嘗于山頂建道觀因名又稱石頭山縣東以水口蕩潏無際此山為青龍襟抱環合邑賴以立

赤松山（咸淳臨安志）在縣東九里高一百五十丈周回四十里一百步形孤圓望之如華蓋又名華蓋山一名赤亭山（太平寰宇記）赤亭山嚴陵釣于此有臺基存一名雞籠山（隋書地理志）餘杭郡富陽縣有雞籠山（晏公類要）赤松子駕鶴時停此山

吳臯山（咸淳臨安志）在縣東五里山峭峻下瞰大江路狹而險乾道中邑令陸楠鑿路欄石以護往來者人以為便寶慶乙酉令趙汝捍易為石壁

姥岑山（成化杭州府志）在縣北二十五里山腹有水治亦萍生其中山下有廟俗稱為姥岑王禱雨必應

靈巖山（咸淳臨安志）一名湖南山在縣南三十里山下有仁惠龍王廟先有僧曇超居杭之靈苑山有龍化為老人詣曇超曰鄉民耕山逼我居室羣龍怒鬪音雨以害稼吾不忍民之苦聞師道行必能化伏諸龍師允其請至觀山結壇戒衆浮舟誦經雨大霑足羣龍復請師居湖南靈巖山峻不能陟龍化白馬載師以登至今石上馬跡尚存巖山下有池歲旱禱之則雨賜號靈悟大師而龍以仁惠為額

貝山（　）在惠愛村去縣西三十里西屬新城界山頂有湖

紫微山（萬曆杭州府志）在縣西五十里其山崛起東浸大江

陽平山一名陽城山（　）在縣南十五里後漢孫鍾種瓜其上有異兆鍾卒子堅因葬鍾于此常有紫雲蔓延數十里（太平御覽）董覽吴地記富春有陽城山孫氏所葬漢末上有光如雲氣屬天

亭山（咸淳臨安志）在縣南十八里高二百餘丈廣一百五十里晉處士孫文度建亭于此因名

小隐山（成化杭州府志）在縣北一里五十步為縣治主山宋陽㬎公謝絳遷居于此

樟巖山（咸淳臨安志）在縣北五里高出衆峰巖有大樟故名又曰横山世傳赤松子煉丹之所

白龍山（名勝志）在縣北二十里山勢如屏

西巖山（咸淳臨安志）在縣北三十里巖下有洞〻口有沿與江潮相應石上有葛仙翁足跡煉丹竈山下有石扣之鏗然人號石鼓

靈峰山（萬曆杭州府志）在縣東南四十里高出衆峰絕頂平衍有田數畝源泉不竭世傳有宣氏兄弟三人耕山得泗州石佛結菴以奉至今尚存歲旱禱雨即應因號靈峰

鹿山（咸淳臨安志）在縣西南五里其狀如鹿因名世傳有羣龍居之與水旱以為民患因靈悟大師講經其患乃息俗謂之降龍山

湖洑山（元和郡縣志）在縣西南五十里甚幽邃險遠（咸淳臨安志）高三百丈廣

一百三十五里上有石接石城侯景之亂里人姓陸者率鄉鄰保固之全活萬計

錦明山（成化杭州府志）在縣西南五十里善政村高二十餘丈周回二里其山枕錦溪，溪水摇光滉漾石壁如錦繡文因名

層山（咸淳臨安志）在縣西南五十餘里高三百丈（陳剛中層山記）層山之勝峰巒重疊端若拱揖應接不暇湍水怪石神刹鬼劃千巧萬狀中有平田如設萬席此申屠剛違新室之禍申屠蟠晦黨錮之名避地結廬于今千載子孫家焉

泉山（富陽縣志）在縣東南二十里江陰村山嵴一石嵯峨如角下有泉源

篠嶺（萬曆杭州府志）在白昇村去縣二十五里通餘杭縣

草鞋嶺（杭州府志）在惠愛村去縣三十里通新城縣

漁嶺（萬曆杭州府志）在靈峰去縣四十里界蕭山縣

鵲嶺（　　）在大源去縣四十里通諸暨縣

青草嶺（　　）在善政村去縣五十里通桐廬縣

金沙嶺（杭州府志）在樓鶴村去縣九十里通浦江縣

黄花洞（貝瓊鶴山親舍詩序）棲鶴村地有黄花洞世傳黄石公所居有石牀尚在每風雨輒聞兵甲聲

富春江（萬曆杭州府志）自桐廬經富春入錢塘昔桑欽水經謂浙江之源西自嚴灘東通海道

陽陂湖（唐書地理志）富陽北十四里貞觀十二年令郝確開（萬曆杭州府志）在臨湖村周回十六里詳見水利

湧象湖（萬曆杭州府志）在惠愛橋闊二十丈長四百丈詳見水利

小謝湖（杭州府志）在縣南二十里大江之陰詳見水利

錦溪（萬曆杭州府志）在縣南五十里舊名善政溪其水澄深滉漾遇風清月明波紋若錦故名

莧浦（唐書地理志）富陽南七十步有堤登封元年令李濬時築東自海西至于莧浦以捍水患（咸淳臨安志）在縣西一里濶六十步東入浙江一名閔浦

蛇浦（成化杭州府志）在普惠寺前有溪入江相傳有巨蛇由此而出其地逶曲

爲浦

黿川（萬曆杭州府志）在縣東觀山前（水經注）劉敬叔異苑曰孫權時永康縣有人入山遇一大龜即束之以歸龜便言曰游不量時爲君所得擔者怪載出欲上吳王夜宿越里纜舟于大桑樹宵中樹忽呼龜曰元緒奚事爾也龜曰行不擇日今方見烹雖盡南山之樵不能潰我樹曰諸葛元遜識性淵長必致相困令求如我之徒計將安泊龜曰子明無多辭既至建業權將烹之燒柴萬車龜猶如故諸葛恪曰然以老桑乃熟權使伐桑取煮之即爛其水飛湍北注至縣南門入穀水

孫洲（　　）在縣西南四十二里周二十三里（太平寰宇記）吳録云浙江經富陽中有沙漲吳烈帝爲郡吏趙府鄉人餞之沙上父老曰此沙狹而長君當作長沙太守後果如其言遂名孫洲

桐洲（富陽縣志）在縣西南五十里有石瀨世傳爲子陵垂釣處

放生池（萬曆杭州府志）舊在縣東丹霞觀宋紹興二十年令孫徽建

餘杭縣

安樂山（名勝志）在城東三里錢氏之子抱病來居既愈乃有此名

長嶺山（萬曆杭州府志）在縣南二十二里高一百五十五丈周回九里其山有

嶺崎嶇綿邈故名

由拳山（咸淳臨安志）在縣西南三十六里高一百八十丈周回一十五里按搜神記由拳即嘉興縣名吳大帝時郭暨獻自由拳來隱居于此郡國志餘杭有山一名由拳旁有由拳村晉書郭文隱此又名郭公山

仇山（[illegible]）在縣北十五里高三十五丈周回五里舊有仇王廟因名又謂之白鹿山耆老云宋晉陽太守嚴昆葬此有白鹿遶墓刺史孔嚴以為異表聞于朝因以名山

大滌山（萬曆杭州府志）在縣西南十八里高六百九十餘丈周回五十里其山居洞霄宮之左穹窿峻絕迴壓羣峦中有許邁丹竈遺址或言此山清淨大可洗滌塵心故名

天柱山（大滌洞天記）在洞霄宮西南凡三峯與大滌對峙高足相數由宮外望之屹然若柱又絕頂有石柱高丈餘圍兩合抱此山所以名者蓋五十七福地地仙王伯元主之按傳記所載天有八柱其三在中國一在舒州一在壽陽泊

大滌舊名大辟唐以後易為大滌

今在餘杭者是已洞霄以爲主山故古名天柱觀

九鎖山（　）自餘杭西郭外行十有八里逆溪水上左右合七峰皆拔地數百尺其趾犬牙相錯行路並溪屈折者九故云九鎖好事者志命以名一曰天關二曰藏雲三曰飛鸞四曰淩虛五曰通真六曰龍吟七曰洞微八曰雲璈九曰朝元

青檀山（　）在洞霄宮東南天柱右偏其勢不甚高而泉石奇秀爲諸山甲

白鹿山（　）在大滌山即今中峰是也因許真君上昇于此天降白鹿下迎故名

稽亭山（咸淳臨安志）在縣南九里高五十丈周回九里相傳秦皇東遊至此登望會稽故名

青障山（　）在縣南三十里高二百五十丈周回三十里四面林木蓊茂青若屏障

鳳凰山（成化杭州府志）在縣東南五里高三十丈周二里形似鳳故名

崖山（萬曆杭州府志）在縣東北四十里高三十六丈周回十二里

響山（一）在縣西北八里呼則傳聲因以為名

觀國山（成化杭州府志）在縣西北一十五里相傳宋南渡時兀朮兵廹于此有盛姓者率鄉兵拒之三日不得進後官盛為保義郎封觀國山神為沂泊侯立廟祀之

舟航山（一）在縣西北二十五里高一百七十餘丈周回一十里古老云禹治水維舟此山東坡詩看山識禹功蓋謂是也

將軍山（萬曆杭州府志）在縣西北四十里廣千餘畝

齊亨山（成化杭州府志）在縣西北高一千餘丈周回十五里上接徑山其山有天井龍王潭高崖之上瀑布數十丈下瀉于潭潭之東有一石稱龍舌昔人擲之潭詰旦其石復出于岸歲旱禱于祠必應山下有斜坑本名斜坑後轉呼為齊亨山

徑山（萬曆杭州府志）在縣西北五十里高三千餘丈周回五十里乃天目山之東北峰有徑通天目故名東西二徑盤旋紆委飛磴而上各高十里七峰羅列內括一區平林坦壑靈蹤異跡不可勝紀其左曰宴坐峰朝陽峰北曰天顯峰其前曰堆珠峰右偏曰鵬搏峰凌霄峰御愛峰山有十一景（互見臨安縣）

高陸山（咸淳臨安志）在縣西北七十里高三百丈周回五十里舊有高陸二氏居山之側併以為名

金鵝山（杭州府志）郡國志云山鳴則出貴人山之旁支小龍直抵錢塘與龍門相接古稱龍飛鳳舞此其地也

南湖山（成化杭州府志）在縣南五里

黃山（　）在縣東北三十餘里山前界唐柳公權書黃山二大字刻石作又里人盛仁重立

東賢巖（大滌洞天記）在洞霄宮東南青檀山前嵌空數丈盤石叢竹可以游息熙寧間東坡為杭通守同蔡準吳天常樂富國聞人安道俞康直張日華幅巾

藜杖盤桓于此後人號曰來賢

仙跡巖（　　）去洞霄宮一里在崖石之上按記云秦始皇欲塞東海役鬼移之山將欲動忽有神人叱鬼以身抵崖今崖上有屐帽冠之跡隱然潤澤不生苔蘚

伏虎巖（　　）在洞霄宮山西南峻壁間若環堵之室南有路自上而下復陟崖磴方至其所藤蘿深密怪禽晝啼非有道之士不可處也昔郭真君伏虎于此

棲真洞（名勝志）在大滌山前一名西洞舊志大滌先生杜琛語弟子何法仁曰汝宜居西洞可以成真故名此洞天生罳頂狀如寶蓋龕室幽深乳泉滴瀝

石室洞（大滌洞天記）一名藏書洞在大滌中峰之前洞中三嵗若品字石梁橫界泉脈涓涓注石梁下相傳郭真君洗藥泉

鳴鳳洞（　　）在洞霄宮外一里道旁山上石門阻隘有童稗曾入云其間廣將兩屋旁一小路不知所極上有六泉流為丁當音下入方池未嘗減溢

耆舊云錢氏時因凰鳳来鳴故以名洞

龍蜕洞（名勝志）在大滌洞東巖穴嶮峻深可數丈宋皇祐初羽人于洞間得龍骨數具齒角皆全因名記云五洞潛通此其一也

白茅洞（大滌洞天記）在大滌之西南十里昔有人遇一道士衣巾奥利自洞中出詢所由来曰吾白茅先生藏此久矣因名其門如井垂綆而下一二丈至地乃下入二丈許有仙人石酒甕及石柱二一竅上徹天光境界奇絶

大滌洞（　　）在洞霄宫西北半里茅君傳云第三十四洞天名大滌元蓋之天周回四百里内有日月分精金堂玉室仙官校災福之所姜真人主之與華陽林屋達道暗通相傳洞元先生入游見龍鱗異境花木鮮繁自華陽而歸洞門石鼓廣可尋丈扣之逢〻有声自此上下皆平如劉削兩旁崖石委曲夾道中間一石若柱倒懸因以隔凡名之過柱一穴如竇内闊丈餘中有圓井無底惟聞浪〻水聲乃歷代朝廷遣使投龍璧之處也

何嶺（萬曆杭州府志）在縣西南十八里高二十五丈長五里餘其嶺貫通朱橋

上壽寺界舊有何氏居其下

獨松嶺（成化杭州府志）在縣西北九十里高四十二丈長五里去嶺二里有關名獨松

苕溪（　）發源天目山涉於潛臨安兩縣界東流百五十里經本縣又東流二十七里而至錢塘縣界又東北流六十二里入湖州德清縣界而滙于具區故老云溪岸多苕花因名

停辭溪（萬曆杭州府志）在縣東二十一里濶二十步深四尺其源出縣之東南青嶂山東北流入錢塘縣界又自此由常熟鄉流入湖州德清縣界又云東溪

仇溪（成化杭州府志）在縣東北二十里有二源一出高陸山東流八十六里至仇山之北一出獨松嶺東流八十里至仇山之下合流于盧公橋東行十二里入于苕溪以二源會于仇山故名

尹公湖（　）在縣東半里通濟橋東苕溪內每春風吹波驟漲數寸相傳尹公有異術叱水成湖土人因以名焉

南上湖（咸淳臨安志）在溪南五里周三十二里與下湖接詳見水利

南下湖（　　）在縣西二里周回三十四里後漢熹平二年縣令陳渾開

唐寶曆中縣令歸珧重修詳見水利

北湖（唐書地理志）餘杭南五里有上湖西二里有下湖寶曆中令歸珧因漢令

陳渾故迹置北三里有北湖亦珧所開詳見水利

撫掌泉（大滌洞天記）在洞霄宫之龍祠前深三尺許清冷可鑑餘杭圖經錢王

至宫有雙鶴飛舞其上因撫掌招之鶴墜泉涌因名

丹泉（洞霄圖志）此泉之源最高歷天柱山而下殷殷若雷至大滌洞西百餘步

乃出甘冽不竭有方池瀦爲天宇清明則有赤色四旁苔蘚皆爲紫暈

桃花泉（　　）在龍蜕洞西數十步自石罅横注入溪昔人每見有桃花片

流出莫知從來

明星瀆（大滌洞天記）餘杭圖經云在縣東一里周回一百五十步歷朝勅使投

龍簡于大滌必先祭此瀆相傳昔有人晝見星燦然故名

三池（萬曆杭州府志）在縣西南十八里洞霄宮唐天寧間錢王開鑿疊石為蓄溪約里許接天柱流泉瀦之于中若品字然）

臨安縣

東天目山（萬曆杭州府志）在縣西五十里高三千九百丈周回八百里有三十六洞為仙靈所居每歲秋季一日風雨晦冥俗云山神與江神會淳祐八年禱雨有應安撫趙與篡奏請封龍王為靈祐公賜廟額曰惠澤山有東西二目東在臨安西在於潛（咸淳臨安志）按大藏洞淵集第三十四洞天〻目西洞周一百里名太微元蓋洞天

姥山（咸淳臨安志）在縣東二十里

獨山（成化杭州府志）在縣東四里乃縣之水口山也石覆大溪上下有潭深不可測吳越王封其神為鎮水山王

公山（咸淳臨安志）在縣東二十里

東山（一　　）在縣西三里相傳謝安高臥之地按晉書云安棲遲臨安山

嘗坐石室臨濬谷悠然歎曰此與伯夷何遠山有塔院塔影倒垂

西山（　）在縣西五里高三十丈周七里晋許邁傳云永和二年自餘杭垂雷山入臨安西山登巖茹芝有終老之志

玲瓏山（　）在縣西十二里兩山屹起盤屈凡九折上通絶頂名九折巖南行百許步有亭名三休

九仙山（　）在縣西四十二里葛洪許邁棲隱之地坡詩自注云九仙謂左元放許邁王謝之流也

九州山（　）在縣西十五里舊有九祖儒堂及廟九所俗謂錢九州廟羅隱作碑云錢遠字通南梁大同間為廬陵王國侍郎羽林監及陳祖立還東海太守琅琊王氏生九子皆為郡故名

廾戈山（嘉靖臨安縣志）在縣西六十里通安吉州山路縈廻深窈難行如負戈入廾之狀故名

石鏡山（名勝志）在城南里許其東峰一圓石光瑩如鏡相傳錢王幼時臨照其

形首戴冠冕既貴昭宗詔改為衣錦山

功臣山（咸淳臨安志）在縣南一里本名大官山唐昭宗詔改錢鏐所居為功臣山

珺茂山（成化杭州府志）在縣南十里高八十丈周二十一里東有金牛山洞昔有金井銜玉遺此故云隋將駱道與改今名

大山（嘉靖臨安縣志）在縣北五十里天目山之東北峰也山勢峭拔高二千六百丈周三百五十里通安吉州界俗云昔有倪氏居此今亦呼倪嶺

西徑山（成化杭州府志）在縣北五十里（咸淳臨安志）唐代宗時僧法欽至山下據石牀而坐俄有老人曰吾龍也自師至此吾屬皆不安息當挈歸天目山頓以此地為立錫之所乃尊欽至五峰間指一湫曰吾去後湫當涸矣言訖不見頃之風雨終夕平旦視之已為平陸僅存一穴今龍井是也

垂雷山（咸淳臨安志）在縣西南十二里高九十丈周十四里晉許邁傳云餘杭郡垂雷山近延陵之茅山是洞庭西門潛通五嶽陳安世茅季偉常所遊處于

是置精舍于茅嶺之洞室

閬山（嘉靖臨安縣志）在縣西北二十里

臨安山（咸淳臨安志）一名安樂山在縣西南十八里高一百丈周二十三里太平寰宇記云縣取此山為名

郭山（　）在縣西南十八里高二十丈周五里輿地志云郭文嘗居此有碑文曰高山岸萼濬瀨潺湲飈生林下雲興巖端先生存殁安于此山又名曰白石山

西菩山（名勝志）在縣西十三里西峰對峙中間飛泉三疊

沈嶺山（成化杭州府志）在縣西南四十里又名筍嶺通新城界俗傳昔有沈氏居此故名

五柳山（　）在縣東北五里高二十丈周五里峰巒秀拔巖壑盤旋上有平原故老云陶淵明曾居此山傳之妄也

八百山（　）在縣東北十里高五十丈有三峰甚高中峰稱大將山

西峰稱紫藤山東峰稱八百山周九里

叟林山（臨安縣志）在縣北十二里亦名西徑山坐天掌峰對驪珠峰左蛾眉峰右雲筆峰右寫玉巖浣雲池萬菊軒迎暉亭凡八景山半有溠水送浣雲池瀉下飛瀑甚長

僊掌山（杭州府志）與天目相隣舊傳有仙人隐此既没而葬裂棺飛昇板墜空而墜故臨安有上板村又云二板墜紫溪東峰今名板塢

安國山（萬曆杭州府志）在縣北二里高七十丈周二十五里

玉屋山（　　）在縣北六里高三十丈

龍鬚嶺（杭州府志）在縣西五十里産龍鬚草故名

石洞（名勝志）在縣西五十里其洞兩旁有石室可容百許人中有龍池云是天目之一廣可二畝池之西北無底有穴下通江海

玉仙洞（萬曆杭州府志）在鳳翥鄉南山去縣四十里地名黄金漾（名勝志）宋淳祐間鄉民採樵者見一白猷入洞遂斫開洞口漸進漸深秉燭以視內有三洞

深二十餘丈峻壁攤石高十丈許左青右黄有仙人跡有玉芝有寶座又有如幢者如白龍者如獅子者二柱屹立色甚潔白柱間有井深六尺内横深不可計間吐烟霧氣微濕白龍體滴水不竭其餘怪石不可勝數

錦溪（萬曆杭州府志）一名石鏡溪在縣南一里流至縣東獨山潭與南溪合流至餘杭縣名苕溪（蘇詩王注）吴越王之宴父老也山林皆蒙以錦故有錦溪之名

南溪（萬曆杭州府志）在縣西天目山發源至縣東入餘杭界共七十里

玉潤泉（黄汝亨天目游記）黑驢巷折下二里四圍列嶂如屏飛泉激石名玉潤泉

玉兒潭（晏公類要）在縣西五十里

浣紗潭（　）在縣西

新城縣

大雷山（萬曆杭州府志）在折桂鄉上有龍池祈雨多應

戴家山（　　）在縣東二里昌西鄉高七十丈

塔山（咸淳臨安志）在縣西二里

天柱山（名勝志）在縣西十里七賢鄉之褒塢高一百二十丈唐大中間歲旱一老人云何不禱此山獨角仙人言畢徑去農者追于餘杭縣界曰我皇甫真君也因又名其山為皇甫山

⿰山豪山（成化杭州府志）一名崝山在縣西二十里新登鄉高二百五十丈周七十里有龍穴深十丈源泉清徹旱禱必應

南山（咸淳臨安志）在縣西三十里廣靈鄉高三百丈

仙坑山（名勝志）在縣西二十里晉咸和中有七仙客圍棊此山因名

鄭家山（　　）去縣西四十里有石馬巖兩花巖最奇絕

石羊山（成化杭州府志）在縣西四十里高一百五十丈

漁洲山（　　）在縣西六十五里南安鄉高三百丈中有合龍池或曰合雲池巖上有三池深莫能測奇詭萬狀西又一池耆舊言其源與天目龍池

通

綠衣山（萬曆杭州府志）舊名烏衣山在縣南五里祥禽鄉高三百二十丈周八十五里

百丈山（名勝志）在縣南五里一名卓筆峰鼉江繞其下

青巒山（萬曆杭州府志）在縣南八里太平鄉高一百二十丈下有碧沼寺

北山（咸淳臨安志）在縣北三十里

龍門山（　）在縣西七十五里新安鄉高三百丈上有龍池

鵶棲山（成化杭州府志）在縣西五十里高五十丈

釋子山（杭州府志）在縣西北二十里有雲耀寺晋悟空大師書與郭文舉築菴于上故名

青牛嶺（成化杭州府志）在縣西七十里南新鄉又名寶福山山有多福寺

仙洞（　）在縣南二十五里太平鄉入洞二百步漸下有石橫截人不淂入

蜿龍洞（咸淳臨安志）在縣西十八里新登鄉相傳初開此洞石門九重深不可極浮牙骨一斛蜿而去石間有鱗爪痕首尾宛然稍深入分為二徑遊人不敢復入

新婦洞（萬曆杭州府志）在縣西北四十里廣陵鄉故老相傳云昔有一婦人靚粧而入失其所在因名

將臺石（　）在昌西鄉下港口山臨大江與狀元峰並峙俗傳謂宋時觀兵于此故名

鼉江（名勝志）在縣南五里按吳越備史江上常有二氣晝夜不滅及杜建徽羅隱生而二氣不復見

葛溪（杭州府志）在縣西七里相傳葛仙翁鍊丹于此故名

松溪（　）在縣北五里源出臨安界至行者橋與葛溪合流入江

佘溪（萬曆杭州府志）去縣西二十五里廣陵鄉源出分水縣東流至巖石十一里與葛溪合流

湘溪（杭州府志）去縣西三十里源出新婦洞南流與大溪水合

西溪（萬曆杭州府志）去縣西七十里南新鄉源出漁州山底東流至三溪口四十里與於潛天目水通流

浴丹池（杭州府志）在寧國院舊址之前朝暮消長與錢塘潮信同入候之不差晋郭文遺蹟也

深浦（　）去縣南二十五里濶二十丈深淺無度潮水往来詳見水利

放生池（咸淳臨安志）在縣西七里折桂鄉寶勝院前唐天寶中置池深丈餘周二里內有洞下通桐廬江

於潛縣

西天目山（杭州府志）在縣西北四十五里（水經注）吴興於潛縣北有天目山山極高峻崖嶺竦疊西臨浚澗東西有瀑布下注数畝深沼名曰蛟龍池（太平寰宇記）山高三千九百丈廣五百五十里水因山曲折東西巨源若兩目然故曰天目東出臨安為大溪東流為苕西趋於潛為紫溪合桐廬之水以滙于浙江

(咸淳臨安志)道士唐子霞謂天目山又名浮玉山連亘杭宣湖歙四州周五十里郭璞詩云天目山垂兩乳長龍飛鳳舞到錢塘誠一方之巨鎮也山有銘勒在龍池東銘曰列岳霞上標峯霧裏翠滴烟巒名不可紀

東山(萬曆杭州府志)在縣東二百步

岝㟧山(太平御覽)吳興記於潛縣西二里山有絶壁高三十許丈謝安常登之臨壁垂足曰伯昏瞀人何以過是(咸淳臨安志)岝㟧者山之高峻貌也峭聳清絶下浸碧溪旁環翠巘遥望天目爲醒心豁目傑特之觀

西菩山(咸淳臨安志)在縣西十三里常現菩薩像因以名山九嶺交陳雙峰對峙有明智寺在焉

金鵝山(萬曆杭州府志)在縣南一里高八十丈周回二里

金棲山(咸淳臨安志)在縣南二十九里一名霞山

馬頭山(萬曆杭州府志)在縣南四十五里山形狀如馬頭高一千二百丈周回四十五里

良栴山（萬曆杭州府志）在縣南八十里高八十丈周回八十里

晩山（太平御覽）吴興記於潜山西四十里有晩山志是松木真墨所出也

生仙山（咸淳臨安志）在縣南三十里天師張道陵生于此山之西因以名之

地風山（　）在縣南七里風多自石穴中起

流棗山（　）在縣南五十里

閲武山（　）在縣北五十里吴越王置寨以禦江南李氏因名

浮玉山（萬曆杭州府志）在縣北七里高一百丈周回十里

鶴山（　）在縣東北三里高一百三十丈周回二十里

獨南山（　）在縣西南三十里高三百丈周回二十里

浪山（咸淳臨安志）在縣西南三十五里上有三池相接神龍所宅每雲滃然而興稚羞必譁曰浪山雨来矣山後有柯侯潭舊志云柯侯自歙泛舟而下溺于此每陰翳若聞絲竹聲起潭中浪輿山連故曰浪山

翔鳳峰（西天目山志）在中峰塔後稠木旁生懸崖峭壁遠望此峰恒有落勢

天柱峰（）在絕頂上有二石直起干霄
玉柱峰（）在天目中峰西高四十丈逞睇錢塘江流如帶
蓮花峰（）在天目之西麓自麓至嶺約十五里狀如出水蓮花
蘆嶺（萬曆杭州府志）在縣西三十里接昌化界
浮雲嶺（）在縣南二十五里高二百五十丈接新城縣界
揭嶺（）在縣北三十里高一百二十丈北抵天目眉山西北達寧
國驛路
千秋嶺（）在縣北五十五里高三百丈接寧國縣界嶺上舊有關
水凝嶺（）在縣東北九十里高三百丈接安吉州界
皇甫巖（成化杭州府志）在縣東十五里後漢皇甫嵩破妖賊許生于此民懷其
德而以巖記其姓
大鳴巖（）在縣北三十里寨村東巖獨高峻四圍甃石如小城相
傳錢氏屯軍于此

芝草巖（西天目山志）在西尖之西昔有采藥者見芝草一本五色俱具

伏虎巖（　）在中峰之右

太陽巖（成化杭州府志）去縣西南二十五里其岡自浪山蜿蜒而來傑然卓出每東方啓明精光先照絶頂故名世傳徐伍二仙餐霞服日于此月朔則朝于天目又名朝青崖陰有二石其形如鹿

湖潭洞（　）三六皆在谷口東溪岸雲鶴巖之麓上接天目安溪相傳洞與太湖通故名

石城（西天目山志）在天目西尖之西南岸章村之隣境高數丈南北五十餘丈其外可履内深邃不可入若城之大小塹

石門（　）在天目半峰嶺東西各一高十餘丈僅容一體登金仙菴之要路也

新婦石（　）在天目西峰半山之中道面東昂立高五丈與東目新郎石相對

印渚（於潛縣志）在長安前鄉（世說新語注）吳興記云於潛縣東七十里有印渚渚旁有白石山峻壁四十丈印渚蓋衆流之下溪也

紫溪（咸淳臨安志）在縣南三十里源出天目龍淑昌化栁源兩溪合流入分水縣界（唐書地理志）唐書貞元十八年令杜泳開詳見水利

浮溪（成化杭州府志）在縣西二里又名錦江濶五十二丈深五尺（汪石川觀政橋碑）錦江為天目諸水之會而勢特險當徽浙通衢之衝詳見水利

交溪（成化杭州府志）在縣西一十五里以浪山栁源二水合流故名

仙池（西天目山志）在天目西峯絕頂之上深廣二尺許每遇歲旱四方禱雨者請池水虔禱即雨

龍池（　）有上中下三池俱在天目東北峰下上池在垂崖下高五十仞石壁如門峻立對峙以限水之出崖間有石如獅下瞰潭水中池水接上池噴瀉十餘丈下池水接中池紺碧深邃幽沉莫測三面皆盤石環繞南入大溪至紫溪七十二灘皆發源于此

洗眼池（萬曆杭州府志）在天目濩清莊太子菴乃昭明洗眼之所

天井潭（　　）在柱石山南深不可測或云通浪山池欲雨則先雲氣瀰漫景物凝晦村老常以為候

濯纓潭（　　）在柱石山北

昌化縣

唐山（咸淳臨安志）在縣後高二十丈為縣治主山

武隆山（　　）在縣西北一里許高一百五十丈周回二十里有葛洪煉丹井唐天后以山名應圖讖分紫溪縣別置武隆縣

青山（成化杭州府志）在縣前濩溪之南岸高二十餘丈其狀如屏又名南屏山一名官山

百丈山（咸淳臨安志）在縣西三十里高一千五百丈周回二十里一名潛山（輿地廣記）紫溪水所出東南流徑新城謂之桐溪又徑桐廬入浙江吳興地理志云堯時洪水此山潛水中不沒者百丈因名

龍塢山（萬曆杭州府志）在縣西七十里高一千丈延袤五十里山多怪石峙立如門其上為龍池林谷幽夐不類塵世

仁山（　）在縣南二十五里高二十丈延袤六里

銅坑山（咸淳臨安志）在縣南五十里高一千丈東接分水南帶淳安西亘續溪其最高窮絕處有龍池三

佛接山（萬曆杭州府志）在縣南五十里高一千丈延袤三十七里始獵者見神人凌跡于雪中因名

石筍山（名勝志）在縣南三十五里巨石如筍故名

柳相山（咸淳臨安志）在縣東南二十五里高一千八百丈周回一百三十里接於潛縣紫溪南入分水縣界

箕山（　）在縣西北十里神仙所隱

千頃山（萬曆杭州府志）在縣西北六十里高一千六百丈延袤六十里廣千頃其嶺有龍潭廣可數百畝潭中有金銀魚宋高宗嘗命中使取之

雲谷山（名勝志）在縣西四十五里岑峰崛起林谷邃迤常有雲氣出入故名

大鵠山（咸淳臨安志）在縣西六十里山類鵠頭得名勢凌霄漢人不可到惟采藥人結伴攜糧具大信宿上下其中坦平神仙所棲花果人不敢採

紫薇嶺（杭州府志）在縣東一里高三十六丈

黄花嶺（萬曆杭州府志）在縣西三十里與寧國接壤其上有關

昱嶺（　）在縣西七十里高七十五丈其嶺為徽杭之交山勢險阻嘗置關傑寇故又曰昱嶺關互見關梁

龍~~鬚~~髯嶺（咸淳臨安志）在縣西南四十里地名蒲川

棧嶺（萬曆杭州府志）一名分界嶺在縣西一百里其嶺為績溪縣界

玉嶺（　）在縣南三十五里高七十丈

石巖（咸淳臨安志）在縣南佛跡山自麓至巔一日方到上有石鼓石座石棋枰舊傳為神仙所棲之處

墨子巖（　）在縣南四十里蒲村其高切雲上有室穴坐具昔樵者見

野服三四人奕棋石上問侍者曰古墨子也

玉仙洞（成化杭州府志）在百丈山石洞幽深古仙人王太伯常居于此昔人見有鹽數十袋曝于洞口就之不復見人始信為神人所居為崩石塞門不可入

石燕洞（　　）在縣西四十五里邃深莫測石門高丈餘其中如巨室可坐數十人其頂有天窗通明泉流涓涓繞石如琴筑声四時不絕昔有石燕飛出故名

秦皇石（萬曆杭州府志）在縣西二十四里百丈山下兩石對峙高三丈許相傳秦始皇東遊登會稽欲作石橋跨海嶼觀日出處使神人驅石行不速輒鞭之此二石乃驅之不去者

石鏡（咸淳臨安志）在龍鼻嶺後瑩徹可鑒明則霽昏則雨邑人以為占候

小石門（萬曆杭州府志）在縣西北五十里兩崖如門高倚霄漢門僅可通人流泉循門而出

奥溪（　　）在縣西六里其源出寧國山界至全紫巖東流五里合黄

溪南流過埽水橋入晚溪

晚溪（成化杭州府志）在縣西七里有洗耳灘唐人詩葛井許灘今古傳蓋因許遠遁隱于此世人遂訛爲許由

巨溪（萬曆杭州府志）一名蓬溪在溪西十七里北接上溪東南經青山潭黄石灘與晚溪會巨石湍激雨漲則濤浪益險渡者患焉

湲溪（成化杭州府志）在縣南一百步溪中有洲水分南北過縣復合于一湍聲澎湃巖谷響應

覽溪（　　　　）在縣南三十里其流自蕭渚二源合派而出迂迴九曲以達于柳溪蓋因山折流故也

柳溪（　　　　）在縣東南二十五里上名小柳下名大柳乃一邑衆水合流之口亘三十里巨石參錯屹乎中流水勢湍激洶湧澎湃其聲如雷真奇觀也

烏儀潭（萬曆杭州府志）在縣西三十里百丈山下潭水清洌中有嘉魚異螺相

傳有赤色靈烏向水邊呈羽儀人欲羅之即化為石故名

太公潭（　　）在縣西三十里百丈山之左相傳泰伯採藥南來常陟此山飲泉而甘因名

嫂眉潭（　　）在縣北十五里地名上溪潭舊傳陳霸二仙隱此有垂釣石石上有枕臂坐跡鸕鷀塞嫂眉潭上有石壁壁上有嫂眉痕

柯相公潭（咸淳臨安志）在縣東南十五里大溪中有巨石盤回水勢湍急相傳柯相公舟溺于此遇澄霽則所覆之舟可見遇陰晦時或聞水上樂聲

東坡池（萬曆杭州府志）在縣西城隍廟西北東坡以倅車至邑時愛其風景築亭鑿池種千葉紅蓮

龍孔泉（咸淳臨安志）在縣南金山玉嶺每巨魚出必雨

天井泉（　　）在縣西五十里馬鳩小山巔有石竅不可測其中若列梯級可通人上下有泉涓涓滙注石面凝結石脂圓者名寒水石如冰筋者名鵝管石晝執燭可入光彩奪目或以綫繫石下度之其聲鏗鏗如鼓相傳此泉通

朱浪村長潭

東坡泉（咸淳臨安志）在渡溪西数十步石竅中出坡公始尋溪源得之以瀹茗

浙江山川古蹟記卷三

仁和杭大宗世駿輯

嘉興府 嘉興秀水二縣附郭

䴵山（嘉靖浙江通志）在府治東北高三丈相傳宋時置酒務在此其罌缶所棄積久成山又嘉善縣南亦有䴵山

五臺山（名勝志）在府治西北宋寶安禪師來自五臺山躬運土石作山亦名五臺并建五臺院

范蠡湖（嘉興府志補）在澄海門内范蠡橋西約周二十畝湖水綠綠甚白中產五色細螺昔范蠡泛舟五湖從此發棹

臙脂河一名傾脂河（檇李詩繫）在郡治西經楞嚴寺東北折而過天寧寺前相傳西施傾脂水于此

錦帶河（嘉興府志補）在府治西子城下以其環抱府治名

韭溪（名勝志）在府城内即南湖之支流經府而達運河（至元嘉禾志）考虞仲翔

嘉興

川瀆記云太湖東通長洲松江水南通烏程雲溪水西通義興荊溪水北通晉陵滆湖水東通嘉興韭溪水凡五通謂之五湖故嘉興有韭溪焉

按晏公類要云川瀆記謂太湖東通嘉興韭溪水今運河西北接太湖时當是東南接韭溪耳

金魚池（檇李詩繫）在郡西北唐刺史丁延贊養金鯽于此

靈光井（檇李詩繫）在郡城内精嚴寺本晉徐熙之別業因夜發光捨為寺成帝賜名靈光

嘉興縣 城外 山川

殳山（嘉興縣志）在縣西南嘉會鄉千金字圩 半屬本縣 半屬桐鄉

胥山（弘治嘉興府志）在縣東二十七里一名張山右有吳王磨劍石（閒窗括異志）嘉興胥山高一十五丈周二里舊經云伍子胥伐越經營于此

按水經注云子胥死于吳吳人立祠江上名胥山今杭州吳山名胥山又蘇州吳縣亦有胥山并此而三矣

滮湖（　）在縣南二里一名馬場湖（檇李詩繫）宋志云濶五百丈深三丈北隣城壕東列廛市其西則鴛湖也

相家湖（弘治嘉興府志）在縣東北九里（靜志居詩話）懷悅居在相湖之南曰柳莊亦曰柳溪自號柳溪小隱又號相湖隱漁

漊溪（[illegible]）在縣東六里以其近漢魏塘故名舟之達于松江者皆由此溪

梅溪（舊浙江通志）在治南四十里溪傍村落多樹梅故名

藕溪（嘉興府志補）在縣東三十里正統初許職方父稱松泉植藕花于上名人多游咏焉

漢塘（弘治嘉興府志）在縣東南十五里唐書地理志海塩注云西北六十里有漢塘太和七年開詳見水利

横塘（至元嘉禾志）在縣南五里自南滮湖轉路馬塘廟而上南至海塩謂之横塘劉文房詩云家在横塘曲是也詳見水利

練塘（弘治嘉興府志）在縣南二十五里東西通横塘長水塘吳王練兵之所詳見水利

長水（嘉興縣志）在縣南三里水自海寧諸山貫硤石東北流五十里入嘉興縣界合于鴛鴦湖（至元嘉禾志）始皇東游至長水聞土人謡曰水市出天子從此

過見人乘舟交易應其謡遂改爲由拳縣

馬塘涇（檇李詩繫）在郡城南七里九域志云始皇至此遏水爲堰斬馬祭之

鶴渚（至元嘉禾志）在縣南二里陸宣公舊宅放鶴之所

按檇李詩繫云鶴洲在嘉興南三里唐裴休放鶴処考休本傳未言至禾中至元志作陸宣公爲確

鳳凰洲（檇李詩繫）在郡東七里宋隆興元年有五色鳥飲啄其上故名

秀水縣 城外山川

天星湖（吴地記）嘉興縣東五里有天心池（弘治嘉興府志）天星湖縣東北二里一名天心湖中水草不生大旱不竭舊傳秦始皇發囚所掘

鴛鴦湖（名勝志）在治南三里一名南湖其禽多鴛鴦故名或者云兩湖相接如

鸂鶒漾（聞人滋南湖草堂記）南湖百有二十頃

東郭湖（弘治嘉興府志）一名冬瓜湖一名宋郭湖以其在郡城東北故名東郭冬瓜者音之訛宋郭者字之訛也（春渚紀聞）張祐子虔望有詩名求濟于嘉興裴弘慶署冬官堰官虔望不服曰祐子守冬瓜已分矣

過（秀水縣志）舊置堰其上以蓄西湖之水今閘堰置橋

幽湖（弘治嘉興府志）在治西四十里支流環錯滙爲深源因以爲名

秀水（檇李詩繫）在郡城北麗橋東相傳水浮五色見者獲慶亦稱繡水明祈邑名因此

西溪（嘉興府圖記）在郡里三里（徐一夔西溪隱居記）西溪在嘉禾郡城之西溪流迴合滙而為涇貫而為港微波細漪皆潔妍可愛初郡之置以秀水名志稱秀水在北門外西溪其支流也

爽溪（萬曆秀水縣志）在縣西北濶可二丈其長縈紆半里東通韭溪

穆溪（名勝志）在城東北四里水接上谷湖入太湖中多龍骨俗呼北運河

運河（秀水縣志）在治西北四里舊志隋大業中開江南河自京口至餘杭八百里以通龍舟

月河（嘉興府圖記）在治北一里抱城灣曲如月亦名月壕

青龍港（舊浙江通志）在治南三里通海鹽塘

白龍潭（至元嘉禾志）在治西南五里景德禪院前白龍穴于此致行舟飄溺居人作三塔埋舍利以鎮之宋淳熙初歲大旱知縣李特習用南中攬龍法隨車雲霈歲果豐稔

螺潭（萬曆秀水縣志）在縣南五里相傳有白色螺生其中

六百畝蕩（弘治嘉興府志）在治東北二十九里廣袤約計六百畝

天荒蕩（ ）在縣東北思賢鄉南接許蕩西接毛頭菜花等蕩皆有菱芡之利

王江涇（名勝志）在漕渠東相傳王氏江氏家于此亦名聞川宋聞人氏家焉（檇李詩繫）宋武節將軍聞人宣扈蹕南遷定家于此元孫愉為進義校尉死崖山之難

嘉善縣

胥山（正德嘉善縣志）在治西南十三里半屬嘉興縣詳見嘉興縣

鮮山（弘治嘉興府志）在縣治南高七丈周二百餘步草木陰翳宋置酒務于此

鶴湖（名勝志）在縣西北三十里中多蓴菜蘆葦舊常產鶴故名

麟湖（檇李詩繫）在嘉善縣西十三里有東西兩湖界接秀水

汾湖（弘治嘉興府志）在縣西北三十六里又名分湖以其半為吳江縣界故名

晏湖（檇李詩繫）在嘉善治北三十里又曰晏塞蕩

魏塘河（嘉興府圖記）在縣東十二里亦名武塘相傳魏武帝常經此故名

文水（弘治嘉興府志）在文廟後環繞黌宮

茜溪（名勝志）在縣北一十二里其地常出茜草故名

松溪（正德嘉善縣志）在思四都

張練塘（弘治嘉興府志）在治北三十里按宋志云吴王權造戰艦于青龍鎮遂張帆練兵于此）

平川（舊浙江通志）在治北二十四里一名西塘又名斜塘

蓮花涇（嘉善縣志）在奉九北區

清風涇（嘉興府圖記）在治東二十四里舊名白牛塘相傳宋陳舜俞跨白犢往來處

王秀涇（弘治嘉興府志）在治西北二十四里東有執塔

祥符蕩（檇李詩繫）在嘉善北二十里受溲蕩南尤北尤并甓溪諸水達青浦界

查家蕩（　）在嘉善縣北多荷花

許巷蕩（嘉靖浙江通志）在縣西北三十六里詳見水利

淨池（携李詩繫）在嘉善汾湖之南有淨池蘆墟柳溪諸水

幽瀾泉（六硯齋筆記）在縣東武水北景德寺幽瀾井

海塩縣

秦駐山（至元嘉禾志）在縣南一十八里樂資九州志云縣有秦逕山秦始皇經此美人葬于此山下有美人廟故名水經注云海塩縣南有秦望山秦始皇登以望海

巫子山（朱彝尊鴛鴦湖櫂歌注）秦駐山東海口有巫子山

白塔山（至元嘉禾志）在縣東南二十里山上有白塔因名舊有港通魯浦名曰白塔潭海舟多泊焉（北户録）唐至德初徐正字葬于海塩白塔山沙渚之上得一桃核片可貯米一升

望虞山（　）在縣東南二十二里舊經云隔海可望會稽上虞縣因名

大步山　小步山（弘治嘉興府志）俱在縣南二十里

陸墓山（澉水志）在鎮西北五里因姓得名

石屋山（　）在鎮西北五里上有石壘成屋舊傳黄巢時民避兵處

青山（弘治嘉興府志）在縣西南三十五里宋志澉浦鎮之主山也山上置烽堠

長牆山（海鹽縣圖經）在縣南三十五里（澉水志）秦始皇東遊登以望海以其孤聳望如堵牆故名

石帆山（弘治海鹽縣志）在縣西南三十餘里海中（澉水志）在靈潭右聳若帆挂

葫蘆山（名勝志）其山浸在海中潮汐消長如葫蘆出没故名語云潮生潮退葫蘆自若其下有葫蘆寨

荆山（海鹽縣圖經）在治西南四十五里（澉水志）荆山占永安湖之勝下有悟空寺

雞籠山（　）在縣西南六十里（澉水續志）地名徐湾俗傳有金雞見故名

麂山（　）在縣西南四十五里（澉水續志）山在中湖塘西與譚山相連

鷹窠頂山（　）在治南三十里（明一統志）石帆之東有鷹窠頂山一名南陽山（雲岫菴志）山有九曲逕獅頭巖絕頂可望日出

金牛山（至元嘉禾志）在縣西南五十里按九州要記古有金牛入山皋伯通兄弟鑿山取牛山圮二人同死穴中又名會骸山

紫雲山（弘治嘉興府志）在縣西南三十六里唐德宗時有村女出耕紫雲覆其上朝廷聞之詔入宮因名（檇李詩繫）山在澉浦有天尺峰星晶石弄月臺枕流巖諸勝

荼磨山（海鹽縣圖經）在縣西南三十七里山在黄巢街側山下周廻有港〻外周廻有塹昔人避兵結砦處

金粟山（至元嘉禾志）在縣西南三十五里山周廻六里一名六里山按吳地志有石篆書三十八字天册元年刻碑（海鹽縣圖經）上有秦皇劍池

夾山（嘉興府圖記）在縣南三十五里在金粟金牛兩山之間故名

鳳凰山（海鹽縣圖經）在治西南三十九里吳家山側形似鳳之展翅（弘治嘉興府志）鳳凰與竇家山小山澤山颺山相近俱列峙于澉浦鎮之西南

月山（弘治海鹽縣志）在縣西南四十五里與小山相接去澉浦鎮西三里在鎮

南五里曰葛母山在鎮東六里曰篠山

泊櫓山（澉水志）在鎮西三里高冠諸山（輿地志）始皇渡海泊櫓此山因名

磧頭門山一名廟山（海鹽縣圖經）在縣西南四十五里山上有磧王廟

石馬山一名隱馬山（澉水續志）山與磧頭門山相連宋時官給亭戶煎鹽之所至今謂之官山

碧里山（海鹽縣圖經）在縣西南四十五里

豐山（嘉興府圖記）在治西南十八里上有石屋三所舊傳秦始皇屯兵于此東南有九母塚

横山（至元嘉禾志）在縣西南三十里顧況所居

九杞山（澉水續志）在永安湖子丑之位舊名杜家灣九杞翁許相卿買之置杜曲岡雲濤莊因以名山

大旗山（海鹽縣圖經）在澉浦西八里相傳劉裕勝孫恩于此

谷水（　）谷水出吳小湖逕由拳縣故城下神異傳曰由拳縣秦時長

按貝瓊云破石西山天目分流正出其中即谷水也陸機云三泖冬温夏涼谷水在其北大抵自湖昌標帶嘉禾數邑一水異名以達于泖耳

水縣也始皇時淪陷為谷因目長水城水曰谷水也谷水又東南逕嘉興縣城西谷水又東南逕鹽官縣故城南九州志云谷水之右有馬睪城故司鹽都尉城吳王濞煑海為鹽于此秦于其地置海鹽縣故武原鄉也又谷水由縣出為澉浦以通巨海

賁湖（海鹽縣圖經）在縣西三十五里俗名宋坡湖

横湖（　）在縣西三十五里周六里徐泰志瑛城西有莊紫湖即此

鸊鵜湖（　）在治西南四十里周四十餘里上有黃道神廟俗稱黃道湖

永安湖一名澉湖（　）在澉浦鎮西六里（至元嘉禾志）本田濬為湖以蓄洩（澉水志）湖上四圍皆山號小西湖

天仙湖（樂郊私語）在城西十里湖旁相傳有徐彎故居彎得道後以委蛻仙去故以名湖

秦溪（至元嘉禾志）在縣西南三十六里通豐水港接運河旁有法喜寺鐫秦溪

二字于石

古涇（槜李詩繫）海塩有古涇三百一所在縣西境唐令李諤開以禦水旱

横浦（至元嘉禾志）在縣東二里東北通故邑西通貴湖南入海

藍田浦（海塩縣圖經）在縣南三里浦上有藍田廟宋咸平六年知縣魯宗道重開白塔港入運河以溉民田又名魯公浦

鮑郎浦（澉水志）在鎮西北十二里昔塩場開基于此後沙漲移入東浦紹興界為田是浦接連招寶塘為河

澉浦（嘉靖浙江通志）在縣南三十六里（澉水志）澉浦古越地吴越錢氏置秀州始分隸又水經云東南有秦望山旁有谷水流水為澉浦（弘治嘉興府志）明洪武中築城浦上

白洋河（海塩縣圖經）在縣東沿海塘下詳見水利

横塘（槜李詩繫）在海塩西北四十里即常豐閘通郡之南湖

玉姚泉（海塩縣圖經）鹿山之麓自鷹窠頂來山厚源深故有瀑布如疋練

海（[illegible]）在縣東半里南四十里與明越二州相對往〻深夜籟寂雞犬之聲相聞海濱舊有岡十八條為潮汐之限漂蕩日久今皆為魚龍之宅無復存矣

平湖縣

雅山（海鹽縣圖經）在縣東北三十六里今析屬平湖（至元嘉禾志）山多怪石俗呼為慈山地中得碑記云雅山

故邑山（天啓平湖縣志）在縣東二十七里山下有城唐志云海鹽舊縣治漢順帝時陷為湖移置此山下後為故邑巡檢司

祐山（舊浙江通志）在縣東南二十里舊有秦小娘祠晉人也

苦竹山（乍浦九山補志）在縣東南二十九里去乍城二里麓有磐石當潮之衝防汎舡泊其旁

湯山（嘉靖浙江通志）在縣東北三十里宋海鹽令李直養置叢冢于山

觀山（乍浦九山補志）在縣東南二十八里高四十丈周四里一名宫山

陳山（閒窗括異志）在縣東北四十里高八十一丈周圍二十五里有白龍湫灝濟敷澤龍王廟山頂有龍穴深不數尺春夏不涸百姓遇旱則禱于穴雨即滂沛又有龍母塚在焉每歲七月多風雨人謂龍洗墓云

獨山（天啟平湖縣志）在縣東北三十里孤峰峭崒若遺世而獨立者上置烽堠以防海寇舊置鹽場于此

蒲山（　）在縣東南三十里與萊蘼山俱瀕于海

鬬牛山（　）在海中對獨山水族所聚時見蜃氣多可怪狀

暈項山（乍浦九山補志）在高宮山南高二十丈頂甚平

高宮山（　）高八十丈周八里秀削異于諸山在陳山東

龍尾山（　）以形似名在高宮山之西馬鞍山之北

益山（　）高二十丈周四里秀出羣巃

當湖一名鸚鵡湖（檇李詩繫）鸚鵡湖即當湖在縣東三百步吴地記云隆安五年改東武湖俗呼東湖元末于金山海濵得一碑曰鸚鵡洲界又名小瀛洲今建塔

于其上水有九派東南通故邑西南近海塩東則廣陳北則華亭舟楫便利為一邑之勝（後漢書郡國志注）案今計俗籌海塩縣故治順帝時陷而為湖今為當湖大旱湖竭城郭之處可識（弘治嘉興府志）縣東周圍四十餘里吴地志王莽改海塩縣為展武縣順帝時陷為湖亢旱水涸彷彿見其街陌

乍浦（弘治嘉興府志）在治東南三十里舊有官河入海元至正間番舶皆萃于此明洪武中築城浦上以備倭焉

國朝頒設乍浦水師雍正七年增設都統駐防實為海口重鎮

蘆瀝浦（　　志）在縣東北三十六里浦有塩場

東泖（　　）在治東北三十里按祥符圖經谷泖南出泖橋東南至廣陳由廣陳西至當湖由當湖東南至捍海塘而止

聯珠池（舊浙江通志）在學宮東北三池相聯

山月池（朱彝尊鴛鴦湖櫂歌注）在平湖德藏寺

海（舊浙江通志）在治東南三十里

語兒之名當以樂史徐碩所述爲正若朱長文續吳郡圖經云范蠡獻西施于吳道中生子至此能語蓋祖陸廣微吳地記之言不足信也

石門縣

龜山（萬曆崇德縣志）在沙渚塘東二十里其形如龜故名舊志云山北有晉尚書李孟之宅

陳山（名勝志）在積善鄉高十三丈周一里昔有陳氏居此積土爲之

含山（嘉興府圖記）在陳山西北六里嘉湖兩府界中若含物然又四水涵之亦名涵山（石門縣志）縣西北三十六里山上有浮圖山外有龍潭五河注水出其下

桂山（嘉靖浙江通志）在明倫堂後高五丈上多植桂

天中山（石門縣志）在福嚴禪院後高二丈許竹木蓊蔚有亭獨峙可恣遊覽

走馬岡（朱彝尊鴛鴦湖櫂歌注）在石門永新鄉地有官窑相傳吳越分界處（嘉興府圖記）高阜如山吳王走馬處也

語兒溪（石門縣志）在縣東南一名語兒中涇又名沙渚塘吳越時爲吳樓兵之地（太平寰宇記）按吳越分境越國西北置禦兒與吳分界通典注云在嘉興縣南有地名禦兒國語曰（晉用）禦兒臨之今俗作語字（至元嘉禾志）禦兒之名見左傳國語吳越春秋等書皆然逮西

漢則易為語表又作藥字後人疑之因附會其說蓋意漢人以其名言之匪順類曾子回車之嫌故取其音之相近者易之耳

車溪（嘉靖浙江通志）在縣東北三十六里南北相距二十餘里流入太湖

石門灣（萬曆崇德縣志）在縣北十八里運河水北流東折其形如帶又名玉湾

清池（石門縣志）在城西二里昔有龍潛于此其水澄冽歷旱澇如故

含山泉（　）在含山下渰然以清絕似安平白沙諸水雖旱澇不盈涸

洪河（攜李詩繫）在縣北千乘鄉正德間洪令異開民稱洪河詳見水利

桐鄉縣

殳山（舊浙江通志）在縣東南三十五里（弘治嘉興府志）昔道士殳基隱居學道尸解于此故名山有兩峰東峰稱殳山

瓠山（名勝志）在縣北一十七里山形如瓠

東山（桐鄉縣志）在縣東三里許高五丈廣十餘畝

王家山（嘉興府圖記）在嘉化鄉高十五丈周三百步有王氏家此聚土成之

胭脂滙（　）在濮院鎮

車溪（桐鄉縣志）在清風鄉自皁林堰抵青鎮南北二十里兩岸腴田車戽不絕故名互見石門縣

濮溪（嘉興府圖記）在永新鄉北受車溪及湖州諸水下平望達于吳江

芙蓉浦（檇李詩繫）在桐鄉北二十五里

鮑涇（舊浙江通志）在殳山南鮑學士宅在涇之上

永新涇（弘治嘉興府志）在縣東北一十七里

梧桐涇（檇李詩繫）舊屬郡境後析桐鄉縣名因之在邑之東即濮川所通處也五代時鳳鳴其樹

湖州府烏程歸安二縣附郭

苕溪（太平寰宇記）在烏程縣南五十步大溪是也以其兩岸多生蘆葦故曰苕溪（弘治湖州府志）在城西其源有二一發自天目山之陰金石鄉東至安吉縣治南之郎渡又北至郎渡一發自獨松嶺西聚衆山之水并浮玉山水折旋亦至郎渡二源合而至于郡城之西一流入清源門内至江子滙爲霅水一流逕

清源門外徑趋釣魚湾沿濠至臨湖門外合霅水入于太湖

餘不溪（弘治湖州府志）出天目山之陽經臨安縣又經餘杭縣至安溪奉口經德清縣折而東北至敢山過菱湖及湖趺漾又西北會前溪水至峴山漾入定安門至江子滙為苕溪

前溪（　）在武康縣南出銅峴山東流四十九里至武康縣前千秋橋名前溪一名餘英溪按餘英志云春夏之交夾岸花開落英滿溪故也其滙東至縣學前分為二派其一北流經黃龍山之東至沙村稱沙溪與德清縣北流水合入郡之定安門經前溪滙為霅溪其一東流經下渚湖之南會于餘不溪武康縣後又有一溪亦出自銅峴山謂之後溪

北流水（　）在德清縣前其水從餘不溪至縣東分派折入清河橋下北流不沙村與武康前溪水合又北至峴山漾與餘不溪合入定安門至江子滙為霅溪

霅溪（太平寰宇記）在烏程縣東南一里凡四水合為一溪自浮玉山曰苕溪自

銅峴山曰前溪自天目山曰餘不溪自德清縣前北流至州南興國寺前曰霅溪東北流四十里合太湖顧長生三吳土地記云有霅溪水至深者徐陵孝義寺碑云清霅㴉㴉深窮地根按字書云霅者四水激射之聲也（輿地紀勝）自清源門入曰苕溪其流濁自定安門入曰霅溪其流清（弘治湖州府志）即定安門內江子滙是也其源從南來者曰餘不溪曰前溪曰北流水三水會于峴山漾而入定安門從西來者曰苕溪自清源門而入四水總聚于江子滙霅然有声故謂之霅溪又謂之霅川

白蘋洲（　　）在霅溪之東南去州一里梁太守柳惲詩云汀州採白蘋日暮江南春因以為名

霅瀆（萬曆湖州府志）即儀鳳橋下水晉咸和中都督郗鑒開

霅溪浦（太平寰宇記）在霅溪西南岍梁時有蘇氏女于此遇一道士曰汝後大貴三年當有徵蘇氏後適章氏生陳高祖宣后高祖即位拜母后為安吉縣君因名

蘓公潭（　　）從霅溪東流三百五十步至駱駝橋下曰蘇公潭此水深不可測中有蛟螭代為人患唐開元初許國公蘇瓌子頲為烏程縣尉郡守命

督縣事因誤墮此直至潭底聞水中有人語曰扶尚書出遂冉冉至水上畧無損
損溺有記見在

芙蓉池（弘治湖州府志）在郡城白蘋洲楊漢公所開池水有千葉蓮

烏程侯井（萬曆湖州府志）在府西吳孫皓為侯時所鑿

烏程縣 城外山川

峴山（弘治湖州府志）在縣南五里舊志云本名顯山唐以廟諱改為上有李適之石樽山頂有塔今廢惟峴山寺僧宗義立菴居于其巔幽絕可愛（萬曆湖州府志）山之首見者曰峴茲山首見于郭南厥名允協上有三賢祠祀顏真卿蘇軾王十朋

道場山（弘治湖州府志）在縣南十二里昔如訥和尚經此山遂留建寺山頂有塔下有伏虎巖瑶席池其山峰巒秀鬱水石森爽殊為吳興佳絕古今遊覽者皆萃焉（宋戴可談）湖州道場山有老僧言山在州南雖方文筆山也抵于他州故本有魁天下者乃丐緣即山皆建浮屠望之如卓一筆既成諸州人曰三十年出狀元後大觀貫安宅政和莫儔相繼為廷試魁

錢山（烏程縣志）在縣南十四里從衡北出為錢山

車蓋山（吳興掌故）在縣南七里形如車蓋

金蓋山（太平寰宇記）在縣南十里晉何楷居此修儒業後為吳興太守改山為

何山（石柱記箋釋）何山與道場連接為北一支金蓋山是南一支汪藻記云東有道場西有何山金蓋固在道場之東南自不容混

軻山（吳興掌故）在縣南十四里金蓋北出小支金蓋如車而軻附其旁也

衡山（左傳）楚子重伐吳克鳩茲至于衡山杜預注曰在烏程南衡古橫字通用（吳越春秋）壽夢十六年楚恭王怨吳為巫臣伐之也乃舉兵伐吳至衡山而還（石柱記箋釋）吳興志一名橫山在縣南一十八里兩山夾峙中流北駛為郡南形勝之地

鮀山（萬曆湖州府志）在縣南九里

黃檗山（太平寰宇記）在縣西南三十五里

葛仙山（萬曆湖州府志）在縣南五十里職方圖志云葛洪煉丹處天下十有三烏程居其一

菁山（黃溍菁山普明寺記）由湖郡城南渡溪舟行四十五里登陸又二里許是

為菁山泉清水深峰巒峭拔巖壑鬱紆最為勝處（名勝志）其上生黄菁故名

吴嘐山（晏公類要）在縣西南六十六里吴興記曰嘐嘵山為田故名

太平山（烏程縣志）在縣西南五十一里

馬鞍山（萬曆湖州府志）在縣西南七十里與武康接界

銅山（　）在縣西南九十五里一名銅峴山吴採郭山之銅于此西

隸安吉南武康

莫干山（嘉靖浙江通志）在縣西南一百五十里上有鑄劍池水常清澈旁有磨

劍石世傳吴王鑄劍于此取莫耶干將之義以名

棲賢山（萬曆湖州府志）在縣西二十二里舊傳有高士曾隱此

西塞山（經鉏堂雜志）吴興南門二十餘里下瞰菁山之間一带遠山為西塞山

山明水秀真是絶境

杼山（名勝志）杼山高三百尺週一千二百步陸羽記云夏后杼巡狩之所亦名

稽留山

九乳山（晏公類要）在縣西南三十里張元之山墟名云山有九峰狀如乳

石城山（太平寰宇記）在縣西南三十里張元之吳興山墟名云昔烏程豪族嚴白虎于山下壘石為城與呂蒙戰所今山上留壘峰大樓之跡猶在

夾山（名勝志）在縣城西南十里下有夾山漾

小敷山（吳興掌故）在縣西南二十里談志名福山唐人沈下賢亞之居此

法華山（石柱記箋釋）吳興志太平寰宇記謂之石斗山王羲之所游處梁尼道蹟稱總持浔法于達摩晝夜誦法華經後歸寂即葬其處

白鶴山（太平寰宇記）在縣西北二十六里山謙之吳興記云昔烏程人姚紒化為白鶴游于此山因名（弘治湖州府志）吳興記云山石精好可為碑版江東記云員郎山石精好不讓吳興即此也

西陵山（吳興掌故）在縣北二十一里吳太子和葬此子皓繼統追尊文皇帝陵曰明陵以其在西名西陵

仁王山（名勝志）在縣西北九里一名鳳皇山其南一小山曰礪山

溫山（萬曆湖州府志）在縣西北三十里山出御荈

太平寰宇記)鄣同志作
卞和採玉處非也

卞山(弘治湖州府志)在縣西北十八里高六千尺周處風俗記曰卞山當作冠
弁之弁以山形似弁也唐顏真卿石柱記韋明歐登卞山詩皆作卞字其山西
北屬長興(縣記)山有黃龍洞石壁峭立巖竇陰沉莫窮其底旁有黃龍祠祥應宮
鄣有水旱禱焉蘇東坡有詩刻又有三賢祠其沈家洞避洞亦在焉(互見長興)

玲瓏山(癸辛雜識)在卞山之陰嵌空奇峻略如錢塘之南屏及靈隱之薌林有
洞曰歸雲張謙中有篆書于石梁闊三尺許橫繞兩石間名定心石旁有杜牧
之題云前湖州府刺史杜牧大中五年八月八日來又紹興癸卯葛胥卿林彥
政劉無言莫彥平葉少蘊題名(石柱記箋釋)石林在卞山之陽宋葉少蘊之所居即玲瓏山

賽玲瓏山(崇禎烏程縣志)去玲瓏二里有三石竅可進入者以燈行一二里即
透洞中有泉滴下懸崕繡壁亦奇觀也沈氏抉剔為之因名沈家洞

蜀山(吳興掌故)在縣東十里

西余山(太平寰宇記)在縣東十八里(路史)輿地志漢文封東海王搖之子期視
為顧余侯今𢌿山東有西余山是也

晋書地理志太康八年分烏程立東遷縣至隋開皇九年廢入烏程

孺山（太平御覽）東遷縣有孺子山徐孺子入吳嘗登之因以為名（吳興掌故）在縣東二十八里漢徐孺子哭友人姚元起于此山下有孺子祠

戴山（吳興掌故）在縣東北十八里譙郡戴顒遊此三吳太守張邵素與之善為築室于此因名焉顏魯公癸亭詩旁瞻戴顒路蓋指此山也

昇山一名歐餘山（太平寰宇記）在縣東二十里入東記云晉王羲之嘗昇此山顧謂賓客曰百年之後誰知王逸少與諸鄉遊此乎因有昇山之稱（歐餘漫録）歐餘即今之昇山楚封越王句踐之後為此亭侯子孫遂為歐陽氏詳見文忠公行狀

别鮮山一名烏山（弘治湖州府志）在縣東十三里孤秀不相連屬因名焉爾雅曰小山别大山鮮郭璞注云不相連也唐高士沈聘沈徽居之（石柱記箋釋）誤志昇山一名烏山古烏巾氏所居也今縣東八里有烏山一名别鮮山爾雅疏云不相連屬者山上有烏亭舊址即今烏巾菴梁吳均同柳吳興烏亭集送柳舍人詩即此山非昇山也

毗山（西吳里語）在縣東北五里當城北水入太湖突然獨峙吳興之水口也（吳興掌故）山海經云浮玉之山北望具區東望諸毗郭璞注云諸毗水名也續圖經云浮玉在西南毗山在東北與山海經協璞不知此山耳

小雷山（崇禎烏程縣志）周處風土記云太湖中有大雷小雷二山相距六十里舊編云小雷洞庭之東屬烏程大雷洞庭之西屬長興

黃龍洞（輟耕錄）在吳興郡北去城閭廿里枕太湖其山皆怪石林立洞旁壁立千仞頫瞰不能見底每歲旱郡民禱之黃山谷書黃龍洞三字刻猶存

碧浪湖（西吳里語）一名峴山漾在郡城南羣山四匝諸水滙聚嵐光林影掩映上下

太湖（名勝志）在府城外十八里界于烏程長興之間其大三萬六千頃東西二百餘里南北一百二十里周五百里西北極于宣常東北極于蘇湖大雷小雷二山皆浮于湖之東方屬當郡境盖浙西苕霅與臨安廣德諸水散出凡七十二溪奔海不及則停蓄于湖道三江以入海禹貢謂之震澤周禮謂之具區左傳謂之笠澤其實一也太湖亦名五湖張勃吳錄云周行五百里故曰五湖陸

魯望云太湖上稟咸池五車之氣故一水五名然太湖雖環遶江南數郡其以之名州若明獨吳興為然

凡常湖（弘治湖州府志）在縣西二十七里

合溪（嘉靖湖州府志）水出懸脚嶺合白峴諸山之水為楊店澗又出蒼雲嶺為梓方澗二水滙而為合溪南經竹山潭又東經罨畫溪入長興西南門又東出東門又東北經趙瀆入太湖

四安溪（　　）水出石澗諸山南經盤澗塘又南經善峅塘與廣德水合又出廣德諸山東經荆塘又東經塔水塘又東經善峅塘與石澗水合二水東過四安鎮大德橋又折而南出下殿橋入龍溪與苕溪水合

黃浦（弘治湖州府志）一名黃蘗澗在縣西南二十八里其源出黃蘗山吳興記云春申君黃歇于吳墟西南立菰城縣起青樓延十里漢司隸校尉黃向于此築陂溉田采鮑昭有黃浦亭黃浦橋送別詩又名庚浦即康浦也晉殷康為太守百姓避其名改康為庚

掩浦（名勝志）在城東北二十六里一名碩浦秦始皇東游會稽項梁與籍私往觀之籍曰彼可取而代也梁掩其口曰毋妄言族矣因以名其浦

青塘河（弘治湖州府志）在烏程縣北三里迎禧門外吳景帝鈕皇后父葬弁山令百姓開之以通葬所梁太守柳惲重濬亦名柳塘又名法華塘自城入法華山寺諸路也

蒲帆塘河（萬曆湖州府志）在縣北二里唐刺史楊漢公開時塘中得蒲帆故名

謝塘河（太平寰宇記）在縣西四里晉太守謝安開

釣魚灣（弘治湖州府志）在縣西三里古稱張志和釣魚處

蘇灣（烏程縣志）在縣南峴山寺前碧浪湖之西其堤為蘇軾治郡時所築故名

官瀆（嘉靖湖州府志）在縣西二十七里

夾山漾（弘治湖州府志）在縣西南九里

大苞漾　小苞漾（　　）俱在縣東北一十五里

衡山漾（萬曆湖州府志）在縣南七都

謝村漾（烏程縣志）在縣東南三十里以謝靈運故宅名

真珠泉（弘治湖州府志）在烏程縣西南二十五里妙喜寺東北方丈餘其泉清澈觀者以足震地則泉中細泡連起如珠故名

虎跑泉　一掬泉　（萬曆湖州府志）俱在道場山

浮玉泉（嘉靖湖州府志）在峴山

金井泉（萬曆湖州府志）在黄龍洞山頂

上智潭（　）在烏鎮旱不乾澇不溢舊常有神龜出没

歸安縣城外山川

浮玉山（趙孟頫吳興山水清遠圖記）在城南三里玉湖中巨石如積坡陀磊磈葭葦藂焉不以水盈縮為高卑故曰浮玉

河口山（吳興掌故）在縣東南五里（初學記）河口山東瀕大溪西帶長瀆

長超山（名勝志）一名湖跌山（一作趺）在城東二十五里上有漢蒯子訓遺蹟

含山（　）在城東南九十里山上有含山寺及浮圖山墟名云震澤東望蒼

緜芰葦烟蔚之中高邱卓絶若此山也

獅子山（吳興掌故）在縣西南一百五里首枕大溪岡隴盤旋如猊視北屬武康

東林山（弘治湖州府志）在縣東南五十四里突兀于菰蒲溪泊之中峯巖如繡

又名具錦峰上下塔下有祇園焉（吳興掌故）宋沈東老隱此（顧應祥眺遠亭記）去湖城南二舍許

有山曰東林世傳回仙顯蹟之所

謝家山（萬曆湖州府志）在縣南五里

侯石山（　）在縣南六里

厥山（吳興掌故）在縣東南七十里吳均入東記云吳文士陸厥冢于此山

馬鞍山（歸安縣志）在縣西南七十六里

桃花塢（　）在縣西南五十里

菱湖（唐書地理志）縣東南三十五里有陵波塘寶曆中刺史崔元亮開（弘治湖州府志）菱湖即陵波塘也其地產菱故名

小溪（弘治湖州府志）即施渚溪在縣西五十四里

思溪（嘉靖湖州府志）在縣東南三十五里

綠溪（歸安縣志）在縣東南八十里溪流如綠故名

花溪（萬曆湖州府志）在縣東南七十里一名花城

寶溪（名勝志）在城東南四十五里一名射村溪昔有漁者見溪上有光伺之見一大蚌乘風而行光從中出逐之即沉

長興縣

雉山（弘治湖州府志）在縣北五里以山形類雉唐置雉州因山名也（萬曆湖州府志）梁武帝時童謠云鳥山出天子江表凡以鳥名山者咸鑿之惟雉山夾鑿而陳武帝生

呂山（吳興掌故）在縣東南二十里吳將呂蒙討山賊嚴白虎屯營于此

鼓吹山（　）在縣西北二里陳文帝居鄉時縣令劉仲舉聞縣後鼓吹聲吹聲聞帝必至因名（弘治湖州府志）舊志云西北可望陳后陵墓歲時祭享鼓吹相聞以此得名

橫玉山（弘治湖州府志）在縣西北三十五里東眺太湖多生蘭蕙望之蒼碧如玉故名

香蘭山（　　）在縣北三十五里東枕太湖多生蘭蕙

金蓮山（長興縣志）在縣北一里

陽烏山（　　）在縣東七里陳武帝祖道巨墓在此

成山（萬曆湖州府志）在縣西北二里吳築成城其上梁太守張嵊與中丞沈峻築城捍侯景明元帥耿炳文駐軍于此俗因呼為駐軍山

五峰山（名勝志）在縣西一里

龍目山（吳興掌故）上有石巖中有二穴其光可鑑所謂龍目也過嶺為廣德州界

望山（萬曆湖州府志）在縣西南六十八里形如覆舟觸石有空洞声

白硯山（長興縣志）在縣西北八十里山多白石望之如雲凝雪積上有南北二嶺

方山（吳興掌故）在縣西南四十里高四千丈陳文帝為信武將軍自長城遣二千人夜下方山津即此

鳳亭山（長興縣志）在縣西北四十里

藝香山（太平寰宇記）一名湖陵山在縣北十五里西施種香之所

赭石山（萬曆湖州府志）在縣西北五十里山多赭石登者若升絳霄

西碩山（太平寰宇記）在縣北四十九里又名吳望山闔閭登姑蘇臺望五湖西見此山故名

堯市山（吳興掌故）在縣西北四十里吳興山墟名云堯時洪水居民于此山作市皎然詩堯市人稀紫筍多即此

吳山（西吳里語）在長興南四十三里梁吳均卜宅唐吳筠又居之山下有溪名吳山灣昔吳王送女至此有潮高三尺倒流七十里名吳王送女潮

浮雲山（長興縣志）在縣西南六十里

八座山（吳興掌故）在縣西南四十里唐吳珙吳瑱吳淼皮光業林升羅隱韓必何肅居此時稱八友因名

九龍山（長興縣志）在縣西南一百里

菖蒲山（舊浙江通志）在縣西七十里湖一松隱居之所

四安山（吳興掌故）在縣西南八十三里

青硯山（　　）在縣西六十里陸羽云啄木青硯茶味與壽州同

金山（萬曆湖州府志）在縣西四十里晉樓船將軍金曇清居此石皆丹色

白鹿山（　　）在縣西三十里又名巖山闔閭時白鹿見故名

飛雲山（太平寰宇記）在縣西二十里山南有風穴雲霧不浮鬱積其間宋元嘉五年置飛雲寺有石泉沙渚松門苦竹巖

閣山（萬曆湖州府志）在縣西十五里山多竹有竹山潭竹山寺

大腹山（　　）在縣西十里一名伏虎山有姚崇墓

茶磨山（弘治湖州府志）在縣東南二十一里形類茶磨故名

青山（　　）在縣南六十里山墟名云山有巖竇通洞庭冬夏常煖山色如黛故名

斫射山（吳興掌故）在顧渚山左

互通山（萬曆湖州府志）在縣西北七十里山甚高大有四十八隴有羅岕產茶甚珍之有二龍池二仙洞

顧渚山附茶山（方輿勝覽）茶山在長興縣西產紫笋茶（萬曆湖州府志）山在縣西北四十七里西達吴興吴夫槩顧其渚宜茶後其產果然乃充貢下有貢茶院傍有金沙泉甚美山中有明月峽絶壁峭立大澗中流其茶所生尤為異品

西嘻山（崇禎長興縣志）在縣西北六十二里以其澗泉峻激有聲如嘻故名

大官山小官山（萬曆湖州府志）在縣西北四十五里顧渚之側其左右諸山或專藝茶或伐為薪炭此二山林木深茂樵蘇不及大官頂有虎頭巖狀如呀嘯下有石門可往來有張塢產茶為羅岕之次

南川山（　）在縣西北五十里跨南北二川

菹中山（吴興掌故）在縣西北二十五里在忻湖之西

徐富山（萬曆湖州府志）在縣西北二十里宋熙寧時富民徐隆居此以富得名

義鄉山（吴興掌故）在縣北六十里晋太守周玘舉義兵手石水陳敏等賊割長

興西鄉立義鄉縣于陽羨以此得名

大雷山（石柱記箋釋）洞庭之西山屬長興

弁山（萬曆湖州府志）在縣東南四十里西北之半隸長興東南之半隸烏程山陰多奇石玲瓏又產諸藥品每土中掘得前代殘碑斷石又有似玉之石其勝景莫如碧巖

小玲瓏山（驂鸞錄）雲川有兩玲瓏山石林為大玲瓏又有小玲瓏在長興縣界路口洞穴數十旁相通貫壁積嵌巖巧怪萬狀

烏瞻山（長興縣志）在縣西三十里（名勝志）其地迥絕五峯突出若犀烏之瞻視于雲表又云昔烏子瞻避難于此山有南北二菴絕頂為彈手岡相傳陳武帝放彈處

晏駕山（嘉靖湖州府志）在縣東南三十六里晏后狩南郊至此故名上有石鼓高可丈餘又名石鼓山舊傳此山鳴則三吳有兵

獨姥山（崇禎長興縣志）在縣東五十里踞太湖之濱一名別峰山

黄鶴岡（太平寰宇記）在縣南六十五里

明月峽（吳興掌故）與顧渚聯屬絶壁峭立于大澗中流亂石飛走茶生其間者尤為絶品張文規所為明月峽中茶始生是也

啄木嶺（　）在縣西北六十里山多啄木鳥

槍旗嶺（弘治湖州府志）在縣東南三十里其山上石多槍旗所植之處俗傳霸王屯戍之所（嘉靖浙江通志）蘇子瞻云世謂茶之始生而嫩者為一槍寖大而開者為一旗王令甫送元厚之詩云新茗齋中試一旗是也此山舊亦產茶而嘉故曰槍旗

胭脂嶺（弘治湖州府志）在縣西南六十里上槃村西唐天師吳筠錬丹之處至今土色如胭脂

蒼雲嶺（　）在縣西六十里林木秀蔚狀如蒼雲合溪之源出焉

西湖（唐書地理志）長興西湖壅塞貞元十三年刺史于頔復之又呼于公塘詳見水利

忻湖（崇禎長興縣志）在縣北七里周二十里溪山清勝菱芡之下鳧鷖交集可以游泳

罨西溪（弘治湖州府志）縣西八里廣二十五弓古木夾岸叢篠翳其下朱藤施其上故名（長興縣志）一名西溪

箬溪（太平寰宇記）在縣南五十步一名顧渚口一名趙瀆注于太湖箬溪者顧野王輿地記云夾溪悉生箭箬南岸曰上箬北岸曰下箬皆村名村人取下箬水釀酒醇美勝于雲陽俗稱箬下酒（石柱記箋釋）源出合溪在西溪下流至于箬寺會南溪諸水從新塘入太湖

餘罌溪（弘治湖州府志）在縣東南二十三里溪上有餘罌村

合溪（萬曆湖州府志）在縣西二十里詳見烏程縣

環沉溪（崇禎長興縣志）在縣東北二十五里相傳伍子胥墮環于此

大蕩漾（長興縣志）在縣東南四十里

陸滙（萬曆湖州府志）在縣東五里陸龜蒙築別業于此

太子滙（　）在縣東六十里相傳吴太伯所隱處

紫花澗（太平寰宇記）在縣西北三十里兩岍芳蕪之中出紫花長薄之下生珠藤至三月紫花滿澗一名花瀨

伏翼澗（萬曆湖州府志）在縣西三十九里山墟名云澗中多産伏翼有素翼赤腹千載倒掛者

餘漁浦（弘治湖州府志）在縣東北四十二里周處風俗記云諸漁浦一名餘吾浦即陽羨之東鄉也吴越之間漁吾同音故然

秦浦（萬曆湖州府志）在縣東北四十五里達烏程小梅

金灣（弘治湖州府志）在縣西北四十里山墟名云金潭金山金塘金渠志漢樓舡將軍金曼倩所居

白馬潭（崇禎長興縣志）在縣西四十三里梁陳故事云陳武帝時有白馬出見故名

五花潭（長興縣志）在縣西北四十五里虎頭巖下大旱不涸

竹山潭（弘治湖州府志）在縣西北一十二里深不可測有巨魚藏于巖竇之下浮如覆舟出必有大水

烏龍潭（萬曆湖州府志）在方山頂上與弁山黄龍洞相距歲旱禱雨輒應

無骨淹（弘治湖州府志）在縣嘉會鄉無骨村東相傳伍子胥奔吴追者在後遇一婦浣紗問曰見子胥乎婦曰無骨以此得名淹内有堆名郭轉堆

花渚（　　）在梅溪鎮吴越征西將軍吴壕所居

碩渚（　　）在縣西北三十里見前其源出碩渚山至水口而東入太湖

小白瀨（　　）在縣東南三里一名曰霅湍

金沙泉（輟耕録）湖州長興州金沙泉唐時用此水造紫筍茶進貢泉不常出有司具牲牢祭之始得水事訖即涸宋季屢加浚治泉迄不出至元十五年中書省遣官致祭一夕水溢可溉田千畝遂賜名瑞應泉

玉寶泉（弘治湖州府志）在長興縣西南六十五里深廣皆二尺色紺碧味甘唐處士鄭遨與道士李道殷羅隱築屋泉口號三隱

德清縣

吳羌山（　）在縣東南一里吳均云漢高士吳羌避王莽之亂居此山後人名焉又宋沈麟士居于此講經教授從學者數百人時為之語曰吳羌山中有賢士開門教授居城市後建祠于山陽

吳臧山（吳興掌故）在縣西南一里相傳吳夫差伐越築壘于此唐李光弼偏將辛孜亦築城于此以牟朱覃姚兕等賊吳越王又築此屯戍稱奉國城今隔溪名城南界首名奉國

市亭山（名勝志）在縣南一里其下出陶器大者可容三十石其名曰礧吳興掌故云一名舍亭山南史齊王敬弘隱居吳興之舍亭山其孫秀之出守吳興到郡陟其舊山移置轄重即此

望洛山（吳興掌故）在縣南二十里入東記云永嘉中洛人過江者升此山以望洛故名

丁史（萬曆湖州府志）在縣南三里一山獨隆起

東圭山（　）在縣東北三里一名百寮山侯景圍臺城將軍沈恪以
拒戰功封東興侯即家爲山腰有小石穴貯水清冽冬夏不竭名老鴉潭山之
東有五子石相傳有仙人常美石于此

茅山（吴興掌故）在縣東北十五里

葛山（舊浙江通志）在縣東北十八里

敢三山（嘉靖湖山府志）在縣東北二十里山有三峰其中峰曰敢山其左曰龍
山其右曰鳳山其下有敢山漾

上蘭山　下蘭山（萬曆湖州府志）在縣北五里許二山相連山之陽夷坦唐天
寶間常置臨溪縣

小山（舊浙江通志）在縣西十八里界武界康

金鷲山（吴興掌故）在縣西五里漢述善侯沈戎葬其下有金鷲飛集三鳴而去
因名今山之陽三村名山上初鳴中初鳴下初鳴以表鷲異也

方山（萬曆湖州府志）在縣西北十二里山形方正為邑諸山之宗逆而上則為

大壯嶺以南諸山順而下則為官莊塢以北諸山羣峰環合百寮山居其中為
縣治又分而下則為上下蘭諸山云
金紫山（　　）在縣北十八里郡城丁氏葬此山後贈金紫光禄因名
蠡山（弘治湖州府志）在縣東北一十五里舊傳范蠡之故居在焉
齊眉山（吳興掌故）在縣東北三十五里入東記云後漢青州刺史姚恢與海昏
侯沈戎卜居柯田山恢女是戎子婦𠎝報戎戎先居之恢因四女于此山山東
有漾亦名因女漾今人改山名為齊眉山
德清山一名烏山（萬曆湖州府志）在縣東四里昔烏巾善釀居此天寶六年以縣名
改山為德清有兩峰前曰殿子峰後曰眉山峰
果山（名勝志）在新市鎮之南宋淳祐間宰相游侶嘗愛其山水及謝事遂占籍
居焉侶蜀人也以蜀有果山因壘石作山以擬之山前有桃源洞
赤土山（弘治湖州府志）在縣南二百步父老相傳云昔有望氣者謂此山有貴
人氣遂鑿斷後圖今馬厄河是也

餘不溪（萬曆湖州府志）在縣東詳附郭山川李宗諤圖經云水清澈餘則不故名

黿溪（名勝志）黿溪一名孔愉潭即餘不溪之中流也（學圃藼蘇）孔愉少時嘗經行吳興餘不亭見人籠黿于路買而放之餘不溪中黿中流左顧者數過及封此亭侯鑄印而印黿左顧三鑄如初印師以聞愉悟取而佩焉愉卒後黿鄉巢木植于此至今稱黿鄉樹溪名黿溪（留青日札）孔愉放龜左顧遂作一邑其文曰孔敬康邑沉之于水即今德清縣龜溪

大海漾（嘉靖湖州府志）在縣東十五里

苧溪漾（弘治湖州府志）在縣東二十五里濶數百頃山墟名云以貢苧得名南岍有藺相如廟北岍有青州刺史姚恢因女城

西荊漾（萬曆湖州府志）在縣東三十五里其水清澈蘊時村民多取以繅絲蓮蒲雜生葦柳相映亦江鄉一勝處也

蔣湾（弘治湖州府志）在縣東南三里大溪之傍

荷葉浦（　）在縣東北二十五里

蜃潭（嘉靖湖州府志）在縣東布政分司之前溪流至是滙而為淵相傳蜃所潛

也

仙潭（弘治湖州府志）在縣東南新市鎮隋道士陸修靜常自此潭没數月乃出故名宋葛書思常監鎮有仙潭雜咏刻石在墨妙亭

半月泉（名勝志）在縣東北三里石壁山下晋咸和間梵僧名曇者過其地指山石曰是中有泉乃卓菴其處鑿石甃如半月泉果湧泉清凉甘美名曰靈泉後名半月泉

瀑布泉（嘉靖湖州府志）在縣東越山僧院

武康縣

雲岫山（萬曆湖州府志）在縣東十里有烟霞洞林麓之勝號稱洞天

獅子山（武康縣志）在縣東北五里

封山（吴興掌故）在縣東十八里防風氏所封之地又名風渚山（吴康侯封山記）唐天寶六年更名防風山

禺山（嘉靖湖州府志）在縣東南三十里防風氏所都也一云夏帝禹常南巡狩

至此（太平寰宇記）仲尼曰汪芒氏之君守封嵎之山言防風治此二山也

計籌山（吳興掌故）在縣東南三十五里越大夫計然于此籌國計其中有巖幽窅而爽曠曰白石洞天（戴表元昇元觀記）計籌山當餘英之東南越大夫計然常登此山籌度面勢以營隱居久之道成仙去（弘治湖州府志）其地與臨安縣分界俗謂之界頭山盖計界籌頭聲相類也

銅官山（嘉靖浙江通志）在縣西北二十五里唐名武康山昔吳王濞採銅于此山下有二坎號銅井餘英溪之水出焉旁有石燕洞其燕亦視春秋分為隱見與巢燕相同

鳳咮山（弘治湖州府志）在縣北五里按餘英志云其山有三一在縣北首秋鄉林溪為鳳咮一在縣東北懷德里為鳳翅一在縣東南千佛寺側為鳳尾

金山（嘉靖湖州府志）在縣南三十里舊傳有人掘地得金故名其土色赤其上有泉產金魚

石城山（名勝志）在縣西南三里赤眉之亂邑人壘石禦守因以名山

覆舟山（萬曆湖州府志）在縣西南二十五里有巨石橫亘如覆舟狀山有馬頭

塢晋咸和七年石勒將韓雍寇吴興詔遣西中郎將趙引攻之于馬頭塢即此

箬峴山（武康縣志）在縣西南二十七里俗呼箬嶺

銀山（萬曆湖州府志）在縣西五里又名永安山吴名縣為永安以此

白鵠山（吴興掌故）在縣西北十里高六十五丈一名鵲山

招賢山（萬曆湖州府志）在縣西北七里郭文隱居之地

響應山（名勝志）在縣西八里其上有大響巖小響巖人經此山者隨語應声山下有龍湫曰碧玉潭唐于頔宋葛勝仲皆有題刻有定光院在巖腹中小池上有濯纓亭又有一壑軒後沿石磴抵谷中有斷崕瀑布二十餘丈

暘山（弘治湖州府志）在縣西二十七里山據名云昔有暘氏居此山

石嶠山（吴興掌故）在縣西南七里山頂有石嶠長丈餘下有石嶠村

獨孤山（ ）在縣西北七里世傳唐獨孤及宰是邑作亭其上故名

計峴山（武康縣志）在縣西北二十五里計然書居此故名

天泉山（太平寰宇記）在縣西北三十五里山上有長流泉傍多沃壤可耕又名

唐鎚山

莫干山（嘉靖湖州府志）在縣西北二十七里舊傳吳王鑄劍之地詳見烏程縣

石山（萬曆湖州府志）在縣北二十里舊有沈道虔石山精舍

銅峴山（武康縣志）在縣西北五十里餘英溪發源于此詳見安吉州

沈壁山（吳興掌故）在縣東北十五里山有九峰逶迤相接沈氏自東陽徙居于此

仙臺山（萬曆湖州府志）在縣東北十八里即黃龍山黃初平煉丹之所有羊沒塢初平嘗牧羊〻傷其草木乃叱之羊遂化為石

列仙傳初平叱石成羊事在金華羊沒塢云〻恐非實也

獨蒼山（　）在縣東三十里舊傳為縣主山來自鄣南天目之脉山下今亦成鎮昔郡設永寧倉歲有水患有異人指此山土取築之可免果如其言（兩吳里語）山與烏程卞山俱為吳興主山故稱蒼〻

烟霞塢（名勝志）在縣東七里唐劉穎士秀叔別業中有龜巖〻前瀑泉聲激如雷谷口梅花綿亘數里有橋亭名曰挂雲

風渚湖（萬曆湖州府志）在縣東南一十七里一名吳渚一名封渚一名九里湖一名下渚湖餘英志云防風氏在封禺兩山之間故名

前溪（晏公類要）在縣南一百步晉車騎將軍沈充家于此樂府有前溪曲充之所製 詳附郭山川

餘英溪（弘治湖州府志）在縣西一十三里即前溪上流沈約宗族所餘之旁也 詳附郭山川

封溪（弘治湖州府志）在縣東一百步源出于前溪潴為風渚湖古所謂風渚也

阜溪（嘉靖湖州府志）在縣北七里自三橋埠東流二里會于沙溪

溲溪（武康縣志）在縣西北四十五里發源銅峴山流入餘不溪

阮公溪（晏公類要）在縣西一十七里梁陳故事云石英寶會稽人寓武康生女有殊色天監元年選為采女生元帝為修容賜姓阮氏拜其父為奉朝請因以名溪

新溪（萬曆湖州府志）在縣東三里宋淳熙三年縣令蔡霖自汊溪口從水道東

北注五里合長安溪口通舟楫民號恭公溪詳見水利

明月汀（弘治湖州府志）在縣庠門外大溪之南

仙人渚（太平寰宇記）在縣西四十里昔沈羲得道之所有石梯見存

碧玉潭（萬曆湖州府志）在縣西一十里響應山下舊名響潭

石井（弘治湖州府志）在縣石脇山井在山巖中天欲雨時井出雲氣

銅井（弘治湖州府志）在縣銅官山之麓昔人引藤蔓為綆探之莫窮其底旁有

石燕洞

錢王飲馬井（萬曆湖州府志）在縣北一十五里相傳吳越王微時飲馬坎中水

泉道出故名

安吉州

天目山（嘉靖安吉州志）在州西南一百五里詳見臨安於潛

霧山（吳興掌故）在州南十五里山多雲霧故名

石虎山（嘉靖湖州府志）在州南十五里其上有石狀如虎道孝豐者經為

梅溪山（續齋諧記）吳興故鄣縣東三十里有梅溪山〻根直竪一石高百餘丈青而圓如兩間屋大四面陡絕仰之干雲其上復有盤石圓如車蓋恒轉如磨聲若風雨土人號為石磨轉快則年豐轉遲則歲歉驗之無失

石門山（吳興掌故）在州西四十里梅溪之西梁吳均居此（嘉靖安吉州志）石門山生石耳

銅峴山（嘉靖安吉州志）去州東三十里漢書云吳王濞即豫章銅山招致亡命以鑄錢括地志云吳採鄣山之銅即此地也（互見烏程武康）

天井山（萬曆湖州府志）在州南五十里山半有潭深峻泉水傾瀉四時不竭

鳳凰山（名勝志）在東州三十里中有隱塢云陶弘景居之

仙人洞山（萬曆湖州府志）在州南四十里洞深三十二丈

青山（吳興掌故）在州南三十五里

廩山（嘉靖湖州府志）在州西北二十五里一名邸閣山舊傳長沙桓王攻劉繇盡得邸閣糧穀即此

落石山（弘治湖州府志）在州西三里唐李衛公廟中有隕石土人皆稱石大王

故為此名

玉磬山（吳興掌故）在州東北十五里又名崑山吳興地記云安吉有崑山弦之梁僧曇諦卓錫于安吉東北十五里浔一璞扣之有磬聲因名玉磬山又以玉出崑名崑山

東晉山（萬曆湖州府志）在州東北二里東晉欲立城郭于此因名即今青峴山

郭公山（吳興掌故）在州西北一十里晉郭文居此山偶見一虎張口向文若求救者文視其喉中有橫骨探去之後虎啣鹿以報云

九龍山（名勝志）在州西北三十里山有九隴其狀如龍上有石城一名石椰山

浮雲山（安吉州志）在州東北四十里（嘉靖浙江通志）上有七十二墊靉靆如雲久旱出雲則雨

純純孝嶺（吳興掌故）在州東北三十里黃巢之亂民石昂負母避此

五湖（弘治湖州府志）在州東南七里曰五龍湖在西南三里曰姚湖在南九里曰獲湖在北二里曰西畝湖在東二里曰四龍湖四龍者吳越武肅王以望氣

者言山有王氣使人鑿之忽有四鵲飛起烟雲湧然化爲四龍因名

楊子湖（萬曆湖州府志）在州北二十里吳興記曰楊子湖出丹陽湖下會邸閣水分流合于苕溪

玉帶橋（西吳里語）在安吉銅山鄉許夫人墓前早晚雨潮高尺許

魏塘（弘治湖州府志）在州北五十里旁有浮玉山所謂黑石玲瓏清泉浸之者也五代時吳頊將軍隱于此

梅溪（嘉靖安吉州志）在州北三十里溪上嘗有紫梅盛開故名一名紫梅溪淩孟傳所謂紫梅溪下水平橋即此

紫泉（安吉州志）在上方寺其味甘或垢之即竭必洶濯始復流

孝豐縣

天目山（萬曆湖州府志）在縣西南六十五里與杭府接界高三萬六千丈周回八百里（詳見臨安於潛）（天目山志）天目有三峰東峰從臨安入西峰從孝豐入有十二龍潭六屬孝豐六屬於潛（吳興掌故）天目東峰從臨安入疎豁可行西峰從孝豐入深僻不易

八貢山（吳興掌故）在縣南二十五里磅礴鎮静為四山具瞻山有尖峰縣治學宮皆面之

虎山（吳興掌故）在縣北三十里安吉州境險峻不可越成化間縣丞許芳鑿山通道以便往來

浮玉山（名勝志）在縣東南十五里山海經云句餘山三百里曰浮玉苕水出于其陰注于具區（都穆遊道場山記）吳興有兩浮玉其一在孝豐東南十五里名大浮玉郡城南碧浪湖者小浮玉也

佛子山（弘治湖州府志）在縣西南七十五里太平鄉亦名佛嶺吳興記云山有石室中有小石莊嚴不倚儼然如佛故名

古浮山（弘治湖州府志）在縣東南一十五里浮玉鄉與浮玉山相接山有古浮石洞普慈寺宋郡守葛勝仲詩略云路出古浮山木杪飛華屋即此處也

師高山（萬曆湖州府志）在縣北五十里勢接天目山中積雪炎月不消

金石山（名勝志）在縣西南三十里高一萬八千丈周三百里其石色黃土色赤

又十里為巖龍洞巖高百丈中有洞莫測其深上有飛瀑懸巖而下

鳳凰山（吴興掌故）在縣東五里

東山（　）在鳳凰山之西北峭拔南來峙縣之左上有竹鴣泉四時不竭

廣苕山（萬曆湖州府志）在縣南三十里天目之陰苕水所發源

大溪山（吴興掌故）在縣南三十五里高八百五十丈周四十五里

南嶼山（嘉靖浙江通志）一名泉石山又名白水山高三百六十丈上有湖有蘭畹

五山（嘉靖湖州府志）在縣東北五里一名吴山舊傳姚紵于此棋樑見二人對奕因以名山

董嶺水（嘉靖安吉州志）在縣太平鄉去縣西七十里嶺上有源分東西東流者入寧國西流者由松坑西嶼入下洛溪

横溪（石柱記箋釋）在縣東北當即苕水太平寰宇記所謂苕水在安吉縣治西南七十五里者此也

孝豐設于明成化二十三年割安吉縣之九鄉長興縣之三鄉隸之故寰宇記繫之安吉縣

景溪（萬曆湖州府志）在縣西南二十五里廣苕鄉上接深溪

下洛溪　陳安溪　五山溪（　）俱縣東北

仙溪（弘治湖州府志）在縣西南七十里太平鄉銅坑其源發自佛子山水甚清淺不生魚蝦因以仙名至西嶼溪始通舟筏直抵下洛溪合于苕溪

荻浦（孝豐縣志）在縣西南三十里其源出自天目

蛟龍池（弘治湖州府志）在孝豐縣天目山東南有瀑布下注數里

浙江文叢

浙江山川古蹟記

〔下冊〕

〔清〕杭世駿　輯

浙江古籍出版社

浙江山川古蹟記卷四

仁和杭大宗世駿輯

寧波府 鄞縣附郭

府山（成化四明郡志）在府堂後假鄮山為名父老相傳宋郡守胡榘取五方土積成此山以鎮郡城

鎮明嶺（ ）在郡治南一里三十步高五丈乃郡之案山也宋天禧中李夷庚為守精地理之學以土增高數丈後稍平焉

黌河（舊浙江通志）在府治西北百步四周學宮

黌池（ ）在學宮西

昌黎泉（鄞縣志）在縣治南二里南倉基內紹興間郡守韓仲通建亭其上故名

鄞縣 城外山川

四明山（丹山洞天圖咏集）在東海上山有四穴通光暑天宇澄霽望之一如户牖土人名之曰石牕故山以名木元虛云天下洞天三十有六四明第九其號

寧波

曰丹山赤水是也按山周三百八十里常有雲氣覆冒于中凡二十里不絶名曰過雲南曰雲南北曰雲北山龍行三十里有峰曰雲根石屋有瀑布如懸河旁曰潺湲洞後漢劉綱為上虞令棄官同妻樊雲翹居洞側得仙術上昇後人立祠奉祀有榭曰樊榭梁隱者孔祐仍居之有鹿中箭來投祐々為牧養愈而去故祠側建鹿亭山之木曰青櫺其實味甘而不可猝破山之獸曰鞠侯唐咸通中謝遺塵隱此陸龜蒙皮日休往還各賦詩九首（舊浙江通志）縣西南百五十里由天台山發脉向東北一百三十里湧為二百八十峰中有三十六峰周回八百餘里綿亘鄞奉化慈谿及紹興之餘姚上虞嵊台之寧海諸境上有方石四面如窻中通日月星宿之光故曰四明山々為餘姚所轄東七十峰狀如驚浪郭璞言後五百年當立州治至開元置明州適符其言山西連脊起峰狀如奔牛曰奔牛山中有三朶峰足以立漢張平子居焉其支山為杖錫為石樓為松巖為雷峰為大雷為雞籠為峰大樓為峒山為鼇山為西山

龍山（嘉靖寧波府志）在縣東三十里與定海陳山界狀如遊龍故名四明山發

脉迤邐自南而東北至此

鹿山（鄞縣志）距城三十里（名勝志）相傳昔有鮑郎射鹿于此及視之乃石也因名

陽堂山（延祐四明志）俗曰青山縣東四十九里四面懸絶下有鮑郎廟

鄮山（　　　）在縣東三十里按十道四蕃志云海人持貨貿易于此故名鄮縣在鄮山之陰乃加邑為鄮

同谷山（成化四明郡志）在縣東四十五里嶄崒崔嵬融結靈秀玉几左肱太白右腋大涵靈峰居其前後

阿育王山（阿育王山志）山去府治四十里其源始于天台以太白山為近祖有涌現巖乃塔涌之所西晉太康間有劉薩訶者神人指示云會稽有阿育王寶塔汝往頂禮于是薩訶精誠敬禮至于鄮山忽一夜寶塔從地涌出舍利騰輝阿育王造八萬四千塔此其一也

大涵山（成化四明郡志）在縣東三十五里瀕水而秀天霽風晴則水光山色上

下相映

西亭山（嘉靖寧波府志）在縣東三十里層巒聳秀下瞰深淵人擬赤壁之勝並山而居者多高錢二姓又名高錢山

青山（　）在西亭山南三里許峰巒疊翠春時臙紅粉白如圖画

白石山（鄞縣志）距城四十里（名勝志）玲瓏峭拔上有神仙石棋枰一名大石滴舶見者以為光怪

筲箕山（鄞縣志）距城五十里（名勝志）山即小白嶺元朝請大夫盧元因耽太白之勝結廬居焉

跘跨山（成化四明郡志）在縣東五十五里瀑布懸崖上有鬼谷先生祠

太白山（延祐四明志）在縣東六十里視諸山為最高巔有龍池旱暵必禱焉或曰山以太白星得名又曰近有小白嶺故此為大白非太白也

玉几山（　）在阿育王山前自寺視之横陳如几

天童山（天童寺志）在縣東六十五里晉永康中僧義興結廬感太白星為童子

給侍故名有佛跡石玲瓏巖龍隱潭諸勝

杖錫山（成化四明郡志）在縣西南一百二十里前有七峰上有四明山心四漢隸字唐僧紀飛錫至此故名

梨花山　月波山　百步尖山（延祐四明志）皆在東錢湖

亶洲山（太平寰宇記）在縣東北近海岸

動石山（　）山有堅石高五六丈下有小石支之暴風雨則其石自動行于山者聞隆隆作聲

霊山（　）郡國志云山有石鼓臨澗若鳴則野雉翔鳴故曰霊山

五臺山（輿地紀勝）在鄞縣上有開元寺內有六子院

佛隴山（嘉靖寧波府志）在天童山西南二里

隱學山（延祐四明志）在東錢湖其下有栖真寺放生池徐偃王隱學于此

陶公山（名勝志）在縣東南四十五里東錢湖中世傳陶朱公常隱于此有釣魚磯在焉

它山（舊浙江通志）在縣南五十里（四明它山水利備覽）大溪之南流皆下其北則皆平地至是始有小山虎踞岸旁以其無山相接故謂它山

大梅山（霏雪錄）在縣東南七十里梅子真隱處石洞仙井丹竈藥罏猶存（鄞縣志）山有獨秀峰其支隴延結為象峰下有保慶寺

五峰山（嘉靖寧波府志）在縣東南四十五里

金峨山（輿地紀勝）在縣南八十里州之控山也（鄞縣志）其山自道陳嶺分界東屬于鄞西屬奉化

厲山（延祐四明志）在縣南三十五里

姜山（　　）在縣南八十里平原崛起有石洞三其一最大曰後巖中可坐數十人洞後又有一小洞上有小穴形圓如月可仰窺天里人祠神像于巖中

茆山（　　）在縣南五十里與姜山對峙（名勝志）上有一井以竿測之其深無底

塔嶺山（嘉靖寧波府志）在縣南四十里蒼翠峭立四面環列二十三峰

錫山（延祐四明志）在縣西南五十里常產錫故名

建嶴山（鄞縣志）距城五十里（名勝志）峰巒十五矗立于前狀如列戟鬱然深秀
下有寶嚴寺

清秀山（　　　）距城六十五里上有三十六峰清奇秀麗故名

銀山（延祐四明志）在縣西南五十里常產銀故名

天井山（四明龍薈）在縣西南七十里有五井一巖突然而出者下嵌百仞之淵
地僅容側足緣蘿可行至下井之旁石皆光潔又行三里為中井又三里則上
井愈入愈險餘二井益險絕人跡罕到旱暵祈禱得金線蜥蜴或蛇蝌之類自
下山望之奕奕有光雨輒應

灌頂山（延祐四明志）在縣西南七十里其山直上二十里方至頂有普淨禪院
歲納學祖宋有採鐵于此者朝旨禁之

塘嶴山（寧波府志）在縣西南五十里

雪頭山（嘉靖寧波府志）在縣西南八十里上有龍湫名胡家聖井

客巖山（鄞縣志）距城六十里巖上常產仙客下承深淵人不得取

陸奧山（寧波府志）在縣西五十里

翠巖山（嘉靖寧波府志）在縣西五十里有秦王石版弓箭洞葛仙翁以泥封之

遺跡猶存

武陵山（鄞縣志）距城四十里（嘉靖寧波府志）舊傳劉阮采藥于此至今桃花萬

樹春月盛開如錦綺

聖么山（　　）距城四十里壁立千仞石室虛明相傳朱彥誠常遇仙于此

白鶴山（嘉靖寧波府志）在縣西四十里

前奧山（　　）在縣西四十六里羣峰起伏靈秀盤結

楊奧山（成化四明郡志）在縣西三十五里峰巒環拱竹木森然

桊家山（嘉靖寧波府志）在縣西三十五里

望春山（　　）在縣西三十里與白鶴山對峙為邑西小朶

魯嶴山（成化四明郡志）在縣西三十里

岐山（嘉靖寧波府志）在縣西三十里相傳常有異鳥集此又名旗山以張循王陳兵于此

大慈山（延祐四明志）在東錢湖下水嶴宋丞相史魯公葬母于此

躊躕嶺（嘉靖寧波府志）在縣南一百十里（名勝志）山路險峻過者躊躕故名

石城嶺（寧波府志）在縣東四十里即同谷山石城落

大嵩嶺（嘉靖寧波府志）在縣東七十里

慈雲嶺（鄞縣志）距縣東南六十里在大慈山之南接東洞嶺

菩提嶺（嘉靖寧波府志）在縣東南七十里通奉化

黄官嶺（寧波府志）在縣南六十五里

稠嶺（嘉靖寧波府志）在縣西四十五里嶺為鄞慈兩縣之界嘉靖間海道副使李文進命于此設寨

大皎嶺（鄞縣志）在縣西七十里

響巖（嘉靖寧波府志）在縣西南五十五里壁立下浸江水〻折作聲則巖中答之故名唐賀知章常隱于此

北巖（延祐四明志）在縣南五十里巖中可容百人暑月清涼

丹霞嶼（王穉登客越志）在東湖中有補陀洞天史丞相浩大母葉目盲欲浮海恭大士史虞涉險鑿此洞待葉來游紿云普陀因名

南滄嶴（嘉靖寧波府志）在縣東五十里太白山之南

緣野嶴（鄞縣志）在縣東四十五里

水簾洞（嘉靖寧波府志）在縣東五十五里太白山之南

江北墩（　）在縣北三里桃花渡北其地天成高阜九十九獨一墩半入于江蓋望氣者故破壞之

鄞江（寧波府志）在縣東北二里即甬江也南接奉化江西接慈谿江三江同會鎮海之大浹江東入于海

慈江（嘉靖寧波府志）在縣南六十里水出大晦山踰江口會于句章鄉三港口

抵它山堰沙明弁茂奄山原而環之若帶

蘭江（寧波府志）在縣南六十里

日湖（四明它山水利便覽）在城西南隅唐地理志載鄮縣下注云南二里有小江湖太和中令王元暐置小江湖即日湖也（名勝志）一名細湖周圍二百五十文有奇其源與月湖俱出四明山一自他山堰經仲夏堰入南門為日湖又名南湖一自大雷山經十字港涵望春橋入西門為月湖又名西湖

月湖（輿地紀勝）在州南湖中有汀洲島嶼凡十曰柳汀雪汀芳草洲芙蓉洲菊花洲月島松島花嶼竹嶼烟嶼四時之景不同而士女游賞特盛于春夏飛蓋成陰畫船漾影無虚日也（四明它山水利便覽）湖之支渠繞（繚）城市往往家映脩蕖入酌清泚有旱則引它山之水入月湖以濟一城之用

廣德湖（唐書地理志）縣西十二里詳見水利（曾鞏廣德湖記）源出四明山西七鄉之田水注之者此湖也產有鳧雁魚鱉茭蒲葭莢葵蓴蓮芡之饒舊名鶯脰湖今名大曆八年令儲仙舟之所更也貞元二年刺史任侗又治而大之

東錢湖（至正四明續志）在縣東二十五里一名萬金湖以其為利重也唐天寶三年縣令陸南金開廣之屢經浚治周回八十里

馬湖（嘉靖寧波府志）在縣南五十里相傳賀知章洗馬池

小江湖（　　）在縣西南三十五里唐令王君照修詳見水利

月兒灣（　　）在縣東三十五里包家橋形如新月〻出泉即吐湧不絕月中即止

文溪（戴表元文溪記）明之北四十里有溪曰文溪郡志以為山水掩映碧而成文名之也

横溪（嘉靖寧波府志）在縣東南四十五里源出乾坑流至横溪河

小溪（寧波府志）在縣西南五十里地名童家坂今為沙塞

錫山龍潭（四明龍薈）在縣西南五十里宋淳祐有白龍顯于此又名龍嶴屈曲而下莫測其底

緣戲橋潭（　　）在縣東五里舊有龍窟廣袤十餘丈深不可測至今甚旱不涸

金沙井（　　）在縣東五十里阿育王寺東一里許兩山夾路陰況可畏有

龍井七舊名瑞井又名聖井又名鰻井二鰻游泳来去無常郡人禱雨累驗采

元祐元年賜靈淵廟額

虎跑泉（嘉靖寧波府志）在縣東六十五里天童山

西山嫂乳泉（寧波府志）在縣西三十五里資教寺北味甘色白

蚊池（嘉靖寧波府志）在縣北二里

蚤池（　）在縣西北一里

蓮花池（寧波府志）在縣西三十里資教寺内其花四色又有嫂頭白蓮

放生池（嘉靖寧波府志）在縣東南五十里隱學寺内

海（　）環府境東際鄞之嶗崎湖頭蔡家墩東北際定海之招寶山

後海塘西北際慈谿之觀海龍山東南際象山之爵溪東門奉化之結埼裏港

海潮自定海入鄞江六十里至府城東北分為二江西北通慈谿東南通奉化

潮汐往来各有其候

慈谿縣

浮碧山（名勝志）縣治負焉北西東三面瀦為湖山浮其上故名

大蓬山（延祐四明志）在縣東北三十里又名達蓬山上有巖高四五丈巖上有三佛蹤秦始皇東游欲自此入蓬萊故名

香山（嘉靖寧波府志）在縣東北三十里即大蓬山支隴唐常寂大師建寺于此名智度今名香山寺

驃騎山（晏公類要）在縣南二十里按會稽典録云漢世祖時張意為驃騎將軍其子齊方歷中書郎曾隱于此山因名

城門山（成化四明郡志）在縣西南十五里上有宋城門校尉會稽從事陳詠墓故名

朱墓山（　　）在縣西六十里宋台州刺史朱夔卜居此山因葬焉故名

闞峰山（　　）在縣東北一十里吳太子太傅闞澤居其下故名

石柱山（慈谿縣志）在縣東北二十里

亹洲山（嘉靖寧波府志）在縣東北三十五里

塔山（延祐四明志）在縣東南三里陰陽家謂之青龍山

九峰山（慈谿縣志）在縣東北六十里

横山（嘉靖寧波府志）在縣南十里

獅子山（寧波府志）在縣東南一十里

赭山（嘉靖寧波府志）在縣南十里土色赤絶頂有龍湫

大寶山（延祐四明志）在縣西南二里陰陽家謂之白虎山

叟頂山（嘉靖寧波府志）在縣西南七里

釣魚山（成化四明郡志）在縣西南二十五里上有釣臺相傳謝靈運常釣于此

青木山（舊浙江通志）在縣西南二十五里

蘆山（成化四明郡志）在縣西南二十五里椎青擁翠秀拔鶴洲凫渚之上東南一峰名烏石其上有龍湫名烏石潭

黄墓山（　　）在縣西南三十五里一名覆船山山平坦狀如覆船相

傳上有漢黃公墓

大隱山（[illegible]）在縣南三十里晉虞喜常隱于此三召不起遂名焉（元豐九域志）晏侯曾先地志云大隱山口南入天台北峰為四明東足乃謝康樂煉藥之所（洞天福地記）大隱山第六十三福地在明州慈谿縣天寶觀

戍溪山（延祐四明志）在縣西南三十五里晉孫恩盧循入寇劉牢之禦之屯兵于此故以戍名

東澄山（嘉靖寧波府志）在縣西南三十五里江水映帶其左

車廐山（名勝志）在縣西南四十里會稽記云越王句踐于此置廐停車秣馬遺跡猶名

句餘山（嘉靖寧波府志）在縣西南四十里句章之西餘姚之東（山海經）句餘之山無草木多金玉郭璞曰山在餘姚南句章北

虎胛山舊志胛作脾候（延祐四明志）在縣西三十里山形聳踞如虎胛隋大業間常鑿山西南斷跡猶存

鳳凰山（延祐四明志）在縣西四十五里文亭之上具形如鳳與龍山對峙

三過山（輿地紀勝）在縣南山勢孤峻臨江潮水縈回舟人埋棹雖一過猶三過焉

石門山（嘉靖寧波府志）在縣西南五十里上有峭壁如門

白巖山（　）在縣西南六十里山麓石臺三層高五丈其中虛鑿如舄足狀旁石間有膝印又有五指足跡苔蘚莫能蝕相傳昔有仙人以肩正石臺中添一小石柱以支之因名鄉為石臺鄉

五馬山（慈谿縣志）在縣西南六十里

岡山（嘉靖寧波府志）在縣西南六十里平曠深邃地多異茗

石魚山（名勝志）在縣西五里又五里為石檣山俱以形似而名

雲山（慈谿縣志）在縣西十五里

仙雞山（成化四明郡志）在縣西二十里旁有石雞

抱子山（輿地紀勝）在縣東南十里山勢宛轉盤泊如龍蛇抱子之狀故名

雨微山（延祐四明志）在縣西五十里舊名龍山上有雲氣即雨或云雨微山

漁溪山（成化四明郡志）在縣西五十里石磯枕水彷彿富春

夜飛山（延祐四明志）在縣西四十五里相傳此山自蜀中夜飛來蜀客識之

太平山（嘉靖寧波府志）在縣西六十里下有村與湖皆名太平

埋馬山（延祐四明志）在縣西六十里夏侯曾先地志云秦始皇游海至此馬斃埋之故名

石塘山（嘉靖寧波府志）在縣北四十五里

五峰山（名勝志）在縣西北三十五里山有五峰亭亭相峙其下相崖屹立如門

五磊山（延祐四明志）在縣西北三十五里五峰纍纍相比

隱山（嘉靖寧波府志）在縣西北六十里鄞令方軫隱于此故名

鳴鶴山（輿地紀勝）在縣西北六十里昔有鶴棲于此一旦飛鳴沖天而去今有鳴鶴塩場即此

浪港山（嘉靖寧波府志）在縣西北七十里觀海衛城負焉

爪誓山　秦嶼山　箬嶴山　廟山（　　）俱縣西北七十里大海中

向頭山（延祐四明志）在縣西北八十里亦名西龍尾東望伏龍山龍頭以東屬定海龍尾以西屬餘姚二山捍潮其中漲塗漸與山相接古有海塘閘柱屹然今為魚鹽之地

大忌山（成化四明郡志）在縣西北八十里下有礁石為舟航往來所忌（嘉靖寧波府志）舊在大海中今近岸

小忌山（成化四明郡志）與大忌山對峙

泥横山（嘉靖寧波府志）在縣西北一百里俗名掘泥山在大海中今連大岸

東向山　箕嶴山　黄牛山（延祐四明志）俱縣北六十里

雁門嶺（嘉靖寧波府志）在縣東北四十里通龍山千户所

長溪嶺（　　）在縣西北六十五里溪行可五六里許北通鳴鶴鄉

石刺嶺（寧波府志）在縣北一里石磴蟠紆迤邐接縣治

雪巖（天啓慈谿縣志）在縣東北十五里石巖高峻俗呼為望海夹

慈谿江（名勝志）源自紹興餘姚之太平諸山至丈亭乃歧而為二大江由車廐歷西渡經府城之北至大浹口入于海小江從東南貫縣城中由驄馬橋出東郭一名管山江

慈湖一名普濟湖（嘉靖寧波府志）在縣東北一里唐開元間縣令房琯鑿廣袤一百五十畝因縣名曰慈以吳太子太傅闞澤舊居呼為闞湖（至正四明續志）普濟湖在縣東北一里吳太子太傅闞澤德潤居之謂之德潤湖後因寶謨閣學士楊簡敬仲居之謂之慈湖

白洋湖（寧波府志）與杜湖相連西界餘姚詳見水利

花嶼湖（至正四明續志）在縣東南一十里古有塘瀦水唐貞觀十年刺史任侗修築計一十七頃四十餘畝湖中有小墅春花明媚多于衆山故名

杜湖（嘉靖寧波府志）在縣西北五十里唐刺史任侗重加浚築宋慶曆初主簿周常築塘修閘詳見水利

西羅浦（天啟慈谿縣志）在縣西南二十六里羅仲舒先生所居

松浦（嘉靖寧波府志）在縣西北五十里

古窑浦（寧波府志）在縣西北六十里

鷄鳴浦（嘉靖寧波府志）在縣西二十里

黄家浦（　　）在縣西南二十里

慈溪（名勝志）舊名大隱在縣西南三十里（純德録）漢董黯早孤事母惟謹母疾思大隱溪水遠莫時至乃築室溪濵板輿就養疾瘳乃歸因名慈溪

文溪（嘉靖寧波府志）在縣東十五里受衆山之水互見鄞縣

漁溪（輿地紀勝）在縣西四十五里清潭澈底鱗介不潜

永昌潭（四明圖經）在縣西南四十四里舊名廣澤潭唐天寶二年常遣使至潭投金龍寄以朱筆記其左肋經而雨降明皇目睹行雨龍左肋上有朱畫及有大寶永昌四字遂賜宫名大寶潭名永昌

獅子潭（成化四明郡志）在縣西南四十五里上有石室三層高數丈及獅子足跡仙人藥臼

石人潭（　　）在縣西南三十五里

奉化縣

印山（嘉靖寧波府志）舊名高青亭山在縣西三十步又以山小而圓土多紅色故名

鳳山（名勝志）自華頂逶迤東來與印山相連一名含光山越五里即華頂山也

北山（嘉靖寧波府志）在縣西二里在華頂山之北

華頂山（　）在縣西五里山秀而擎上有龍湫

西圃山（寧波府志）在縣西北十里

鯉湖塘山（　）在縣西十里高出衆山有奇石山頂有龍湫不涸常出雲以為候

石嶺山（成化四明郡志）在縣西十五里上有石高聳狀如人形又名新婦巖（名勝志）有石如鏡量宋封石嶺夫人祠

湖山（寧波府志）在縣西北二十里對溪遠後湖水遠前故名

横山（延祐四明志）在州西四十里腰山為路二十五里（奉化縣志）上有石文若

篆謂之天篆

小丹山（奉化縣志）在縣西六十里（名勝志）四明山之南剡源之三石村上有二洞如廣廈可容五六十人巖罅水流紫紺赤色雲笈七籤所謂四明洞天丹山赤水是也

大雷山（延祐四明志）在州西南四十里登其山可見海二百里外（四明洞天丹山圖咏集）一名大慈昔漢時得道之士多隱此山内有金鷄洞

雪竇山（嘉靖寧波府志）在縣西六十里上有雪竇寺西五里有奉慈寺山多奇勝有妙高臺藤龕含珠林鏡（錦）池石竇千丈巖瀑布泉桃花坑龍隱潭宋理宗嘗夢其處御書應夢名山賜之故有御書亭（雪竇寺志）按輿圖自天台摘星峰歷華頂至四明山心東來過二十里雲起為雪竇山又名乳峰正峰聳峙四山攢拱兩澗出水交會于前又東折而下遠迤六七里始抵山麓（輿地紀勝）丹碧照爛飛簷鱗鱗蔚在青嶂間晨靄（霞）暮靄遮露萬狀尤為勝槩

鎮亭山（漢書地理志）鄮有鎮亭（嘉靖寧波府志）在縣西南一百里西界于越南

跨于天台故其鄉為連山

梨洲山（名勝志）在縣西一百里即四明山之西峰晋時孫興公與又承公同遊至此偶得梨數枚左右環視莫見其迹意以為仙物也故號其地曰梨洲山

桃花坑山（延祐四明志）在四明山之上二十里雲之南也山巖壁立數仞延袤數百里巖色紅白相間狀如桃花之初發故名

寶化山（成化四明郡志）在縣南三里為邑之案山

奉化山（嘉靖寧波府志）在縣東南五里一名瑞峰山特起周回三十里四面皆異名東為栲栳山西為龍潭山頂有龍潭南為吴郎山即後潭山北為南山兀史載奉化州山石梨即此山也

九峰山（奉化縣志）在縣東六十里九峰突兀産多烏桕秋霜葉紅爛若春花

結埼山（成化四明郡志）在縣東南五十五里漢書地理志鄞有結埼亭師古亭結蚌也埼曲岸也其中多結鄞後析為奉化縣因以為名

蓬島山（　　）在縣南四十里為邑之遠案其源来自四明山兀然為

諸山之冠山谷間有龍湫為雩禱之所

石樓山（嘉靖寧波府志）在縣西南六十里（太平寰宇記）在鄮縣南又名石柱山高六百丈

九女山（　）在縣南二十五里

小梅山（奉化縣志）在縣南三十里

勞山　馬跡山（　）俱縣南二十五里

三山（延祐四明志）在州南五十五里屹立大海中如三台然

塘頭山　廟山　大洞山（舊浙江通志）俱縣南六十里

天門山（成化四明郡志）在縣南六十里列峰排空高入蒼蒼（漢書地理志）鄮東南有天門水入海有越天門山（舊浙江通志）一名壘樓門山瀕海襄港兩峰對峙若天門然

剡源山（戴良剡源記）奉化之西六十里有山夾溪而出蔚然深茂者剡源山也以其近剡故名之

新嶺山（嘉靖寧波府志）在縣東二十里由舍輞嶺東來山有七十二曲嘉靖間吏

嶺道于後隴芟闢平坦行人便之謂天平嶺

大樣山（　　）在縣東八十里

石昌山（　　）在縣東一百里

鄞城山（成化四明郡志）在縣東五十里古鄞城在下舊志云即赤堇山有草曰赤堇鄞以此名而加邑焉

貌頭山　清涼山　馬頭山（舊浙江通志）俱縣東九十里

青錦山（嘉靖寧波府志）在縣北一里一名遶花巖

銅山（寧波府志）由日嶺出其山甚尊周回三十里

孝感山（奉化縣志）在縣東北一十里相傳昔人喪父廬墓側天忽降甘露草木花皆純白故名

金鐘山（嘉靖寧波府志）在縣北十里形如鐘

漢城山（延祐四明志）在州東北二十里山有五代漢時城基

四明山（成化四明郡志）在縣西北六十五里遠連會稽近接天台詳鄞縣

三嶺山（奉化縣志）在縣北十里

赤莧山（元和郡縣志）在縣東十里（嘉靖寧波府志）晏侯曾先地志云亭頭有赤莧山秦始皇遣徐福求訪神仙至此或云昔有赤莧仙人常居此山因名

江口山（嘉靖寧波府志）自四明山分為雪竇諸山東衍至此而止山上有塔山半有清水菴俯瞰長江山陰為鄞境山陽為奉化境

梅山（延祐四明志）在州西南二十五里或謂梅福曾遊此

莫馬山（寧波府志）在縣北三十里相傳有神馬常夜出故名

大小晦山（嘉靖寧波府志）在縣西六十里即四明山東來之兩峰（四明洞天丹山圖咏集）宋應則入山境色秀麗既而冥晦故云大小晦

岳林山（名勝志）在縣東北五里梁大同初建崇福寺于此

黄甘嶺（嘉靖寧波府志）在縣西二十五里

毛巔嶺（　　）在四明山之南接大小晦山巖谷崎嶇行者艱阻宋紹興初有毛居士者鑿山以便往來

六詔嶺（寧波府志）在縣西百里相傳王右軍常隱此曾詔起之舊志名陸照悞

唐興嶺（嘉靖寧波府志）在縣西一百里通紹興府界

桃花嶺（　）在縣東南十五里即奉化山之東麓

山隍嶺（寧波府志）在縣南五十里通西店驛寧海縣

桐墟嶺一（嘉靖寧波府志）在縣東南六十里宋建炎間立寨于此守戍出海道一要衝也

寨嶺（寧波府志）在縣東四十五里通東南邊海

清修嶺（嘉靖寧波府志）在鶉鳩山下通鄞之小溪

五嶺（　）在縣東三十里桑社嶴通白社金溪

千丈巖（雪竇寺志）此雪竇之勝懸崖飛瀑又名飛雪巖

徐鳧巖（四明龍奮）在雪竇西十五里重崖峭壁數百仞瀑布冬夏不絕巖下有神龍宅焉

獅子巖（延祐四明志）在州東五十里狀如獅子

周家嶴（嘉靖寧波府志）在華頂山内

聖井嶴（　　）在清涼山東南

棠嶴（　　）在公棠山

渠水（漢書地理志）句章有渠水東入海

按奉化當漢時鄞句章二縣境舊志云古句章縣在江口山北光溪境上漢書所謂渠水疑即奉化江也

北渡江舊名奉化江（延祐四明志）源于四明之鎮亭山出州之惠政橋下與諸水會南來亘府城之東然後與慈溪江會而入海

萬壽湖（寧波府志）在縣東五里即新婦湖本縣放生之處又名放生湖

廣平湖（奉化縣志）在縣東北五里一名寺後湖

茆家河（嘉靖寧波府志）在縣北一十里通大江詳見水利

西錦溪（奉化縣志）自華頂山下過石棋盤東流入城西水門至縣南嘉會橋俗謂之蛇腹溪以兩端稍狹也出城東水門至方勝碶

剡源溪（至正四明續志）在州西七十里導自陸照左溪會同流于公棠逾泉溪會于三江口入北渡達于海（舊浙江通志）自四明山東其溪九曲

金溪（嘉靖寧波府志）在縣東五十里源發金峩山東北過白杜河北入北渡江

隱潭（四明龍奮）在縣西北五十里潭居兩巖之下兩巖相抗壁立數百仞仰以窺天僅如數尺瀑泉循崖而落水寒石潔聳人毛骨每遇旱禱旋應如響

耀碑潭（延祐四明志）在州東二里故老云官清則潭清

靈濟泉（名勝志）在縣西南舊名包家潭

透𦈢泉（延祐四明志）在州東三里以磁器貯之水透甁外

裹港海（奉化縣志）在縣南六十里自湖頭渡分港入天門山至鮚埼接寧海浮溪

鎮海縣

印山（延祐四明志）在縣東二里（嘉靖定海縣志）地浦一石形方如印詳奉化縣

梓蔭山（延祐四明志）在縣東一里（寧波府志）東北石壁陡起下有泉水

巾子山（成化四明郡志）在縣東北二里與候濤山對峙為風濤蔽障

招寶山（吳萊甬東山水古跡記）東偪海或云他處見山有異氣疑下有寶或云

東夷以海貸東互市必泊此山（嘉靖寧波府志）縣東北二里舊名候濤山之東南峙一小山僅高尋丈名昌國山潮汐于此分流舟行可達昌國

金鷄山（延祐四明志）在招寶山外屹立海中

蛟門山（名勝志）在縣東海中約十五里一名嘉門山環鎖海口吐納潮汐有蛟龍穴處時興颶風怪浪古稱蛟門虎蹲天設之險即此

虎蹲山（嘉靖寧波府志）在縣東五里屹立海口以形得名

游山（延祐四明志）在縣東二里海中

烏石山（嘉靖定海縣志）在縣東南四十里山巔石色黝黑故名有巨人跡濶六寸長一尺五寸云佛跡世傳舍利始自此山飛入阿育王山

盤嶴山（延祐四明志）在縣東南七十里水繞太白山陰而出凡三十六盤宋儒習菴先生陳塤墓在焉

慈嶴山（　）在縣西南九十里古傳左慈隱此

伏龍山（嘉靖定海縣志）在縣西北八十里一名箸山首尾跨東西海門蜿蜒如

龍中有千丈巖剌史門石壇乳井海眼泉

澤山（延祐四明志）在縣西北八十里舊名櫟山宋吏部郎黄震改今名

施公山（　）在縣西北九十里北瞰大洋商舟往来多苦海寇元至元間縣達魯花赤張進剏巡檢司民乃安居（嘉靖寧波府志）今置烽堠具上

龍頭山（嘉靖定海縣志）在縣東南十二里側有葫蘆嶠縣令金九成築寨嶠口建樓于上以防海

石門嶴山（寧波府志）在縣西南二十里陳山在東龍山在西儼若二門故名

徐家嶴山（　）在縣西北七十里有五嶺通往来

石衕門山（舊浙江通志）青雷頭山東南海中數峰崛起潮汐經流其中旁午為十六門亦名十六門山

瑞巖山（嘉靖定海縣志）在縣東南八十里有十二峰宋大中祥符五年有芝草生于青松峰之上守臣康孝基奏聞勑奬紀瑞云

雁門嶺（寧波府志）在縣西北六十五里西南慈溪界

大浹江（名勝志）在縣南城外自蛟門海洋分派為支江向西泝流七十里抵郡城三港口分流西南六十里至鄞縣它山堰西北二百里抵上虞縣之通明壩（輿地廣記）定海有大浹江越滅吳將遷吳王夫差于甬東韋昭以為句章東浹口外洲是也（寧波府志）晉安帝時孫恩寇上虞劉裕戍句章出戰退還浹口宋高宗航海亦由浹口而出

黃崎江（寧波府志）在縣東南一百十里自崎頭海洋分派為支江西北流約半潮至蛟門出大海

梅山江（　）在縣東南十里自崎頭海洋發潮西北流入烏崎頭山港經大嵩通于海

靈緒湖（嘉靖定海縣志）在縣西北靈緒五都周環二十里

鳳浦湖（　）在縣西北靈緒三都周環十八里

西河（舊浙江通志）在縣西北四十里靈緒一都自慈溪縣香山發源東流至靈緒二都由澥浦入海西流向斗門山十五里合大河

澥浦（　）在縣西北五十五里即古之渤澥

玉泉（延祐四明志）在縣東北三十里廣福院前味甘色白烹茶為勝

象山縣

象山（成化四明郡志）在縣治北半里形如伏象其峰圓聳又名圓峰東首大老巖巖下有圓峰故祠

鳳躍山（　）象山聨峰唐乾符二年有鳳翔于上

王字山（象山縣志）在縣東五里頂平夷如王字因名

鼓吹山（延祐四明志）縣東八里其峰崒然孤峻天將雨先有聲如鼓吹鳴

甸平山（成化四明郡志）在縣東三十里其頂平廣數十里

湧泉山（嘉靖寧波府志）在縣東四十里大海中上有二穴出泉味極甘冽巖上有巨人跡上馬石相傳安期生常遊于此故又名道人山

瑞龍山（　）在縣東南十里又名烏龍山周回盤屈如伏龍故名

爵溪山（　）在縣東南三十里

小睦山（象山縣志）在縣東南四十里

大睦山（　）在縣東南海中一百里

西殊山（　）在縣東南海中六十里

東殊山（　）在縣東南海中八十里

韭山（　）在縣東南一百里大海中産大韭遍地雲嵐四霽則蜃氣煥發樓臺殿閣龍鳳之形變態萬狀最爲奇觀

馬鞍山（嘉靖寧波府志）在縣東南一百二十里其形類馬鞍故名

秋閘山（象山縣志）在縣東南海中一百四十里

大蒜山（嘉靖寧波府志）在縣東南二百里山産大蒜自小睦至此俱海中山過此則巨浸茫茫一望無際

瑞雲山（　）在縣北十里逶迤起伏狀如飛雲

東皋山（　）在縣東北十里内有小穴泉涌不竭名曰旱井又名甘泉

洪水山（　）在縣東北二十里

西山　珠巖山（　　　）俱縣東北三十里

大莱山（舊浙江通志）在縣東北二十五里山峰秀出如筆

新羅嶴山（　　　）在縣東北二十里舊傳暹羅人繫舟于此以暹爲新俗

音之訛

屏風山（　　　）在縣東北三十五里過此爲湖頭渡乃鄞奉之地

珠山（嘉靖寧波府志）在縣東北三十里山頂一石圓聳如珠因名蟠延廣潤鎮

都凡四

玉泉山（　　　）去珠山十里山下出泉色瑩如玉味極甘冽

煉丹山（名勝志）在縣治西一里梁陶貞白修煉于此

鄭行山（延祐四明志）在縣西北十里舊有鄭行居此嶴

萬松山（名勝志）在縣西北三十里舊有智門寺

塔嶺山（舊浙江通志）在縣西北十里

大雷山（嘉靖寧波府志）在縣西二十里盤踞數十里

白巖山（）在縣西北三十里

下沙山（舊浙江通志）自白巖東過數步由此至蝦蟆嘴可入于海

蒙頂山（成化四明郡志）在縣西北四十五里上有巖曰花氣巖旱少有雲氣必雨

五雷山（嘉靖寧波府志）在縣西北四十里有峰相疊而下故名謝仙所生故址

姜嶼山（）在縣西北五十里由此越海登陸則為奉化境

横山（）在縣西北五十里自蒙頂山與蒼盖山交峡横于台明之境故名

白石山（）在縣西北六十里海港中為奉象之境

烏嶼山（）在縣西北八十里孤懸海中圓如小珠為鄞奉分境

鷄籠山（延祐四明志）在縣西南五里下有鷄廟

玉几山（）在縣南十五里縣治案山

冠盖山（嘉靖寧波府志）在縣西南三十里頂列五峰如冠盖相望

五師山（延祐四明志）在縣西南四十里昔有五僧修道于上

靈巖山（嘉靖寧波府志）在縣西南四十五里巖石奇怪極具天巧有瀑布倒流百餘丈

太平山（象山縣志）在縣西南五十里

玉女山（象）在縣西南九十里

石浦山（嘉靖寧波府志）玉女南去五里中為石浦所

環翠山　從家山（　）俱縣南十五里

三萼山（延祐四明志）山有三峰春時雜花交發綺麗可觀

鷄鳴山（嘉靖寧波府志）在縣南七十里

帆凡山　師姑嶴山　面峴山（　）面縣治而案海上一望無際俱縣南八十里

青部山　欣塲山（　）俱縣南九十里

后門山（　）在縣南一百里跨山而城為昌國衛

東門山（　）在縣南一百二十里海中兩峰對峙即漢書所載天門

也高二百丈周二十五里明初建衛于此有昌國舊城先未析象山時以山在南海中接寧海之東境故名東門亦海道之要衝也

大門山　石壇山（　）俱縣南一百三十里

東西濤山（　）在縣南海中一百二十里四面風濤未嘗少息因名

大佛頭山（名勝志）高出海中諸山數百丈周一百餘里日本入貢以此山為向道内多曠音腴耕種甚利事林廣記有東仙源為海中福地即此

台明嶴山（嘉靖寧波府志）兩山對峙于中流為台明二郡分境俱縣南一百五十里

秋蘆門山　楊大嶴山（　）踰此則為東甌境俱縣南二百里

石門嶺（　）在縣西北六十里寧象分境界

西溪嶺（寧波府志）在縣西南五十里象寧分境

黄部嶺（嘉靖寧波府志）在縣西南九十里

黄枝嶺（　）在縣西南八十里界寧海

司頭嶺（　）在縣西南一百二十里

蓮花巖（　）在縣西十里色赤如千葉蓮花

鬼洞巖（　）在縣西五十里巖洞空濶容十數人上有天窗下有石几

佛頭巖（延祐四明志）在縣南二十五里巖高千餘丈上如佛首中漸如蜂腰岌然欲摇又名摇環巖

定風巖（象山縣志）在縣東十里許一名旋倒山上八面風起至此獨息因名

鋸門洞（四明龍龕）在縣東南三十里在鋸門山巖半壁中濶三丈許其圓如規洞内有二潭中一石筍如柱下有横石如閾洞口石壁兩分如左右手内案小睦山如圓珠外案大睦山如筆架潮至洞下聲震如雷宋寶慶志云世傳五龍聚會于此每歲上巳邑人候潮退入洞觀之有巖花石乳繽紛懸墜下有五色石子瑩潤光潔類寶石可愛歲旱或投以朱書鐵簡風雨立至

北港（嘉靖寧波府志）東達于洋西距結埼由陳山渡一潮至方門再潮至烏埼

三潮至府城下

玉帶溪（象山縣志）源出鳳躍山流西永安橋自西而東經儒學前入長樂橋以具環達縣市中故名玉帶溪

海（嘉靖寧波府志）東曰錢塘南曰大睦西南曰東門皆蕃舶閩船之所經自錢塘而北則定海自東門而南則台温

定海縣

定海山 在縣東元名舟山有山峯如枕海之湄以舟之所聚故名舊昌國縣山也明初縣廢隸昌國衛

國朝康熙二十五年海氛蕩平開復舟山

聖祖仁皇帝御書定海山三字勒石建亭永鎮東溟二十七年建縣治即

賜名定海縣而改舊定海爲鎮海縣

大雉山（大德昌國州志）即州治照山儼若屏障在前四望其形如一

觀山（定海縣志）在城東南半里宋建道隆觀于其下故名

黄楊山（大德昌國州志）在州東北通陸之處極峻巖險峻一峰傑出人目曰黄楊尖

翁山（延祐四明志）一名翁洲洲東三十里徐偃王所居也今城址猶存抱樸子論古仙者之藥以登名山爲上而以海中大島嶼若會稽之東翁洲之類者次之乾道間畊者淂銅鬲一無足而有耳穴不穿中可容斗餘而底之埃墨猶在遂歸進士陳節謂煉丹之遺器（定海縣志）葛仙翁煉丹于此故名

東霍山（吳萊甬東山水古跡記）山多大樹徐市盖駐舟于此（大德昌國州志）在海東北環以大洋世傳徐福至此山有石宛如一秤修竹森立風枝掃拂常無纖塵

甬東山（定海縣志）在縣東十里史記所謂吾置王甬東之地盖東南之主山也（路史）史記句踐平吳徙夫差于甬東杜預云甬東乃句章東海中洲地也

鼓吹山（　）在縣東四十里山之陰曰戴洋曰馬嶴古有徐偃王祠値風雨晦冥隱隱若有鼓吹聲居人以此名之

鎮鰲山（　　）在城西北隅宋元州治俱在山麓今為總鎮府宋淳熙間賜
名鎮鰲
蓬萊山（吳萊甬東山水古跡記）昌國北界有蓬萊山衆山四圍峙立旋繞小嶼
屹如千尺樓臺中有紫霞洞隱隱有神仙題墨漫不能辨
補陀洛伽山（普陀山志）在昌國東海中今屬定海縣去郡城約三百里補陀洛
伽蓋梵名也華言小白花華嚴經言善財第二十八叅觀音菩薩説法處又曰
海岸孤絶處一名梅岑以梅子真曾煉藥于此也
石門山（大德昌國州志）在州東通陸廻絶處名極樂嶼下瞰大海渺無涯涘旁
有兩山對峙如門出入
叟髻山（定海縣志）在縣北十里有二峰如髻矗立天表諸山環繞為縣治之主
山
蘆花山　鳳尖山（　　）俱縣東五十里
沈家門山（　　）在縣東九十里外通蓮花洋最為要地

馬跡山（大德昌國州志）在海東北安期生洞在焉

斗門山（定海縣志）在縣北三十五里有龍潭

曉峰山（　）在縣西南六里可望日出

大小洛伽山（　）在縣東一百二十里海中與普陀接近

龜山（　）在縣南約三里海中為定邑案山

金塘山（　）在縣西約八十里海中周百餘里泉甘土肥洵稱沃壤

岱山（　）在縣西約百二十里海中周廻四百餘里土厚田疇以漁鹽為業

大榭山（　）在縣西南約八十里海中寬廣百里土肥民稠

蘭山（　）在縣東北約五十里海中

石美山（延祐四明志）在縣東南山石玲瓏故名

馬秦山（定海縣志）縣東南約四十里海中（大德昌國州志）昔有碧雲菴焉耆禪師修道于此與黃給事龜年等聯句刻諸石

桃花山（延祐四明志）在東南世傳安期生煉丹之所常以醉墨洒石成桃花紋因名

烈表山（舊浙江通志）在金塘山西北隔一小港相表裏亦名烈港

鐵杵山（　　）西南童山首尾大而腰細横臥海中如杵然

岱峇山（吴萊甬東山水古跡記）東從舟山過赤嶼轉入外洋望岱峇山山出白艾地多蛇（大德昌國州志）在海東山之巔

黄公山（嘉靖寧波府志）在昌國東海中昔黄公能以幻術制虎斃于此山故名（西京雜記）東海黄公少時為術能制蛇御虎佩赤金刀以絳繒束髮立興雲霧坐成山河及衰老飲酒過度不復能行其術秦末有白虎見于東海黄公乃以赤刀往厭之遂為虎所殺

塔嶺山（大德昌國州志）在黄公山南有石如婦人狀春月多杜鵑花

順母山（嘉靖寧波府志）在縣東海中有石如斗形人謂石牛

竹嶼山（大德昌國州志）與舟山對境兩山夾峙上有叢竹附潮而上者由此謂之竹嶼門

雲嶼山（ ）與竹嶼對峙山勢稍崇雲氣常滃鬱附潮而下者由此謂之雲嶼門

盤嶼山（嘉靖寧波府志）與竹嶼山隔海對峙山勢盤旋故名

寺鐘山（大德昌國州志）在秀山去州隔一潮山之頂有古佛殿基堦砌儼然傍有井甃以磚凡遇陰晦隱隱聞鐘聲因以為名

佛嶼山（ ）在秀山上有一峰表表特立望之儼如丈六金身相傍睍如背負一小佛狀甚怪

西蘭山　大若山　撑岸山　渟滏山舊名渟滏　礁石山（嘉靖寧波府志）俱昌國南海中

小竿山　大竿山　崑斗山　麻嶴山　蛟山　登部山　黄砂山　徐公山

渡嶼山　石珠山（ ）俱昌國東南海中

東勾曲山　石馬山　石牛山　嶴山（ ）俱昌國東海中

浪港山　深水山　莆嶴山　蛇山　竹山　洋山　東蘭山　西枯山　東曉

山　東枯山　稟子山（舊名稟石）　石蜀山　東朐山　川石山　北壁山　大衢山　小衢山　三星山　冷嶼山　西湞山　湞皓山　落華山　青閣山　丁興山　陽山　陳錢山（俱昌國東北海中）

大磧山　東乳山　東岱山　西朐山　大洋山　弔嶼山（俱昌國北海中）

回峰山　西良山　長塗山　三姑山　灘山　長白山　西岱山　正筞山　吳蔂山　如岸山　横子山　册子山　西桑山　五嶼山　宜山　亀鰲山（俱昌國西北海中）

嘉門山　暁峰山　小節山　大節山　三山ノ砂羅山（俱昌國西海中）

薑山　黃石山　鷄鳴山　東舅山　大教洋山　西舅山　黃馬乳山　虎頭山　白豬山　大桑山　青屯山　黃隆山　楊岸山　畫楮門山　小磧山　黃羅門山　大小校山　綠獅山　大小鐲山　廟址山（

皆在海中莫詳所在

書字巖（嘉靖浙江通志）一名柱竹嶼俗傳羅隱留題于上字蹟隱隱可見

箭巖（大德昌國州志）在馬秦後沙上有箭孔故名

響巖（　　）在馬秦去州隔一潮巖石玲瓏遇陰晦則空洞有聲

葛仙峰（定海縣志）在金塘山視諸峰為最高世傳葛仙翁憩此山有煉丹井久旱不涸

十二峰（舊浙江通志）在東朐山峰列十二森秀可觀

蓮花峰（大德昌國州志）與馬秦山碧雲菴對峙三石層出如蓮花上有佛脚跡拄杖印馬跡痕山之四隅各有小浮圖地產草一種名長生不死云

玉峰（　　）在岱山鷄子夬嶺下崗巒秀拔林樾蒼潤時有白霧蒙其巔人以為福地

盤陀石（天中記）明州昌國東海中有盤陀石平廣可立百餘人下瞰大海正扶桑日出之地獨龍將駕天光煥發頃焉一輪涌出其大有不可名者

觀音洞（吳萊甬東山水古跡記）自梅岑山東行西折為觀音洞。洞瞰海外巉中裂大石壁紫黑旁嵂而兩岐亂石如斷圭積伏蟠結晝夜作魚龍嘯吼聲

善財洞（　）梅岑西為善財洞峭石蠶足泉流滲滴懸纓不折

龍泉女洞（普陀山志）在潮音洞外有石壁立中窅不可測

白泉湖（定海縣志）縣東北周環三十里瀦水溉田源泉沸涌舊志名富都湖（至正四明續志）又名萬金湖

查浦（嘉靖寧波府志）在昌國夏侯曾先地記云吳伐越次查浦即此

黃馬溪（至正四明續志）在州西北五十里南嶴水從李嶺發源流注于海

芙蓉洲（貝瓊達清堂記）距昌國縣東三百武有洲曰芙蓉其水縈紆南流以入于海洲之上皆蓮芙蓉其異名也

海印池（定海縣志）在普陀產白蓮

九節龍潭（四明龍會）在翁洲東五里田塍間昔人汲水得鰻刀鬣九段烹諸釜

餓頃不見翌日復汲于潭其鰻洋洋九節游潭中人皆異之旱往禱焉

岱山龍潭（四　）在龍縣東北山上有潭三潤不滿丈深不盈尺禱雨投以尺書則有物若蝌若鰻者出誠或不至書浮水面不沉

大海（定海縣志）東接三韓日本南通閩粵西北直抵遼東潮汐往來日有定候

蓮花洋（　　）在縣東往洛伽必經此（普陀山志）倭人入貢見大士靈異欲載歸海生鐵蓮花舟不能行懼而還之洋名以此

紹興府　山陰會稽二縣府郭

興龍山　舊名臥龍山　（嘉泰會稽志）舊名種山越大夫種所葬處一名重山種訛成重也（寶慶會稽續志）按元微之州宅詩序州之子城因種山之勢盤繞迴抱若臥龍形故取以為名（紹興府志）今府署據其東麓山陰縣署在南麓

國朝康熙二十七年

聖祖仁皇帝南巡駐蹕茲山改名興龍山

火珠山（嘉泰會稽志）在臥龍山東隅小而圓絶類龍頷之珠（明一統志）在府治東按察分司後

蛾眉山（名勝志）在火珠山下百餘步石隱起土中狀如蛾眉

龜山（嘉泰會稽志）在府東南二里一名飛來一名寶林一名怪山（越絕書）龜山句踐所起遊臺也東南司馬門因以灼龜又仰望天氣觀天怪也（水經注）縣西門外有怪山本琅琊郡之東武縣山也飛來從此吳越春秋稱怪山者東武海中山也一名自來山百姓怪之號曰怪山亦曰龜山越王無疆為楚所伐去琅琊山東武人隨居山下遠望此山其形似龜故有龜山之稱（紹興府志）上有應天塔今呼為塔山

陽堂山（名勝志）在臥龍山南三里府城跨其脊其南麓出城外跋于河湟一名鮑郎山山北舊有鮑郎祠（太平寰宇記）郡國志云山有鮑郎祠本名蓋一名信後漢人生好獵死葬于此兒忽夢當更生開棺視尸儼然但無氣耳人事之頗有靈驗

蕺山一名戒珠山（　　）在臥龍山東北三里許產蕺越王句踐常採食之晉王羲之宅在焉後捨宅為戒珠寺

白馬山（　　）在蕺山東南一里許土漸削山石依然

紹興

彭山（　　）在白馬山東舊經云彭祖隱居之地有助海侯廟

會稽風俗賦注引十道志云翁洲在海中徐偃王所居嘉靖寧波志亦云翁洲昌國東三十里一名翁山徐偃王常居此唐置翁山縣以此命名二說良是會稽志所云未知何據

翁山（嘉泰會稽志）在府學之東會稽境郡國志云徐偃王居翁洲即此

簞醪河（山陰縣志）在縣治東即府河（嘉泰會稽志）一名投醪河一名勞師澤

運河（嘉泰會稽志）在府西一里屬山陰縣

新河（名勝志）在府城西北二里唐元和中觀察使孟簡所開

鵞池（弘治紹興府志）在戢山戒珠寺前舊經云是王右軍養鵞之所

洗硯池（　　）在白馬山下舊經云是王右軍洗硯處

清白泉（嘉泰會稽志）在府治内清白堂側范文正公記西巖下獲廢井泉甘而色白淵然文餘引不可竭（魏驥清白泉記）清白泉者在紹興卧龍山下郡治内之西隅景泰某年郡守白公得之于淮奔中究其自寶宋寶元二年范文正公守郡以廢井而得既浚濟之遂名曰清白泉要汲斯泉者無媿斯名也浚東嘉王十朋來簽郡幕作會稽賦有飲清白以自娛之句豈不因是泉而發與自文正之去泉之廢不知其幾百年今守白公乃得之于既廢之後夫豈偶然者哉

三汲泉（輿地紀勝）在卧龍山襲泉甚淺不過有水數斗然汲盡泉已滿未嘗竭也

靈鰻井（弘治紹興府志）在寶林山井有靈鰻時出見

山陰縣 城外山川

亭山（嘉泰會稽志）在縣西南一十二里（太平御覽）晉司空何無忌臨郡起亭山椒極望巖阜基址猶存因號亭山

侯山（嘉泰會稽志）在縣西四里舊經云南湖侯山迴在湖中俗稱九里山昔時去縣之數也（晉書孔愉傳）愉爲會稽内史在郡三年乃營山陰湖南侯山下數畝地爲宅便棄官居之

陳音山（　）在縣西南四里（太平御覽）昔有善射者陳音越王使簡士習射于郊外因死爲冢今開冢壁悉畫作騎射之象因以名山

麻林山（越絶書）一名多山句踐欲伐吴種麻以爲弓弦使齊人守之越謂齊人多故曰麻林多以防吴去縣一十二里

龍尾山（紹興府志）在府西南二十里與卧龍首尾相望

容山（山陰縣志）去縣西南二十七里其上平曠可容故名

六峰山（紹興府志）在府城西南三十里有溪出山麓

峡山（弘治紹興府志）在縣西南二十里兩山相峙故名

項里山（　　）在縣西南二十里世傳項羽流寓于此

絹山（嘉靖山陰縣志）去縣西南六里石紋如疊絹土人呼曰絹山

法華山（嘉泰會稽志）在縣西南三十五里舊經云晋義熙中僧曇翼誦法華經感普賢應現因置寺

花徑山（山陰縣志）去縣西南二十五里多桃李榆柳望若雲錦包絡山谷故名

直步山（紹興府志）與花徑山相近下有溪入鏡湖

木客山（山陰縣志）去縣西南二十七里吳王好宮室越王使木工三千餘人入山伐木一年無所得木工思歸而歌木客之吟一夜天生神木其大二十圍其長五十尋陽為文梓陰為楩楠乃伐而獻之

蘭渚山（弘治紹興府志）在縣南二十七里晋王右軍修禊序云此地有崇山峻嶺蓋謂此山也

玉架山（俗呼筆架山）（嘉泰會稽志）在縣西南三十里三峰如筆格秀麗可畫

大巖山（紹興府志）在府城西南一百十五里山形若冕旒又名冕旒山宋時宮

闕在錢塘若與山相對

清化山（弘治紹興府志）在縣西南一百一十里

趙王夫山（舊浙江通志）在府城西南一百二十里

浮邱山（弘治紹興府志）在縣西南一百一十里世傳浮邱煉丹于此

離渚山（紹興府志）在縣西南三十里内有謝尚書塢

柯山（山陰縣志）在縣西南三十里山皆石具下有水曰柯水有石佛高十餘丈

後漢書蔡邕傳注張騭文士傳云邕告人曰昔經會稽高遷亭見屋椽竹東間第十六可以爲笛取用果有異聲伏滔長笛賦序云柯亭之觀以竹爲椽邕取爲笛奇聲獨絶柯山得名以此載冠府志遺之

禹山（舊浙江通志）在府城西南二十五里環山皆水

聖女山（嘉泰會稽志）在縣西二十九里

三山（ ）在縣西九里與臥龍岡勢相連

鳳凰山（弘治紹興府志）在縣西五十五里

牛頭山（山陰縣志）去縣西六十五里唐天寶間改名臨江山

羊石山（舊浙江通志）在府城西北三十六里有石如羊故名

馬鞍山（弘治紹興府志）在縣西北四十里狀如馬鞍唐天寶間改名人安

禹會諸侯于塗山施宿以爲當在會稽之鑄以爲當在壽春施宿之言爲是而引據未詳考吳越春秋云苗山禹改爲會稽苗即茅山又云塗山則塗山即會稽山爲禹致羣神之所見史記孔子世家注云守山川之祀者爲神謂諸侯也以吳越春秋史記証之塗山當在會稽但不應于山陰別出一塗山或後人傳訛耳若明戴冠府志以左傳南望三塗爲塗山則杜注明云太行轘轅淆澠謂之三塗未嘗確指山名亦非實據也

上方山（舊浙江通志）在府城西北四十里與下方山相連有下方寺

塗山（嘉泰會稽志）在縣西北四十五里舊經云禹會萬國之所按史記國語禹會諸侯于會稽防風氏後至誅之書曰禹娶于塗山注塗山國名左傳禹會諸侯于塗山杜預注在壽春説者云今濠州也蘇鶚演義云塗山有四一會稽二渝州巴南舊江州三濠州四當塗縣自越絶等書皆云禹娶于會稽塗山具説不經蓋禹會諸侯于會稽則信而有徵至娶婦處則好事者傅會于此非其實也

西余山（於越新編）在府城西北四十二里一名西康謂禹負康朝諸侯處

碧山（弘治紹興府志）在縣西北五十里山有碧石故名

烏風山（紹興府志）在縣西北五十里濵于海有洞出烏風一名龜山當潮生時遠望之宛然如龜出没水中今名白洋山

蜀阜山（嘉泰會稽志）在縣北三十五里舊經云山自蜀飛來帶兒婦二十餘人善織美錦自言家在西蜀十道志云句踐以寡婦居此令軍人游焉一名獨婦

山（越絕書）句踐將伐吳徙寡婦致
山上以為死士示得專一也

梅里尖山（舊浙江通志）在縣北二十里（嘉泰會稽志）其陰為梅仙塢以梅福里
得名

巫山（嘉泰會稽志）在縣北十八里越絕書云越魍神之官死葬其上（嘉靖浙江
通志）一名梅山漢梅福居此

下馬山（山陰縣志）去縣北二十五里舊經云秦始皇東巡息駕于此有石如蟾
亦名蟾山俗名蝦蟇山山多露石兩崖夾水石骨橫亘水底曰石攔

璜山（弘治紹興府志）在縣北三十里滙小江勢小而環抱若璜故名

大峰山（紹興府志）在府城北三十五里多梔白花黃柎黃實多硌石有洞爲石
扱之冷然有風曰風洞

玉山（嘉泰會稽志）在縣北三十三里舊經云唐貞元元年浙東觀察使皇甫政
鑿此山為斗門八闢洩水入江按唐書地理志山陰縣北三十里有越王山堰
皇甫政鑿山以蓄洩水利與舊經相合即此

石城山（　）在縣東北三十里吳越備史乾寧三年錢鏐討董昌改石城去越三十里即此

古博嶺（舊浙江通志）在府城西南四十五里羣峰交峙中有一徑南達楓橋至諸暨界曠寂稀人烟往〻虎豹栖止俗訛為虎博嶺

看怕嶺（嘉靖山陰縣志）在縣西南八十里其路峻險行者皆懼

白峰嶺（弘治紹興府志）在縣西南一百十里

刑塘嶺（　）在縣西五十五里世傳禹築塘斬防風氏故名（會稽風俗賦注）賀循會稽記云防風氏身三丈刑者不及乃築高塘刑之故曰刑塘

古城嶺（萬曆紹興府志）在府城西五十里越王允常築城處

大嶺（　）在府城西六十五里一名梅山嶺

越王崢（　）在府城西南九十里越王句踐于此棲兵又名棲山

仙人洞（霏雪録）在山陰縣西北六十里越棲峰下乃宋九江葛秋巖慶龍游息之所王君理得函骨于石洞至今稱葛仙洞

磨鏡石（弘治紹興府志）在鏡湖邊任昉述異記世傳軒轅氏鑄鏡于此今石尚存

西小江（山陰縣志）在縣西北四十五里其源在諸暨之浣江分為二派初出天樂經流蕭山轉東北達于海天順元年太守彭誼建白馬山閘以通三江口之湖閘東盡漲為田于是江水不通于海矣（互見水利）

錢清江（萬曆紹興府志）府城西五十里浦陽江下流漢劉寵投錢處今通為運河

鏡湖（名勝志）在城南三里一名鑑湖任昉述異記軒轅氏鑄鏡湖邊或云黃帝獲寶鏡于此又云本王羲之語山陰路上行如在鏡中游又名長湖水經注云浙江又東北逕長湖口湖廣東西百三十里北瀉長江又名太湖郡國志云石帆山北臨太湖水深不測傳與海通源出會稽之五雲鄉綿跨山會二縣周三百五十八里總納二縣三十六源之水東至曹娥西至西小江南至山北至郡城其初本通湖汐漢永和五年太守馬臻始築塘畜水界湖為二曰東湖曰南

湖南湖屬山陰東湖屬會稽唐元宗賜秘書監賀知章鑑湖一曲又名賀監湖自宋熙寧以後湖漸廢為田今俗呼白塔洋僅長十五里即鏡湖處也互見水利（寶慶會稽續志）本名慶湖賀鑄慶湖遺老集序云賀本慶氏吳王僚遇公子光之禍王子慶忌奔衛妻子并度浙水隱會稽上越人哀之表其族曰慶氏名其田曰慶湖今為鏡湖傳訛也漢安帝時避帝本生諱改賀氏水亦稱賀家湖家牒載謝承會稽先賢傳敘畧如此

菱塘湖（嘉靖山陰縣志）在縣西五十里湖多菱葑故名廣三千七百二十餘畝近被侵佔為田水不甚蓄互見水利

黃鱔湖（舊浙江通志）在府城北十五里

餘支溪（名勝志）鏡湖之別派也水經注云山陰縣西南四十里有二谿東谿廣一丈九尺冬煖夏冷西谿廣三丈五尺冬冷夏煖二谿北行三里至徐村合成一谿廣五丈餘而温涼不雜蓋山海經所謂若水也

射浦（越絕書）句踐教習兵處也去縣五里

查浦（山陰縣志）在縣西一百里句踐陳兵處

紀家滙（弘治紹興府志）在縣西南一百里

沉釀埭 (嘉泰會稽志)在若耶溪東十道志鄭弘舉送赴洛親友餞于此以錢投水依價量水飲之各醉而去一名沉釀川

蘭渚 (蘭亭考)越州山陰有蘭渚在縣西南二十五里王右軍曲水賦詩作序于此

離渚 (弘治紹興府志)在府城西三十里發源自唐里六峰諸山縈回合流渚溪

懽潭 (山陰縣志)去縣西南一百三十里水清味甘

右軍墨池 (弘治紹興府志)在縣西南二十五里按宋志云每朝廷恩命至池水必先黑

玉帶泉 (舊浙江通志)在琵琶山下泉味甘而冽色微白故謂之玉帶

半月泉 (西溪叢語)李紳天衣寺詩殿涌金身塔池開半月泉此泉隱巖下雖月圓只見其半最為佳處紹興初僧法聰鑿開巖上名曰竭月甚可惜也

海 (明一統志)在縣北三十里曹娥錢清浙江三水所會謂之三江海口

會稽縣山川 城外

會稽山（嘉泰會稽志）在縣東南十三里周禮揚州之鎮山曰會稽山海經云會稽之山四方其上多金玉其下多砆石勺水出焉史記云禹會江南計功命曰會稽會稽者會計也吴越春秋云禹登茅山以朝羣臣乃大會計更名茅山曰會稽山輿地志云一名衡山其山有石狀如覆鬴亦謂之覆鬴山十道志云一名苗山一名塗山吴夫差入越〻王以甲楯五千保會稽山（水經注）會稽之山古防山也亦名鎮山又曰棟山越絕云棟猶鎮也（太平御覽）隋開皇十四年詔會稽等山並就山立祠唐開元十四年封四鎮山為公會稽曰永興公有南鎮永興公祠

宛委山（名勝志）在縣東南十五里上有石壁匱立干雲升者累梯而上十道志石匱山一名宛委一名玉笥會稽風俗賦韞玉有笥有懸崖之險亦名天柱山昔禹治水厥功未成齋戒于此得金簡玉字因知山河體勢遁甲開山圖云禹治水至會稽宿衡嶺宛委之神奏玉匱書十二卷禹開之得赤珪如日碧珪如月是也（吴越春秋）宛委山中藏金簡書禹夢衡山見赤繡文衣男子自稱玄夷蒼水使者云欲得簡書知導水之方請齋于黃帝之岳乃登山發石果

潯具文

秦望山（水經注）在州城正南為衆峰之傑秦始皇登之以望南海自平地以取山頂七里懸嶝孤危徑路險絕記云扳蘿捫葛然後能升山南有嶕峴峴裏有大城越王無餘之舊都也

刻石山（嘉泰會稽志）在縣西南七十里一名鵝鼻山（水經注）秦始皇登稽山刻石記功尚存山側孫暢之述征書云丞相李斯所篆也（元豐九域志）秦始皇刻石前有方石數丈云是始皇坐兩廂分石八所云是丞相以下坐（西溪叢語）越王棲于會稽宮城避于此又云城避山

望秦山（嘉泰會稽志）在縣東南三十二里始皇登此以望秦中一名天柱峰亦名卓筆峰

雲門山（雲門志略）在府城南三十里晉義熙二年中書令王獻之居此有五色雲見詔建雲門寺

何山（　）在雲門西一里宋何子季所居王十朋謂秦刻石在其上

若耶山（　）在府城南四十四里下有采蓮田東又有若耶嶺舊經云葛

元學道于此（太平寰宇記）若耶山葛元所隱桐几化成白鹿三足共行二頭並食山下有壇壇旁有石謂之葛仙公石

赤堇山（名勝志）在會稽山南舊經歐冶子為越王鑄劍之所一名鑄浦山越絕書赤堇之山破而出錫亦名錫浦國策破堇山而出錫薛燭曰赤堇之山已合無雲張景陽七命耶溪之鋌赤山之精山旁有井歐冶子取水淬劍曰歐冶井有洞曰玉洞

穀米山（明一統志）在府城東南七十里十道志舜常耕此山天降嘉穀故名

白鶴山（陽明洞天圖經）在縣東一十六里孔靈符會稽記云此山在射的山西南水中有白鶴為仙人取箭又名箭羽山

射的山（寶慶會稽縣志）在縣南十五里與白鶴山相連（水經注）遠望山的狀若射侯故謂之射的射的之西有石室名為射堂年登否常占射的以為貴賤之準的明則米賤的昏則米貴

葛山（明一統志）在府城東一十里句踐種葛于此

刹涪山（萬曆會稽縣志）在雲門山南一名明覺山盖明覺寺基也頂有池大旱

不涸

石帆山（弘治紹興府志）在府城東十五里（水經注）山東北有孤石高二十餘丈廣八尺望之如帆因以為名

鹿池山（名勝志）在會稽山之東北書有白鹿遊此水經注云鏡湖水自東亦注江通海水側有白鹿山又曰湖北有三小山謂之鹿野山按吴越春秋乃越之麋苑也上有石室相傳為越王游息處

洞浦山（嘉泰會稽志）在縣東南二十四里舊經云即湖南龍尾山西南之趾

箬簣山（　）在縣東十二里舊經云秦始皇東遊于此供芻草俗呼遠門山

少微山（名勝志）距鹿池二里宋職方郎齊唐隱居之所

土城山（嘉泰會稽志）在縣東六里吴越春秋王得西施鄭旦飾以羅縠教以行步習于土城教于都巷三年學服而獻吴王

寶山（弘治紹興府志）在縣東南二十五里一名上皐山山峰有趙家嶴即南宋

攢宮

錫山（嘉泰會稽志）在縣東五十里舊經云越王採錫于此

横山（　）在縣東三十四里

銀山（萬曆會稽縣志）在縣東五十里

東化山（會稽縣志）一名將軍山

西化山（萬曆會稽縣志）一名筆峰與東化山接在雲門山

諸葛山（　）在府城東南六十里葛洪常棲于此亦名葛巖

銅斗山（嘉泰會稽志）在縣東南五十八里（水經注）山有銅穴三十許丈穴中有大樹神廟山上有冶官山北湖下有練塘里吳越春秋云句踐鍊冶銅錫之處

（輿地紀勝）昔銅斗見于雲汜橋人逐之奔入此山掘地得銅看云

舜山（雲門志略）在府城東南四十里一名筆架山山高可十里餘上有水田可稻緇黄之流往往茅茨其上

壕山（嘉泰會稽志）在縣東七十里漢駱夫人學道于此昇仙有丹室石井丹竈

存焉

稱山（　　）在縣東北六十里舊經越王稱炭鑄劍于此俗呼稱心山

稷山（寶慶會稽縣志）在縣東五十三里稱山南舊經名織山越王種菜于此後漢謝夷吾為織鄉嗇夫即此越絕云句踐齋戒壇也亦曰齋臺山十道志一名稼山

白塔山（萬曆會稽縣志）在府城東五十里

犬亭山（嘉泰會稽志）在縣東南三十里舊經越絕並云句踐畜犬獵南山白鹿即此（會稽縣志）歲久相延呼為狗山又曰吼山俗謂宋攢陵所在眾山皆拱此山獨否故名之曰吼取呼而相向義也（萬曆會稽縣志）山北岸有小山曰曹家山舊為工人伐石玲瓏若戶牖歲久蘿木蔓之積水成潭移舟其中一洞天妙景也

覆斗山（呂祖謙入越記）楓江南岸有覆斗山山形正方若斗覆

太平山（嘉泰會稽志）在縣東南七十八里晉謝敷隱居山中十餘年以母老還

若耶

陶宴嶺（會稽縣志）在縣東南四十里舊經云陶弘景隱于此山

日鑄嶺（嘉泰會稽志）在縣東南五十五里昔歐冶子鑄五劍采金銅之精于山下（歸田錄）草茶盛于兩浙兩浙之品日鑄第一

苧峴（輿地紀勝）在縣東一十八里苧君隱于此一名玉笥出美玉山之陽曰香爐峰

石傘峰（明一統志）即會稽山之別峰下有范蠡養魚池

方干島（於越新編）在會稽山東北俗呼寒山唐方干別墅在鑑湖中故曰島

葛仙巖（陽明洞天圖經）禹穴有石巖高丈餘南面側平如削真誥云此石于赤烏二年天降從安息國飛來上有索痕三條名為飛來石晉葛仙翁曾築壇煉丹後人名葛仙巖煉丹井

陽明洞（嘉泰會稽志）在委宛山龍瑞宮舊經三十六洞天之十一洞也一名極元太元之天洞外飛來石下為禹穴傳云禹藏書處史記太史公自敘上會稽

探禹穴注云禹至會稽因葬焉上有孔穴水經云山東有硎深不見底東游者多探其穴今無可考（呂祖謙入越記）龍瑞宮傍即禹穴乃大石中斷成罅殊不古殊非司馬子長所探也

東小江（萬曆紹興府志）在府城東南九十里亦名小舜江西為會稽東為上虞其源出浦陽江東北流入曹娥江

曹娥江（嘉泰會稽志）在縣東南七十里江因娥得名也（名勝志）源自剡溪來東折而北至曹娥廟前名曹娥江又北至龍山下名舜江又西北折入于海

若耶溪（明一統志）在府城南二十里與鏡湖合西施採蓮歐冶鑄劍于此吳越春秋若耶之溪深而莫測後漢劉寵為會稽太守若耶父老人齎百錢相送因名劉寵溪（會稽縣志）唐徐季海嘗遊嘆曰曾子不居勝母之里吾豈遊若耶之溪遂改為五雲溪

蟶浦（萬曆紹興府志）在府城東北四十里

樵風涇（萬曆會稽縣志）在縣東南二十五里孔靈符會稽記云射的山白鶴常為仙人取箭漢鄭弘少時採薪得一遺箭頃之有人覓箭問弘何所欲弘識其

神人也答曰常患若耶溪載薪為難願朝南風暮北風後果然世號樵風涇

炭瀆（水經注）吳越春秋云練塘句踐鍊冶銅錫之處采炭于南山故其間有炭瀆句踐臣吳王封句踐于越百里之地東至炭瀆是也

平水（嘉泰會稽志）在縣東南三十五里鏡湖所受三十六源之水平水其一也

御河（於越新編）在府城東南十五里自董家堰抵寶山宋攢宮河也

麻潭（水經注）下注若耶溪水至清照衆山倒影窺之如畫

日月池（輿地紀勝）在縣治東北一里池二所俗傳錢武肅王有目疾故浚此二池

南池（明一統志）在縣南二十五里相傳范蠡養魚處

鄭公泉（水經注）寒溪之北有鄭公泉泉方數丈冬溫夏涼漢太尉鄭弘宿居潭側因以名泉（嘉泰會稽志）輿地志云弘雖居台輔常思故居曾病因思得此泉水家人馳取飲少許便差

菲飲泉（明一統志）在府東南十二里大禹寺西

真珠泉（萬曆紹興府志）在少微山齊祖之冢山十詠泉其一也

苦竹泉（明一統志）在秦望山側林多苦竹泉出其下故名

禹井（　）在會稽山水經注云山南有硎去廟五里謂之禹井

葛仙井（　）在禹穴側葛洪煉丹于此

海（嘉泰會稽志）在縣北二十里

蕭山縣

蕭山（名勝志）在縣西一里舊志晋許詢于此憑林築室有蕭然自遠之趣考漢書地理志餘暨縣蕭山潘水所出東入海則名不始于詢

菊山（於越新編）在縣西二里

茗山（嘉泰會稽志）在縣西三里（王十朋會稽風俗賦）茗山鬭好

北幹山（嘉泰會稽志）在縣北一里晋許詢家于此山之陽

去虎山（　）在縣北五里山有猛虎嘗傷人一夕負子渡江西去縣令杜守一因名其山時景德四年六月晦也

城山（名勝志）在縣西九里其山中卑四高宛四城堞吳伐越次查浦越立城以守查此山即其地名越王城山半有池曰洗馬泉中產嘉魚越拒吳時吳意越必之水以鹽魚為餽越取雙魚答之遂解圍

定山（萬曆紹興府志）在縣西一十二里

石巖山（名勝志）在縣西南十二里巉岏疊危狀如獅子巔有香泉方四尺深尺許

荏山（嘉泰會稽志）在縣東北十里舊經云越王種荏于此

塔山一名南山（萬曆紹興府志）在縣南二十五里縣學向之有文筆峰絕頂舊有塔其南坳如舟名石船塢

三臺山（嘉泰會稽志）在縣南五十里

麞烏山（紹興府志）在縣西南十五里東方朔神異記亞夫斮蕭山南嶺將麞于烏江蓋江東以擲為麞云

冠山（名勝志）縣西十七里山形如冠有泉甘冽

連山（　）在縣西二十里長岡九里舊經秦始皇欲置石橋渡浙江今石柱數十列于江際旁有小山號石井山其井上廣下曲相傳為妃子墓

獅子山（萬曆紹興府志）在縣西二十三里浙江正當其面

石牛山（　）在縣西南八十里其東之徑抵富陽縣界

大山（名勝志）在縣西南九十里橫亘三都一名長山其南之最高者曰鏡臺山一名白石山許詢修煉之所巖曰元度巖洞曰仙人洞草木皆香可以療疾又曰百藥山

龍門山（紹興府志）在州口山北十里兩山對峙上有龍湫

翠嶂山（嘉泰會稽志）在縣西二十五里一名晏駕山

佳山（萬曆紹興府志）在縣南九十里

尖山（　）在縣南五十里桃源鄉

金鷄影山一名峽山（嘉泰會稽志）在縣南六十里八面向江有鷄籠石

苧蘿山（　）在縣南三十里有西施廟一在諸暨（輿地廣記）西子出蕭山縣（毛奇齡蕭山縣

志刊誤）山有西施宅、前有紅粉石西施屬諸暨本之十道圖經吾謂施衖屬蕭不屬諸者考後漢書郡國志于會稽郡餘暨縣下云越絕書曰蕭山西施之所出此亦信史之一端也

涉皇山（後漢書郡國志注）謝承書有涉皇山

臨江山（嘉泰會稽志）在縣東南二十里舊斗頭山天寶中改此名（太平寰宇記）臨江山在縣東南水陸並行二十里其山北江水迴流舟行信宿猶經萬渚說云斗頭苧蘿一日三過

黃竹山（晏公類要）在縣東三十三里越絕書云范蠡遺鞭于此生荀為竹

黃

螺山（嘉泰會稽志）在縣東二十里形似螺故名

洛思山（太平御覽）永興縣東五十里有洛思山漢太尉朱儁為光祿大夫將遭母喪欲卜地此土將歸洛下冢師相地云去鄉既遠歸思常深忽極目千里北望京洛遂鬱咽而死葬山頂

鳳凰山（萬曆紹興府志）在縣東三十里又名慈狐山石崖之間有望夫石

吹樓山（嘉泰會稽志）在縣東四十里一名岵帝山

航塢山（名勝志）在縣東四十里舊經云句踐之航也山巔有湫曰白龍井

龕山（紹興府志）在縣東五十里其形如龕相傳為錢武肅屯兵之所明時官兵于此破倭寇焉一巨石有馬蹄跡名馬蹄石

鼇子山（蕭山縣志）在縣東北三十五里在海中與海寧縣赭山對峙又云鼇子門

壕嶺（舊浙江通志）在縣南六十五里諸暨縣界

浙江（蕭山縣志）在縣西十里其源自南直徽州黟縣來經富陽入縣境北轉海寧入于海詳見錢塘縣

浦陽江（嘉泰會稽志）在縣東源出浦江北溪入諸暨縣溪又東北流由峽山直入臨浦灣以至海俗名西小江一名錢清江（蕭山縣志刊誤）三江尚書孔傳周禮賈疏爾雅郭注皆誤吳都賦注以為松江婁江東江尤謬吳地無東江且史記正義但云婁江入海已耳未聞有三也國語曰吳之與越三江環之又曰與我爭三江之利者非吳即夫松婁爲能環越且松婁本吳地豈可曰吳與我爭三江之利惟國語韋昭注曰三江者松江浙江浦陽江也此說最當今西小江則浦陽經流錢清江則浦陽尾閭

也故蕭山西小江入錢清江處有三江口

湘湖(於越新編)在縣西二里本民田低窪受浸冞時居民奏乞為湖政和年楊龜山来知縣事遂成之(嘉泰會稽志)周八十里生蓴絲甚美

漁浦(明一統志)在縣西三十里

臨浦(舊浙江通志)在縣南三十里即浦陽江水所經

濤井(嘉泰會稽志)在縣西南七里漢書地理志注云蕭山濤水所出意水源或出于此

諸暨縣

長山(名勝志)一名陶朱山縣西一里北有戚家嶺亦曰七岡以范蠡居山之南有范蠡巖下有鴟夷井

𥓰山(嘉泰會稽志)在縣西一十八里一名諸山

苧蘿山(太平御覽)諸暨縣北界有羅山越西施鄭旦所居所在有方石是西施曬紗處今名苧蘿山(陶朱新錄)蕭山諸暨之間有東施西施二村西子生于西村

漁㵾山（諸暨縣志）在縣北二十五里縣之坐山

巖崖山（嘉泰會稽志）在縣北五十里

大巖山（　　）在縣北五十里

五泄山（水經注）諸暨縣泄溪中道有兩高山夾溪造雲壁立凡有三泄〻懸三十餘丈廣十丈中二泄不可得至登山遠望乃得見之下泄懸百餘丈水勢高急聲震水外上泄懸二百餘丈望若雲垂此是瀑布土人號為泄也（舊浙江通志）縣西五十里輿地志山峻而有五級故以為名刁約謂之小雁蕩

衡山（嘉泰會稽志）在縣西南二十里

五指山（弘治紹興府志）在縣南六十五里山形如指故名

石鼓山（紹興府志）在縣南五十里山下有盤石如鼓扣之有聲多產黄精白术竹箭相傳唐王錬師居其中

八柱山（舊浙江通志）在縣西南七十里浦江縣界水發柱南者為南源發柱西者為西源

浮塘山（名勝志）在縣南二十五里山巔有塘雲霞其上俗呼為浮塘亦呼茅塘

句乘山（嘉泰會稽志）在縣南五十里國語越臣于吳吳更封越南至句乘即此

金澗山（萬曆紹興府志）在縣南六十里下有坑相傳有金宋元間命官洞采間

淂之如糠粃然知州馮翼上其事罷之

柯公山（　　）在縣東北五十里

九江山（嘉泰會稽志）在縣北二十五里石室幽邃刻石為女人歸靈女豬女（諸

暨縣志）亦曰仙姑山

金鷄山（名勝志）與苧蘿山相對越絕書鷄山豕山句踐以畜鷄豕者俗訛鷄山

為金鷄

宣家山（紹興府志）在縣東七十里嵊縣界

五岫山（萬曆紹興府志）在縣東六十里峰巒秀出者五與會稽雲門相連

東白山（嘉泰會稽志）在縣東九十里一名大白峰連跨三邑其在剡曰西白在

東陽曰北白

烏帶山（太平御覽）在縣西北其上多紫石居士謝敷少時經始諸山往往遷易功費千計生業將盡後夢山神語之曰當以五十萬相助覺甚怪之旦見主人床下有異色甚明試取拭視乃紫石因問所從來云出此山遂往掘果得其利不貲（諸暨縣志）舊名烏笪山亦名采仙山

杭烏山（嘉泰會稽志）在縣北七十五里疊嶂七十有二傍有杭烏刺史廟一峰特高風雨晦冥時常聞樂聲鼙鼓吹峰

寶掌山（名勝志）在縣東南四十五里一名千歲巖唐貞觀中寶掌禪師開巖于此自云年已千歲真身在半巖去地四十九尺山巖中石室可容百餘人洞口石壁數片如削禪師種貝多木一株在巖上時有頻伽鳥巢其上

金鵝山（輿地紀勝）在縣南五十里舊經云有金鵝自此山飛入吳郡

鷄冠山（　　）在縣西五十里山形如鷄冠出奇石其紋若星月花獸上有玉女冢

憩林山（太平寰宇記）謝靈運作山居賦于此山

鐵崖嶺（名勝志）在縣東二十里崖石如鐵峻立高百丈上有綠萼梅百本又有龍湫山之陰一小山泉出其下可照鬚髮

白水嶺（萬曆紹興府志）在縣東南八十里東陽縣界

陽塘嶺（　）在縣西五十里浦江縣界

斗子巖（名勝志）在縣南四十里形高如斗峻不可上

玉京洞（於越新編）在洞巖上其洞十數重深十餘里必秉火以入入必以物記其處洞門相似者多不則迷出路矣或云深處行二三日可抵錢塘江

仙巖洞（嘉泰會稽志）在五洩山

浣江（　）在縣南一里又曰浣渚俗傳西子浣紗之川

泌浦湖（舊浙江通志）在縣東北五十里周圍八十餘里

緊浦（嘉泰會稽志）在縣北十九里吳王闔閭弟之子夫槩所封因以為名

山遐浦（　）在縣東八十里舊經云山遐斷高以湖為浦取漁所集千艘後人思之號山遐浦按遐字彥林建元初為餘姚長後至東陽太守出晉書

本傳

干溪（名勝志）在縣東北六十里吴干吉所居俗以溪水常涸因訛爲乾溪

海（舊浙江通志）縣去海二十里

餘姚縣

秘圖山（嘉泰會稽志）在縣北六十七步上有石匱旻禹藏霊秘圖之所初名方

文山唐天寶六年改今名

龍泉山（名勝志）在縣城中秘圖山西一里許山腰有徽泉不竭所謂龍泉也舊

名靈緒山亦名嶼山

大黄山（紹興府志）在縣東二里亦名鳳山

竹山（　　）在縣東南五里形如龜其北趾跂于江是爲縣水口

白山（萬曆紹興府志）在縣東南三里亦名蛇山

西石頭山（嘉泰會稽志）在縣西三里

童山（　　）在縣西三里

馬渚山（餘姚縣志）在縣西三十里相傳云秦皇飲馬于此

吴女山（嘉泰會稽志）在縣西三十八里舊名蛾眉山天寶六年改今名

豐山（萬曆紹興府志）在縣西北五里東西二峰相峙俗呼東豐山西豐山

勝歸山（　）在縣北三里相傳晉劉牢之勝孫恩歸屯此故名

烈山（餘姚縣志）在治東五里

化安山（舊浙江通志）在縣東南二十里有瀑數十丈泉曰化安泉在明黄忠端公墓側

黄箭山（　）在縣東南十八里有龍洞三禱雨輒應

九疊山（紹興府志）在縣東九里又名九里山

大小雷山（嘉靖餘姚縣志）去治南二十里神仙所宅獵者汙觸之輒震雷

羅壁山（明一統志）在縣南十八里有漢虞國墅襟帶溪山巖谷大勢具體金谷晉郗愔為會稽内史因卜居焉

白水山（名勝志）為西四明在縣西南六十里山壁峭立有泉四十二道投空而

下是曰白水白水宮在其下

太平山（於越新編）在縣南八十里山形似繖四角各生一種木一榛一梓一櫧一梔（藝文類聚）餘姚江源出太平山東至浹江口入于海

四明山（名勝志）在縣南一百十里（詳見寧波府鄞縣）高一萬八千丈周圍二百十里蟠跨數縣由鄞小溪而入者曰東四明由餘姚而入者曰西四明由奉化雪竇而入者直曰四明在餘姚境者由白水向東南行二十餘里其中為　朵峰少南則芙蓉五峰相望各五六里其中峰有漢隸深刻四大字曰四明山心其上為鶱風巖東南十里為羖羊巖又南為分水嶺界于鄞縣鶱風巖之右為石窗四面玲瓏每天地澄霽望之如牖戶中通日月之光亦名四窗是稱四明石窗

大蘭山（嘉泰會稽志）在縣南八十里相傳漢劉綱夫婦于此仙去

烏膽山（　）在縣西南四十里

雩源山（　）在縣西南三十里有泉曰雩源故名

東明山（　）在縣西南五十里

塢山（名勝志）在縣西南十二里舊經云支道林居剡每達來塢山或問之答曰謝安石昔來見就輒移旬日今舉目觸情不覺欣賞後病甚遂移來塢中

姜山（萬曆紹興府志）在縣西五十里其裏十里下有姜女泉

嶔山（嘉靖餘姚縣志）在治西北十四里

黙兵山（萬曆紹興府志）在縣西北十二里晋高雅之討孫恩于此黙兵焉今呼為黙碧

石姥山（　　）在縣西北十五里有白龍湫禱雨輒應

禾山（名勝志）在縣西北二十里謝靈運云山海經有浮玉山北望具區今餘姚烏道北禾山與具區相望即浮玉也

鏌劍山（嘉泰會稽志）在縣西北四十里

眉山（弘治紹興府志）在縣北三十七里

歷山（方輿勝覽）在縣東八十里按歷山鄭康成云在河南今越有歷山象田舜井盖餘姚舜餘族所封子孫思舜之鄉取象于此（蘇鶚演義）歷山有四一河中二齊州三冀州四濮州要當

以河中為是

姚邱山（弘治紹興府志）在縣西北六十里舜餘族所封

冶山（嘉泰會稽志）在縣東北二里傳云歐冶子鑄劍之所

安山（　）在縣東北十里

烏戍山（萬曆紹興府志）在縣東北十七里

流停山（嘉靖餘姚縣志）在縣東北二十里下為石堰

陳山（名勝志）在縣東北十里遠望山形卓峭如筆至其巔則正平本嚴光故里有墓在焉亦名客星山

梅梁山（萬曆紹興府志）在石匱山南二里梅溪水自其西出

石室山（　）在縣東北二十三里空洞如屋

彭山（嘉靖餘姚縣志）在縣東北二十八里

孤山（於越新編）在縣東北二十八里四峰如筆格最秀前有墩曰漲沙墩浮出湖中雖大水溢不沒

匡山（弘治紹興府志）在縣東北四十里一名康山

石匱山（名勝志）在蠋溪湖中三面皆水自高山望之正方如匱

屯山（弘治紹興府志）在縣東北十五里

航渡山（嘉靖餘姚縣志）在縣東北二十二里

虞山（嘉泰會稽志）在縣西三十里

滸山（弘治紹興府志）在縣東北三十八里三山所城跨山脊

埋馬山（於越新編）在縣東北三十五里舊有石卧水如馬或云宋高宗為金所逐徒步行中途忽得馬疾馳向明州至此馬化為石

蔡山　金山　破山（名勝志）三山相峙如鼎足因名鼎峰俱在縣東北三十五里

懸泥山（嘉泰會稽志）在縣北六十里孤峙海中

仙居山（於越新編）在縣東北六十里狀類栲栳亦曰栲栳峰

瀑布嶺（茶經）越州餘姚茶生瀑布嶺者號曰仙茗大者殊異小者與襄州同

桃花嶺（明一統志）在縣南二十里下有大桃樹約數圍

梅嶺（弘治紹興府志）在縣東三十五里

九曲嶺　分水嶺（舊浙江通志）俱在縣南八十里大蘭山東

清賢嶺（　）在縣西南三十里鳩山南晋謝安支遁許詢數往来焉

吴山洞（嘉泰會稽志）在縣東北洞面滄海巨浪激撞巖石嵌空

嚴陵塢（萬曆紹興府志）在客星山下十道志嚴子陵避光武聘處

姚江（名勝志）在縣南十步許又名舜江

菁江（嘉泰會稽志）在縣西十五里源出四明山北流迺餘姚江以達菁江

秘圖湖（弘治紹興府志）因秘圖山而名今為縣治

燭溪湖（名勝志）在縣東北十八里舊經云昔人迷失道忽有二人執燭夾溪而行乃因得路故名

梅澳湖（嘉泰會稽志）在縣東北一十八里東即燭溪湖此其澳曲也

郗家池（舊浙江通志）在羅壁山晋郗愔池也

雁池（明一統志）在縣南雙雁鄉輿地志云有漢虞國宅國為日南太守愛民及物出則雙雁隨軒秩滿還家雁與俱至其卒也棲于墓不去後人名其水曰雁池

龍泉（舊浙江通志）在龍泉山趾宋高宗飲之甘因取十甕以去

海（　）縣去海四十里

上虞縣

五癸山（弘治紹興府志）在縣北十里

昇相山（嘉泰會稽志）在縣南三十五里

上申山（　）在縣南四十里

釣臺山（名勝志）在縣東南五里許下瞰深潭云葛洪釣處縣西南七里許西溪湖之陰亦有釣臺其山有木槎大十圍陶隱居常乘之垂釣既去槎墮于潭底遂不復浮

蔡墓山（　）在縣西十二里蔡邕卒葬此攷本傳邕嘗亡命會稽其墓則非

也

羅巖山（萬曆上虞縣志）在縣東七里丹崖翠壁雄冠衆山山半石上鐫羅巖二篆字

蘭芎山一名蘭風山（水經注）縣南有蘭風山山有三嶺枕帶長江岧嶤孤危望之若傾緣山之路下臨大川皆作飛閣闌干乘之而渡謂此三嶺為三石頭丹陽葛洪遁世居之基井存焉琅邪王方平性好山水又愛宅蘭風垂釣于此

佛跡山（名勝志）在縣西北四十五里有石如巨人足跡

龍頭山（　）在縣西北三十里西瞰曹娥江（太平御覽）上虞縣有龍頭山上有蘭峰峰頂盤石廣丈餘葛洪學仙坐其上

銅山（弘治紹興府志）在縣西南二十五里

象田山（嘉泰會稽志）在縣西南四十里周四十餘里南有舜井

嵊山（於越新編）在縣西南四十二里高數百仞銳如卓筆漢東陽駱夫人于此上昇有石井丹竈

指石山（嘉泰會稽志）在縣西南五十里

東山（[illegible]）在縣西南四十五里晉太傅謝安所居也其巔有謝公調馬路白雲明月二堂遺址又西一里始寧園乃謝靈運別墅一曰西莊山西有太傅墓山半有洗屐池東西二眺亭舊經云梁徵士魏道徵修道得仙于謝安山南史杜京産與顧歡開舍授學于東山下今有杜浦碩墅（韻語陽秋）會稽臨安金陵皆有東山俱傳以為謝安攜妓之所安本傳初居會稽與王羲之許詢支遁游處被召不至遂棲遲東山此會稽之東山也本傳又云安石常往臨安山中坐石室臨峻谷悠然嘆曰此與伯夷何遠今餘杭有東山蘇子瞻有游餘杭東西巖詩注云即謝安東山此臨安之東山也本傳又謂及登台輔于土山營墅樓館林竹甚盛每攜中外子姪游集今土山在上元縣建康事跡云安石于此擬會稽之東山亦跡東山此金陵之東山也

含珠山（上虞縣志）在縣西南五十里

復碁山（嘉泰會稽志）在縣西南五十里俗傳仙人對奕于此

鳳凰山（[illegible]）在縣西南六十里山有鳳穴

憻讌山（[illegible]）在縣西南五十里水經注嶀山之成土嶠西有孤峰特上飛禽罕至常有采藥者沿山見通溪尋上于山頂樹下有十二方石地甚方潔

還復更尋逢迷前路言諸仙之所醮讌故以壇讌名山（太平寰宇記）即謝靈運游宴之處今往往聞有簫笛之聲也

覆卮山（明一統志）在縣南五十里與太平山相連宋謝靈運常登此山飲罷覆卮山上今存一石竅大旱不涸呼為龍眠牀

金罍山（萬曆上虞縣志）在縣西南二里漢魏伯陽著參同契于此旁有丹井晉太康中浚井得金罍故名

鳳鳴山（　　）在縣東南十餘里昔有仙女跨鳳至山後土人立祠祀之號靈惠真人左有洞曰鳳鳴山飛泉噴瀑若冰柱水簾不可名狀

長者山（嘉泰會稽志）在縣南二里（萬曆上虞縣志）宋周元吉居嘗賑突不烟者鄉人德之遂以名山

四明山（嘉泰會稽志）在縣南四十里（詳鄞縣餘姚）

握登山（於越新編）在縣西南四十里聖母廟下有虹樣村東西赤岸傍虹樣山舊志謂握登生舜之地者妄也

百稜山（）在縣南十里高五里與縣相對（太平寰宇記）郡國志云石壁
山南對小山〻形方正如稜
馬目山（水經注）曹娥江濱有馬目山洪濤一上波隱是山勢淪峍亭間歷數縣
行者難之
龍塘山（嘉泰會稽志）在縣西南四十里一名鶻臭山有上下二潭上潭泉脈不
竭下潭多枯歲禁禱于此有驗里人結屋覆之
龜山（萬曆紹興府志）一在縣東十里大查湖中一在縣西二十五里曹娥江西
岸
夏蓋山（於越新編）在縣北六十里世傳夏禹常駐蓋焉南距夏蓋湖北障海上
有龍潭南麓有淨眾寺宋張即之書其門曰大禹峰
蓮峰山（弘治紹興府志）在縣東與餘姚接境山腰有蓮峰寺
伏龍山（萬曆上虞縣志）在縣北三十餘里巔有巨石橫四丈有奇世傳吳越王
主墓

福祈山（弘治紹興府志）在縣北四十五里

橫山（　　）在縣北又名九峰山

西莊山（萬曆紹興府志）在縣西南四十里舊志云葛仙翁常隱此有石窟如臼者五中有泉不竭山下有洗藥溪水底石如丹砂

蔡山（　　）在縣西南五十里曹娥江西岸下為蔡山渡

孝聞嶺（嘉泰會稽志）在縣北十里昔有包全居之以孝聞

筀竹嶺（萬曆紹興府志）在縣東二十里接餘姚境

楊梅峰（於越新編）在縣西南五十里上多楊梅

玉屏峰（舊浙江通志）在縣東二十里狀如列屏

筍石（明一統志）在縣西南七里石筍立各數百尺

鳳鳴洞（輿地紀勝）一名仙姑洞昔有仙女乘鸞鶴來下洞有飛瀑濺沫嘗若風雨

薔薇洞（明一統志）在東山之半舊傳晉謝安攜妓遊處

上虞江（嘉泰會稽志）在縣西二十八里源出剡縣東北流入江分三道一出曹娥江一自龍山下出舜江又北流至三江口入于海

通明江（　）在縣東十里源出餘姚江其西自運河入于江

戛盖湖（　）在縣西北四十里湖內三十六瀆具岸北二斗門依山有神祠湖東北則戛盖山也戛盖亦作戛駕又作戛架水經云西陵湖西有湖城山東有戛架山湖水上承妖皐溪而下注浙江（舊浙江通志）北接大海々岸有戛盖山湖直其南唐長慶二年永豐上虞寧遠新興孝義五鄉之民割己田為之周一百五里（互見水利）

白馬湖（嘉泰會稽志）在縣西南四十里在戛盖湖南水經云白馬潭深無底創湖之始邊塘屢崩百姓以白馬祭之因名

西溪湖（舊浙江通志）在縣西南門外三十六湖之水鍾焉昔縣令戴延興築塘七里又名七里湖後屢湮萬曆十二年旱甚知縣朱維藩復之（互見水利）

五夫河（於越新編）在縣東北三十五里納戛盖白雲上妃湖水東達餘姚西橫

注于江（會稽風俗賦注）上虞有地名五夫秦皇封五大夫松處盖流俗之傳

顧墅灘（嘉泰會稽志）在縣西南四十里世傳顧歡家墅于此

飲牛溪（　）在縣南五十里帛道猷巖下石有繫牛足跡溪以此名

洗藥溪（舊浙江通志）在西莊山葛仙翁常滌藥于此水底石如碎丹砂流去復生他水皆受穢惟此溪澄澈纖塵亦一異也

姚浦（水經注）縣下有小江源出姚山謂之姚浦浦西接山陰浦而達于江

白龍潭（明一統志）在縣東南三十五里潭在山上下凡三請禱者挽援而上僅至下潭已目眩股慄不可留

海（舊浙江通志）縣去海六十里

新昌縣

五馬山（弘治紹興府志）又名北山在縣北二里

南明山（嘉泰會稽志）在縣南五里一名石城一名隱岳初晉僧曇光栖跡于此支道林昔葬此山下梁天監中建安王造彌勒石佛像山有寶相寺（寶慶會稽

續志）僧端辯云山實天台之西門也吳越錢武肅王改曰南明據錢惟演重修寶相寺碑有隱
隱岳巖來溪塘仙髻峰等處

天嶽山（嘉泰會稽志）在縣西南七里

書案山一名五山（萬曆紹興府志）在縣東南二里五峰相連如貫珠正對學宮之前
儼如書案降而平衍為縣治

獨秀山（成化新昌縣志）在縣西北三里其脉自天姥山來起伏蜿蜒巍然獨峙

南巖山（嘉泰會稽志）在縣西南二十里世傳任公子釣魚之所（成化新昌縣志）
山巖陡險皆沙石積成如築墻狀以物觸之時有墜落世傳大禹治水東注積
成此巖是為海門

天姥山（嘉泰會稽志）在縣東南五十里東接天台華頂峰西北聯沃洲山寰宇
記云登此山者或聞天姥歌謠之響（廣博物志）道經云兩火一刀可以逃言剡中多名山可以避災也故漢晉以來多隱
逸之士沃洲天姥是其處（宋書郡國志）天姥山與括蒼山相連元嘉中遣（成化
名畫狀于團扇（太平寰宇記）謝靈運詩暝投剡中宿明登天姥峯即此也
新昌縣志）高三千五百丈周回六十里道家稱為第十六福地

沃洲山（嘉泰會稽志）在縣東三十二里晉帛道猷竺法深支遁皆居之戴許王謝十八人與之游號爲勝會山有養馬坡放鶴峰皆因支遁得名（洞天福地記）第十二福地沃洲山在剡縣南

鼓山（嘉泰會稽志）在縣西四里山形如鼓

劉門山（）在縣東三十里相傳劉晨阮肇自剡採藥至此山有劉阮祠採藥徑

彩烟山（成化新昌縣志）在縣南八十里與東陽縣界

山背山（萬曆紹興府志）在縣東三十里四面相距四十里旁皆峻嶺嶺之外環以大溪

東岇山（嘉泰會稽志）在縣東四十里晉僧法深支遁皆隱居此世說支道林常就深公買岇山深公曰未聞巢由買山而隱

寒雲千疊山（成化新昌縣志）在縣東三十里地氣高寒夏多挾纊

雪溪山（名勝志）在縣東八十里其地陰寒多霜雪高五百餘丈有溪盤繞山中

渡王山（弘治紹興府志）在縣東十里

朱母嶺（　）在縣東六十里（舊浙江通志）洪武中知縣賈驥過嶺腹
是饑出所懷乾餅啖之有父老自山谷
中持茶湯献不受民乃歌曰清泉不與盜泉同何事
賢侯忍腹空洗出區
曰清泉腹與盜泉同區朱母嶺行人今古挹清風

黄罕嶺（嘉泰會稽志）在縣北五十里唐咸通中觀察使王式敗裘甫處

蘇木嶺（萬曆紹興府志）在縣東北九十里五季時劉萬戶董彥光破馮輔卿于
此

蓮花峰（弘治紹興府志）在天姥山西羣峰攢簇如蓮花高二千五百丈

黄柏尖（成化新昌縣志）俗名望海岡在縣東一百里

穿巖（嘉泰會稽志）在縣西五十里有十九峰中峰有一圓竅東西通故曰穿巖

百丈巖（萬曆紹興府志）在縣西二十里兩山壁立上合下開中露天光一線有
玉華峰瀑布泉蓋奇境也

水簾洞（於越新編）在縣東四十里大坑之中高十丈廣三丈餘有飛瀑若垂簾
然

真溪洞（嘉泰會稽志）在縣東洞高四尺濶三尺深不知其底有持炬入者風自洞出疾甚滅炬竟不得入

疊石（成化新昌縣志）在縣東八十里三石疊起側臨清澗下有石盤承之蓋天成非人力也

柘溪（嘉泰會稽志）在縣東二十五里源出天姥山

石牛溪（ ）在縣西二里源出天台山瀑布

東溪（ ）在縣東一里其源來自天台石橋瀑布水支派入縣南流西詳見水利

沃洲（ ）在縣東七十里晉支道林帛道猷隱居于此

放馬澗（寶慶會稽續志）在縣東三十二里沃洲山西南支道林放馬之所

查浦（嘉泰會稽志）在縣北水經注云東流二百餘里與句章接界浦周六里

長潭（萬曆紹興府志）在縣西南三十里一名槐潭

夫人潭（ ）在縣東五十里棠洲之側石壁高峻下臨深淵過者心

怖明洪武中僉事唐方之妻死節于此因名之

杖錫潭（嘉泰會稽志）在沃洲山下唐僧靈澈之故跡

嵊縣

剡山（一統志）在縣北一里白樂天沃洲記云東南山川越爲首剡爲面山巔屹起小峰號白塔俗傳秦始皇東游使人劚此山以泄氣號剡坑山北有戴顒墓（明一統志）一名鹿胎山獵士陳惠度射鹿處

艇湖山（名勝志）在縣東五里剡溪之左晋王子猷雪夜訪戴安道舟至此返因名

象駱山（萬曆紹興府志）在縣西五里出剡山之右其形如駝昂首臨溪而頋縣城

鞏山（名勝志）在縣東三十里山勢平如鋪鞏舊經云山有白巖龍祠碧潭其下衆流趨湊湍石迅激

石鼓山（嘉泰會稽志）在縣東五十里白樂天沃洲記云北對四明而金庭石鼓

介焉（名勝志）世傳王右軍池中鵝嘗飛至此山中故又名靈鵝山

動石山（嘉泰會稽志）在縣東北五十里下臨溪有石數百天欲雨石必先動

錦屏山（名勝志）在縣東七十里狀如錦屏有石井相傳以為龍窟有以物投井者後自海畔人家見之因謂與海通稱為海眼云

龜山（萬曆紹興府志）在縣東七十里兩山皆如龜狀如母子然界乎二水合流之間

三峰山（弘治紹興府志）在縣東七十里

金庭山（名勝志）在縣東七十里天台華頂之東門也晏侯曾先地志云有金庭桐柏與四明天台相連唐裴通記云剡中山水之奇麗金庭洞天為最其北門小香爐峰頂人莫能見之（嘉泰會稽志）桐柏在天台金庭在剡舊（洞天福地記）又以金庭為桐柏蓋其山隴聯屬故爾第二十七洞天金庭崇妙洞天三百里在越州剡縣褚伯玉沈休文居之

花山（名勝志）在縣東北三十里怪石奇松宛然圖畫下臨碧溪行舟如織漁樵歌唱遠近相應

宋書張稷為剡令至剡亭生子名嵊字四山嵊之為字爲取四山相合如乘馬乘雁之義

嵊山（嘉泰會稽志）在縣東三十四里水經云山下有亭帶山臨江松嶺森鬱

車騎山（　　）在縣東四十七里舊經云晋車騎將軍謝元為會稽內史常于此山立樓居止後人因以為名

姥山（萬曆紹興府志）在縣南十五里林木蓊鬱蒼翠對之南望也山外為新昌縣境

剡石山（名勝志）一名獨秀山在縣南三十里十道志云一名穿山宋昇明末縣人倪襲祖行獵見山上有文凡三處苔生其上剔苔視之其大石文曰黃天皇蕭字道成淂賢師天下太平小石文曰剡石者誰會稽南山李斯也唐寶元初元稹使人訪碑不獲王十朋會稽賦謂苔封石刻即此

遁山（　）在縣西南四十里下有白雲塢漢車騎將軍求茶隱處

亞父山（萬曆紹興府志）在縣西南七十里相傳有採薪者遇一老人曰吾亞父也嘗宅此山明日見石間足跡甚大

貴門山（於越新編）在縣西南七十里有三泉迸石穴曰三懸潭

鹿苑山（萬曆紹興府志）在縣西六十里

太白山一作大白（名勝志）在縣西七十里絶高者爲太白次爲小白面東者爲西白面西者爲東白在東陽者爲北白剡録云峻極崔巍吐雲納景趙廣信昇仙處也石筍對立如闕瀑泉飛下孔曄記云剡縣西七十里白石山有瀑布水巖際有容房採容者以葛藤連結然後能至南史褚伯玉居剡中齊高帝勑于剡西白山立太平館居之宋書褚伯玉隱身求志居剡縣瀑布上處一樓今西白山有瀑布泉是其處

葛峴山（嘉泰會稽志）在縣西北二十里

石門山（名勝志）在縣西北二十五里山有石洞旁有龍湫

五龍山（萬曆紹興府志）在縣西北四十里水自真如山來匯爲龍潭者五有晉高僧帛道猷道場

子周山（嘉泰會稽志）在縣西北七十里

紫巖山（弘治紹興府志）在縣西北七十里

榆樹山（嘉泰會稽志）在縣西北八十五里

了山一名餘糧山（弘治紹興府志）在縣北一十二里

謝巖山（　）在縣北三十里謝康樂所遊（嵊縣志）剡録云山隩深峭被以榛莽有巨澗奔激清湍溯騰映帶左右入于溪深下為三墜嶺其深淵迥褭紺碧一色

小白山（嘉泰會稽志）在縣西六十里真誥云趙廣信陽城人魏末渡江來此山師李一成服氣又授師左君守中之道後白日升天有丹井今存

黄山（名勝志）在縣南十里又名方山

嶀山（嘉泰會稽志）在縣北四十里輿地志云後溪口迴江上數十里兩岸峭壁勢極險阻眾高瞰下有深林茂竹表裏輝映名為嶀嵊奔瀨迅湍以至海也（水經注）嶀山與嵊山接二山雖曰異縣而峰嶺相連其間傾澗懷烟泉溪引露吹畦風馨觸岫延賞

東林嶺（弘治紹興府志）在縣東七十里

白峰嶺（　）在縣西八十里入東陽縣界

清風嶺（　　）在縣北四十里舊名青楓宋王烈婦死節于此因易今名

聖巖（萬曆紹興府志）在縣北七十里高百丈長一里上有行路下可避風雨

馬蹄石（輿地紀勝）在縣東北相傳秦皇東遊經此馬蹄所踐也

毛竹洞（於越新編）即金庭洞〻口有竹生毛

白雲洞（萬曆紹興府志）在縣東七十里與金庭山相近風月之夕山中有聞吹笙者相傳王子晋仙去後主治天台華頂歸白雲先生往來金庭之間今山下有白雲祠

石闌干（名勝志）在縣西南四十五里與嵊浦相連

嵊浦（嘉泰會稽志）在縣西南四十五里水經云嵊山成土嶠以北有嵊浦

了溪（明一統志）在餘糧山下越絕記禹鑿了溪人方宅土

剡溪（嘉泰會稽志）在縣南一百五十步溪有二源一出天台一出婺之武義西南流至東陽入縣一百四十里東北流入上虞縣界（太平寰宇記）即王子猷雪

夜訪戴逵之所

墨池鵝池（弘治紹興府志）在金庭山右軍舊居處也又獨秀山亦有墨池

鹿苑潭（輿地紀勝）在縣西鹿苑寺源出山巔二小穴歲旱投簡驟雨即至

仁和杭大宗世駿輯

台州府 臨海縣附郭

大固山（赤城志）在府西北按舊經晉隆安末孫恩爲寇刺史辛景休于此鑿塹守之恩不能犯遂以名山宋紹興間道士賈德洪斸地得晉斷碑有龍顧山字故又名龍顧山

小固山（臨海縣志）在城東南二里與大固山相望高七十丈周四里

巾子山（赤城志）在州東南一里連小固山兩峰如帢幘頂有雙塔

龍井（輿地紀勝）在巾子山西麓舊傳龍伏于此常有雲氣騰空建浮圖鎮之

臨海縣 城外山川

蓋竹山（赤城志）在縣南三十里按輿圖志云一名竹葉山中有洞名長耀寶先之天周回八十里洞淵集所謂第十九洞天也雲笈七籤云仙人商邱子治之道藏洞天記及名山記皆云蓋竹山福地觀壇各一所有竹如蓋故以爲名（明

一統志）抱樸子言此山可合神丹漢末有陳仲林華四人得道于此上有香爐天門二峰最爲游覽之勝

牛極山（臨海縣志）在縣西北一十里上有平坡數十畝可遠眺

靖江山（明一統志）在縣東七里上有塔俗名白塔山舊傳辛景休破孫恩于此

少雨山（台州府志）在縣東九里舊傳築城時較其土稍輕故名

東掖山（赤城志）在縣東北四十五里以其居天台左掖故名上舊有隔塵寺

赤山（輿地紀勝）在縣東南一百三十里絕頂有古塔塔之下有石函盛小銅塔内有銀壺盛舍利舊傳梁王蕭詧所施

白鶴山（嘉靖浙江通志）在縣東南二十里（太平御覽）昔有白鶴飛入會稽雷門鼓中擊之聲振洛陽故名（太平寰宇記）山上有深湖中有盤石山前有石鼓（晏公類要）臨海記云山上有隱泉懸溜遠望如倒挂白鶴名挂鶴泉

白巖山（台州府志）在縣西十二里舊名白馬唐天寶六年改今名

真隱山（太平寰宇記）在縣西南四十里高一萬六千丈周三百里與仙居韋羌

山按本名栝蒼又名天臭王方平居崑崙往來羅浮栝蒼山即此唐天寶中改今名

許孝山（臨海縣志）在縣西北七十里（名勝志）舊傳有許姓者居喪至孝每慟則羣鳥悲鳴因以名山

龍符山（臨海縣志）在縣東一百七十里（赤城志）輿地志云章安縣東五十里海際有覆釜山臨海記及寰宇記云東海有山形如覆釜吳越春秋云吾得覆釜書除天下之災而劉世軌記云昊帝登此山得龍符之瑞唐天寶六年改今名山有巨跡相傳夸父逐日所踐云

臨海山（赤城志）在縣東北二百四十里按臨本牛頭山以石似故名唐天寶六年改今名

秀麗山（　）在縣東二百里海中舊名芙蓉臨海記云州東北七十里海中有芙容山僧智顗傳云出海望芙容山狀若紅蓮之始開蓋指此也唐天寶六年改今名

石塘山（明一統志）在府城西三十里上有石峽飛瀑注塘中水底有石柱日朗即見俗呼龍盤石

石龍婦山（赤城志）在縣東北七十里東瀕海（太平寰宇記）山旁有奇石如婦人狀宋文帝遣画工摸寫山狀時人盛圖于白團扇

宜山（明一統志）在府城西六十里其巔平衍良疇可十頃有潭瀑沾溉旱不能災

岐山（臨海縣志）在縣東南六十里

石鼓山（赤城志）在縣東一百五里臨海記黄石村山上有石似鼓兵興則鳴

玉峴山（太平寰宇記）在縣東一百七里舊名黄石山一名黄石嶴相傳黄石公居此天寶六年更今名山洩水九層沿厓注落如白練

上足山（赤城志）在縣西南一十一里一名戲龍西接真隱山南連永嘉西南連括蒼有石井龍湫巖上有瀑布高十餘丈歲旱必禱焉

海門山（明一統志）在縣東南一百二十六里相對如闕在海北岸東枕海

金鰲山（　）在縣東南百里章安鎮東有小洞相傳昔人艤舟夜見一物起波間光采注射廹視乃一巨鰲金色故以為名（輟耕録）山枕海屬臨海縣章安鎮宋高宗在潛邸日奉州徐神翁献詩曰牡蠣灘頭一艇横夕陽西去待潮生與君不負登臨約同上金鰲背上行及南渡建炎庚戌正月三日帝航海次章安鎮落帆福濟寺前候潮見此詩見寺壁間題墨若新方信其為異人也

白山（輿地紀勝）在縣東南二百五十里按臨海記云白山望之如雪其上有湖舊傳金鵝于此集焉

合旗山（　）在縣東一百三十里舊傳僧涯頂居攝静寺會有海寇至頂諱經自若寇見金旗耀日有神皆丈餘懼而遁因以名山

東刋山（台州府志）在縣東七十里東南接黄巖因禹随山刋木故名

將軍山一名天柱山（赤城志）在東刋山南烈女馮光奴死節處旁有峰蜿蜒如蛇一名蛇山

天門山（　）在縣西六十里高數千仞

望海尖山（台州府志）在縣東北四里後嶺上甚高聳宜遠眺土人多以為田麥

特翠浪翻浮最為可愛

青珠山（輿地紀勝）在臨海縣

仙石山（臨海縣志）在縣東北二十里（太平寰宇記）山有石步廊觸石雲起宗朝必雨即王方平所遊之地

日山（赤城志）在縣西五里以其面東朝日視諸峰獨高故名

常風山（嘉靖浙江通志）在縣西五十里有石穴風常自中出故名

古塘門山（臨海縣志）在縣南二十里兩峰對峙中空十餘丈舊傳海門在焉

新羅山（赤城志）在縣西三十里與八疊山相望

燈壇山（太平寰宇記）在縣西六十里舊圖經云山有石壇每陰雨有大望之如燈故名

鴻鶴山（臨海縣志）山有二一在縣西七十里一在縣西北六十五里

九盤山（赤城志）在縣東南七十五里以其路縈迴九轉故名絕頂可眺大海

亭山（輿地紀勝）在縣南一百里其地有寨由郡泛舟入黄巖者候潮于此

翠環山（台州府志）在縣東南一百三十里峰巒回合有若環翠故名

高相山（赤城志）在縣東北一百三十五里一穴無際接會稽圖經云與海通

高麗頭山（　）在縣東南二百八十里海中自此山中分路入高麗國其峰突立宛如人首故名

清潭山（台州府志）在縣西二十五里夷堅志舊有陂廣十餘里渟泓間大水推一山納陂中山之大小正與陂等林木宛然

芳溪山（臨海縣志）在縣西三十五里深窅可百里通仙居黃巖有水源深遠溉田甚多

葛溪山（台州府志）在縣西三十五里俗稱葛仙翁煉丹處有石如藥碾狀有禮斗壇壇上有湫頗深窅霧雨晝冥有龍宅焉

三山（　）在縣東七十里有三巖聳異賀氏世居此唐賀瑄與二姊狥父赴水後顯靈建廟于此

崛門山（太平御覽）在縣東一百五十里山腹有孔上達于頂其中有簪即大風

水涌主兵吳將爭孔內有聲遠達十里

大椎山（臨海縣志）在縣東二百一十一里

頭扣山（台州府志）在縣東北二百一十一里西有嶼

鵞鼻山（舊浙江通志）在縣東一百五十里狀如鵞鼻吸水

石佛山（一統志）在縣東南一百七十里以狀名

峧嶢山在縣東南一百八十里蒼郭山在縣東北二百一十一里其西有蒼郭村小門山大門山在縣東南一百里壽昌山在縣東一百五十里莆門山在縣東南一百五十七里東麂山在縣東一百五十七里西麂山在縣東一百六十里主山在縣東南一百七十里麂頭山在縣東南一百八十里虎頭山在縣東北二百六里澤青山在縣南二百二十里猩澳山在縣東北二百八十里伯達山在縣東北二百八十里嶼山在東北二百八十里澤山在縣東北二百八十里（舊浙江通志）以上俱海中山

雲峰（台州府志）在縣西南十九里峰極高聳外望諸山宛若聚米鄉邑江湖畢在目前

玉峰（臨海縣志）在縣西北七十里俗名白石尖又名大石鄉勢凌霄漢

聖巖（台州府志）在縣南二十里錢柱山號險絶舊傳有神躍馬于此故名至今有馬蹄痕又名馬蹄巖

桐巖（　　）在縣東五十里接寧海縣界

仙巖（臨海縣志）在縣東一百二十里高廣數百仞中有石竅廣四畝名百花洞

黄礁巖（台州府志）在縣東一百七里南臨江東西北俱平川穴出一巖方圓四十餘丈高十丈餘無土樹歴年不凋

新羅嶼（臨海縣志）在縣東南三十里昔有新羅賈人艤舟于此

竹嶼（台州府志）在縣東一百四十六里海中

馬嶼（　　）在縣東一百七十里

新嶺（臨海縣志）在縣南三十五里自大右嶼至嶺脊分臨海黄巖界

蔡嶺（台州府志）在縣東八里

飛霞石（輿地紀勝）在蓋竹山舊傳仙人上昇于此石累三層牧豎戲其上以手轉之不墜

常風洞（赤城志）在縣西四十里中極幽邃舊有石闌護之宣和中常駐兵于此

招賢洞（　）在縣西六十里以寺名宣和寇難以其地險遠將據守

臨海江一名溲江（元和郡縣志）二水合成一是始豐溪一是樂安溪至州城西北十三里合（台州府志）縣東二十里受諸溪之水諸山抱之不能東與海接故西南流經枧橋閘石新橋諸村過少兩山與靈江合實郡治東裨界水也

靈江（台州府志）在府城外西北自三江匯流抱城而東舊志稱中有一泓名陳婆泓泓水極清巨潮激湃不為動舊以此水釀酒宋嘉定中台州有靈江風月之名延慶院記曰濟靈江而西唐任翻詩曰靈江江上巾峰寺是江之得名久矣

三江（嘉靖浙江通志）在縣西十里其源有二一自天台關嶺一自仙居永安二溪至此合為靈江故曰三江潮汐至此而止故其流溪清而江濁

椒江（台州府志）在縣東南一百二十里合靈江永寧江同流出海實受臨黄天仙四邑之水江面寬二十餘里南則海門衛北則前所兩城對峙為台區要隘

皆明初湯和建築

東湖（赤城志）在崇和門外三十步初為船埸水軍營熙寧四年錢守暄始開為湖凡一萬六千步

虎溪（臨海縣志）在縣東六十五里源出東掖山南五里合流中沙溪舊傳宋獻穆公主有目眚僧法腴洗以咒水而愈奏置十八賢座倣廬山遠公故以為名其泉曰大悲泉

芳溪（台州府志）在縣西三十里流出括蒼山詳見水利

百步溪（明一統志）在縣西北六十里前後二灘石險湍激俗名大小惡溪唐孟浩然詩欲尋華頂去不憚惡溪名是也（台州府志）宋乾道中邑令陳居安修治水稍平明弘治二年郡守馬俊疏鑿別道七百餘丈害未盡去後邑人蔡潮募工重修舟始無患因易其名為大善灘互見水利

玉泉（臨海縣志）在縣東北白雲山下以水色而名

康濟泉（嘉靖浙江通志）在縣東南二十五里靈康廟後宋乾道三年令顏度禱

雨于廟見階前水津津迸溢透穴地湧泉

丹井泉（臨海縣志）在天慶觀昊天殿後舊傳茅盈鍊丹于此

仁泉（台州府志）在縣東北三十里弘光寺後大旱不涸溉田千餘畝俗名旋塘

楓山泉（臨海縣志）在海門白楓山頂廣盈四尺深丈有咫寒冽甘潔湛碧浮藍在山巔而不涸近海畔而不鹹

海（台州府志）在縣東一百八十里潮汐自海門直至縣西三江與天台仙居二水相接宋洪邁志東海中有尾閭與海門馬筋相值自高山望之其水湍急陷為大渦十餘舟楫不可近舊傳東海淺水處南由黄巖太平達温州北由寧海達寧波

黄巖縣

永寧山（赤城志）在縣東五里因古縣而名巖壁峻峙四望皆方正故一名方山

大仁山（）在縣東十五里山巔有二池大旱不涸上有大仁寺

委羽山（嘉靖浙江通志）在縣南十里俗名俱依山（赤城志）山東北有洞世傳仙

人劉奉林于此控鶴輕舉常墮翮焉故名按真誥云委羽山天下第二洞天號
大有空明之天
屏山（輿地紀勝）在縣南八十里東西二石聳立如屏有古藤纏絡之冬寒不凋
西屏因風雨仆為二矣
石磕山（洞天福地記）第三福地在台州黄巖縣
唐門山（黄巖縣志）在縣北五里中有将軍巖甚鉅
松巖山（輿地紀勝）在縣西十五里沿崖而上石梯数百級勁直如削或云王仙
姑輕舉之地
東山（台州府志）在縣東二十五里
西山（　）在縣東二十五里東山對峙故名
石壁山（明一統志）在縣南八十里上有石壁插水中宋虞仲房刻詩于石云野
艸閑花洞口春碧潭如鑑淨無塵江山好景攜不淂漾入酒尊和月吞
東鎮山（赤城志）在縣東二百四十里中有四嶼極險峻山上望海中突出一石

舟之往高麗者必視以為準焉

三童山（黄巖縣志）在縣西南一十七里山有三峰各高十餘丈遠望似童子香積寺記云昔有三童子出沒其側跡之皆化為石故名

三畬山（赤城志）在縣西六十里初至下畬則兩山夾一水而入其勝處號雲莊風磴次至中畬二里許兩石蹲踞號石門又四里即上畬有洞空澗尤勝

岱石山（　）在縣西南一十七里又有一石橫前如櫃號石櫃山

靈巖山（名勝志）在縣北一十里又名鷲峰後有飛瀑垂崖而下潴為潭深不可測

翠屏山（台州府志）在靈巖之右山如屏障俗呼翠屏

黄巖山（明一統志）在縣西一百二十里一名仙石山俗傳仙人王方平居此

鷄籠山（嘉靖浙江通志）在縣南二十五里值晦冥之夜輒有光焰天日晴霽則滿山若金玉然

大屏山一名尖峰（台州府志）在縣南一十五里其山逆水上走又名金字巖

下洋山（黄巖縣志）在縣南一十八里相傳地震惟此山不動

徐山（台州府志）即彭城山縣南三十五里

龍鳴山（嘉靖浙江通志）在縣南一百二十里上有龍湫舊傳龍鳴其上

柏嘉山（台州府志）在縣西三十五里每旱禱山鳴即雨又名鳴山

大田山（黄巖縣志）在縣西三十五里上有蓮花峰下有龜嶼

華嚴山（台州府志）在縣西四十五里

篤孝山（黄巖縣志）在縣西三十五里宋南渡後有鮑雍者自饒從居山下孝養其親故名

馬家山（台州府志）在縣西四十里

霊石山（赤城志）在縣西五十里以甘露降名甘露山臨海記云山上有奇石當孫恩叛毀木爲船石從空自墮賊以傷去故名爲霊石

燕鳥山（台州府志）在縣西六十里

平田山（黄巖縣志）在縣西六十里山極崇峭至巔有地平衍故名

浮山（輿地紀勝）在縣西七十里特起田間四無聯屬俗傳一夕風雨浮至故名

青龍山（台州府志）在縣西七十里其形蜿蜒如龍故名

壓山（　）在縣西南三百里永寧江源出此

瑞巖山（名勝志）在縣西北四十五里山石皆紫

李家山（黃巖縣志）在縣西北一百五十里

六潭山（台州府志）在縣北一十五里朱文公常著書于此名為小樊川題曰溪山第一

觀音巖（　）在縣極東瞰大海有穴可坐數十人其中常有光明

幞頭巖（黃巖縣志）在縣西四十五里狀如幞頭夜輒冥或有火如炬

西巖（台州府志）在縣西七十里金溪中有豰久晴鳴則雨久雨鳴則晴

五部嶺（黃巖縣志）在縣西一百一十里東連五部村西連樂清西北連永嘉東北連蒼山東南連桐嶺故名五部

義城嶺（　）在縣西五十里按臨海縣舊志云其南二十五里即茅畬鋪

大唐嶺（台州府志）在縣南三十五里接太平界

佛嶺（　）在縣西南三十五里與樂清分界

山客嶺（　）在縣西六十里入樂清界

新嶺（　）在縣西北四十里最高峻北抵臨海界

大有空明洞（名勝志）在委羽山昔有道士秉炬入洞中行數日聞櫓聲返（輟耕録）委羽山特立不倚形如落鳳故得名中藏洞穴所謂空明洞天也

永寧江（赤城志）源出縣西北三百四十里有大小二源大源出塵山小源出黄巖山從縣北入于海

青湖（台州府志）去縣三十里俗傳晋將孫恩常觧金甲于其中湖底有一竅深不可測土人謂與耀珠潭相通

黄巖溪（黄巖縣志）在縣西一百里源出黄巖山派為諸川凡五十餘

九溪（台州府志）在縣西三十五里柏嘉山下諸溪凡九西角二大溪合流以達永寧江

日溪（嘉靖浙江通志）在縣西六十里（黄巖縣志）西北有小谷曰金玉湾

軍營溪（台州府志）在縣西三十里源出佛嶺宣和中官軍勦寇結營于此故名

錦溪（　　）在縣西七十里兩岸多桃李花時望之如錦故名每大旱水忽
自漲次日必雨

白龍潭（赤城志）在縣東一十里方巖其穴有三大僅如甕常有雲氣罩之居人
見龍出入色白故以名潭

赤頬潭（黄巖縣志）在縣西五十里亂山中龍出入必大風雨故近山無居人旁
有大木皆無靡葉父老言有龍黑身赤頬遂名潭

桐眉潭（赤城志）在縣西九十里柏鄉都洞南怪石壁立過者悚懼年豐則有雲氣
覆其上雖終日不散歉歲則否

藏雪潭（　　）在縣西北一十里即鳴山之鳴川潭舊傳五六月間積雪不消
遂改今名

天台縣

天台山（天台山志）在縣北三里按舊圖經載陶隱居真誥云高一萬八千丈周回八百里山有八重四面如一當斗牛之分上應台宿故曰天台又十道志謂之頂對三辰登真隱訣謂大小台處五縣中央（五縣謂餘姚句章臨海天台剡縣孫賦中所謂五界也）或踈靈越孫興公賦所謂蔭牛宿以曜峰托靈越以正基是也（或謂天台山據越地之靈以正基址爾非以靈越為天台也）今言天台者蓋山之都稱如桐柏赤城瀑布佛隴香爐華頂東蒼皆山之別名大概以赤城為南門石城為西門據神邕所記如此而徐靈府小錄又以剡縣金庭觀為北門蓋指山之所至言抱朴子內篇云諸山不可煉金丹以其皆有水石之精惟太華少室縉雲羅浮及大小台正神居之助人為福可以修煉又山識云曲豆女台可以避災然則地為靈仙所宅尚矣（明一統志）山去天不遠路由福溪水險而清前有石橋廣不盈尺長數十丈下臨絕澗惟忘其身然後能濟濟者梯巖壁援藤葛始得平路見天台山蔚然奇秀雙列于青霄上有瓊樓玉闕天堂碧林醴泉仙物畢具也

赤城山（赤城志）在縣北六里一名燒山又名消山石皆霞色望之如雉堞因以

為名孫綽賦所謂赤城霞起以建標是也絕頂有浮屠七級梁岳陽王妃所建支遁天台山銘序云往天台山當由赤城為道而神邕山圖云以此為台山南門云（天台縣志）山之麓有巖極深廣晋義熙初僧曇猷造寺號中巖齊僧惠明復就塑一佛名卧佛又有巖二曰結習曰釋籤盖灌頂湛然遺跡也西有玉京洞北有金錢池上有佛人井飛流噴沫冬夏不竭（神僧傳）赤城山有孤巖獨立秀出干雲釋道猷搏石作梯升巖宴坐接竹傳水以供常用王羲之聞而故往仰峰高挹致敬而返

桐柏山（天台山方外志）在縣西北二十里七十二福地之一唐司馬子微隱此舊圖經云周靈王太子主金庭治桐柏山即此也（太平寰宇記）登真隱訣云金庭不死之鄉方四十里

瓊臺雙闕兩山（天台山方外志）自崇道觀西北行二里至元應真人祠由真人祠取道仙人跡經龍潭側凡五里至瓊臺轉南三里至雙闕皆翠壁萬仞森倚相向孫綽賦所謂雙闕雲竦以夾道瓊臺中天而危居是也

寒巖山（方輿勝覽）在縣西北七十里亦名寒石具山幽邃當暑有雪（天台縣志）因寒山子得名前有磐石曰宴坐峰上有石室舊名捫石洞後朱芾題曰潜真四山環峙如郭郭上矗雲漢其下嵌空置佛屋不用瓦覆由宴坐西有石梁可數尺架兩崖間險峻不可陟南有泉如屋霤寺僧縻竹綆引之前距山腹一里有道人洞轉西二里亂石瀉流巖竇閒敞若虬髯因號龍鬚洞台山絕勝處也臨海記云石室前有立石參差五色遠望如綬帶舊傳為綬帶山

明巖山（天台縣志）在縣西七十里舊名暗巖巖之前峭壁屹立勢摩穹蒼亦號幽石其下竅穴遠邃日光穿漏中有僧全寧棲真洞轉北數步怪石森然上有兩峰倒側號合掌巖西有泉驀巖而下渙若垂箔寺僧亦用竹綆引之從高下墜號曰水索由寺北捫蘿而下至重巖磐石品列即三隱嘯詠之地常有光如月號石月寺東有響巖擊之聲鏗然寒山子詩所謂重巖我卜居鳥道絕人跡是也

方瀛山（赤城志）在縣西北二十八里唐長慶中徐靈府居此寶曆元年賜今名

東橫山（名勝志）在縣東十里俗名覆船山本天台山足其山坦夷中有三溪冬溫夏冽

鳳皇山（台州府志）在縣東十一里

圻山（天台縣志）在縣西十六里神邕山圖云峭崿險圻而中峰拔立孤秀舊傳王喬控鶴于此又名鶴峰

蒼山（赤城志）在縣東四十里按神邕山圖云其山凌跨桐柏絕頂睇滄海

司馬悔山（雲笈七籤）在天台北係第十六福地李明仙人所治之處（天台山方外志）舊傳司馬承禎隱天台山被召至此而悔因以為名

大盆山（名勝志）在縣西一百八十里西接東陽南界仙居遙望如覆盆即婺江之源也

始豐山（台州府志）在縣西南十五里舊以狀類盤龍名龍山唐天寶中更今名

重壚山（天台山方外志）在縣北三十里白雲先生隱處圖經云七十二福地之一

瀑布山（　）在縣西四十里（嘉靖浙江通志）一名紫凝山有瀑布陸羽品為天下第十七水與福聖國清二瀑為三云（名勝志）神異記云餘姚人虞洪入山采茗遇一道士牽三青羊引至瀑布下曰吾丹邱子也聞子善具飲常思見惠山中有大茗可以相給

寶華山（天台山方外志）在縣東三十里產花蕊石

八峰山（天台縣志）在縣西北六十里中有萬年寺所謂八峰明月婆羅香爐大含銅魚藏象烟霞應澤是也

覆盆山（天台山方外志）在縣西四十里形家以為台郡臨海山川之美皆是此胚胎迤衍發秀

千佛山（始豐類稿）在天台西五十里層巒疊嶂森鬱秀拔與赤城玉霄華頂諸峰角勝

鷓鴣山（宋瀛天台廣濟橋記）天台縣西二十里有山曰鷓鴣二水發源其間合流至長洋復折而西與大溪滙龍湫志要常有鷓鴣鳴故名

銀山（天台山方外志）在縣南十里宋元祐間因礦發故名（天台縣志）明萬曆間三次開採無銀遂廢

方山（天台山方外志）在縣西六十里高峻千餘丈周十五里自足至頂皆方故名

妙山（台州府志）在縣東二百步延袤一里邑之鎮山也

華頂峰（赤城志）在縣東北六十里蓋天台第八重最高處高一萬丈少晴多晦夏有積雪絕頂有望海尖瀰漫無際下瞰衆山如龍虎蟠踞旗鼓布列之狀草木薰郁殆非人世僧知顗與司馬子微常晏坐修真焉

五峰（　　）在縣北一十里國清寺側其峰有五曰八桂曰靈禽曰祥雲曰靈芝曰映霞前有雙澗合流南注大溪

九峰（嘉靖浙江通志）在縣西北三十里周圍九峰曰紫霄曰翠微曰玉泉曰卧龍曰蓮花曰華琳曰玉女曰玉霄曰華頂矗立霄漢遠近相向王羲之與支道林常往來此山（赤城志）舊名九壟唐天寶六年改今名

九折峯（赤城志）在縣東北三十里孫綽賦所謂既克濟于九折路威夷而脩通是也

百丈巖（　）在縣西北二十五里崇道觀西北與瓊臺相望

翠屏巖（　）在縣東二十五里孫綽賦所謂搏壁立之翠屏者是也（龍湫志要）山形壁立如屏故名

靈巖（天台縣志）在縣西五十里巖洞虛迴有石如棊與淅嶠山相連中有小嶼號曰文嶼左右魚石盤列映帶

八桂嶺（天台山方外志）在縣北五十里地理記天台山有八桂巖孫綽賦所謂八桂森挺以凌霜是也

杜潭嶺（天台縣志）在縣南二十五里與臨海分界

閔嶺（天台山方外志）在縣西北四十里與新昌分界

斤林嶺（台州府志）在縣東四十五里與臨海分界

顧儒嶺（赤城志）在縣東南一十五里按輿地志舊名東岇有齊顧歡讀書堂後

人因以為名今嶺旁有歙溪歙與且有碩姓居之或其苗裔也

招隱嶺（天台山方外志）在縣東北五十里昔碩歙招同郡人杜京産隱此

寮嶺（赤城志）在縣西二十里與金地嶺接漢高寮所隱之處

金地嶺（　）在縣西二十里

玉京洞（　）在縣北七里赤城山石盖第六洞天茅司命所治或歸太上玉清天或歸玉真清平天會稽記云許邁常居之

丹霞洞（明一統志）在縣北一十五里舊傳葛元煉丹處傍有仙人拍手巖飛瀑數百尺下為靈溪

桃源洞（名勝志）在縣西北二十里一名劉阮洞續齊諧記漢永平中有劉晨阮肇入山採藥迷道得桃實食之覺身輕行數里至溪滸有二女方笑迎以歸留半載謝去至家子孫已七世矣

石橋（方輿勝覽）在縣北五十里即五百應真之境相傳為方廣寺有石梁架兩崖間龍形龜背廣不盈尺其上溲澗合流濺為瀑布西流出剡中梁既峭危且

多莓苔甚滑下臨絶澗過者目眩心悸

斷橋石（台州府志）在縣北七十里自石橋沿澗行可十五里至此一石中斷因以為名下臨危澗亂石碁布雖邑人亦罕至云

始豐湖（明一統志）在縣南因晋縣為名

玉湖（台州府志）在縣西十里廣百步長五里許俗呼馬湖詳見水利

青溪（赤城志）在縣西五里源出天台山南流入大溪按謝靈運登臨海嶠詩云旦發青溪陰俗呼為清者悞

靈溪（嘉靖浙江通志）在縣西北一十五里孫綽賦所謂過靈溪而一躍是也

大溪（台州府志）在縣西南五十步源出婺州東陽縣受始豐天台桐柏之水順流而下凡八十七里至三江

楢溪（名勝志）在縣東三十里一名油溪（赤城志）孫綽賦所謂濟楢溪而直進是也

乾溪（赤城志）在縣南二十五里舊傳僧曇猷訪赤城有一媪與之語神怒投媪

于淵猷飛錫湫之其溪立祠故名

百丈潭（　　）在瓊臺雙闕間翠蔓蒙絡水聲潺湲盤澗遠震出為靈溪

丹霞潭（台州府志）在縣西北二十里柳汲煉丹處

柘溪潭（明一統志）在縣西北三十里水極泓深前橫石檻又有石室可容百人

惠澤潭（天台縣志）舊名惠濟在石梁之下其龍甚靈宋嘉泰元年大旱致禱甘雨均洽令上其事賜龍君額曰惠澤（輿地紀勝）嘉泰四年旻雷雨湧出金銀藏錢圓徑六寸餘文曰太平通寶太宗朝賜以鎮潭

卓錫泉（台州府志）在智者嶺知者注涅槃經處

龍鬚泉（明一統志）在縣西寒巖洞口噴薄如龍鬚因名

應心泉（天台志要）在萬年寺西宋蔡政賀允中宅于此泉自湧出允中自為記

墨池（台州府志）華頂峰有王羲之墨池在李白書堂側

仙居縣

括蒼山（　　）在縣東南四十里高一萬六千丈登之見東海又名天臭嵾

巖四絶俯瞰諸山綿亘三百餘里跨台婺溫處四郡之岳云（互見處州府縉雲縣）

福應山（明一統志）在縣東二里宋皇祐間縣令陳襄名之（赤城志）陰陽家謂其居邑龍首得地之勝居人建浮屠其上自是取青紫不乏

漁潭山（仙居縣志）在縣東南五里下瞰深潭每二三月桃花盛開巨魚如織

安洲山（台州府志）在縣東南五里舊名九句山宋羅適作唐僧淮頂記云師止安洲以波瀾四絶乃誓曰使地坦夷當就請爲未决句而沙涌地平朱文公書題爲第一山

紫籜山（名勝志）在縣北三十里舊名竹山唐天寶中更今名

東山（仙居縣志）一在縣西北六十里一在縣西南三十五里一在横溪之北縣西七十里

孟溪山（台州府志）在縣西北十里宋宣和寇起民保聚其間寇至見雲霧杳冥草木間旗幟隱隱懼不敢犯民賴以全

綵仞山（名勝志）在縣北二里其下有溪

青圭山（台州府志）在縣北十餘里一名青尖即紫籜山之趾上有峰如圭聳然特秀左右二小峰若輔弼然雄據縣治後東北界天台西北連東陽

陽澄山（仙居縣志）在縣南四十里一名陽峰上多沃田登之萬山皆伏

桐林山（赤城志）在縣西南五十里

張阜山（嘉靖浙江通志）東瞰縣治南環以溪北有奥及柘溪諸處泉谷深秀舊傳逸民張阜居焉

翠屏山（仙居縣志）在縣西南四十里

小簾山（明一統志）在縣西南四十里有瀑若簾垂四時不竭

韋羌山（台州府志）在縣西南四十里險峻難升上有石室户牖至春深霧重漲者隱隱聞鼓聲盖神仙所宅也（赤城志）按臨海記云上有石壁刊字如科斗晉義熙間周廷尉為郡造飛梯以蠟模之莫識其義俗傳夏帝踐歷故刻此石

峡山（赤城志）在縣東南一十五里衆峰拱揖列岫迂迴致伴川峡故名

萬竹山（[illegible]）在縣西南四十五里絶頂曰新羅九峰回環道極險隘嶺上叢

薄敷秀平曠幽窈自成一村

石龕山（　）在縣東一十五里上有石室深三丈廣踰一丈俗傳神靈栖焉

瓏崆山（名勝志）在縣西南十五里山多玲瓏巨石

枕海山（仙居縣志）在縣西北五十五里俗傳其趾與海通潭水潮汐相應

玉几山（　）在縣西南五十里金山下俗呼為船巖山

金山（台州府志）在縣西南五十里舊十三都境俗傳謂之鵝鷄山

靈山（名勝志）在縣西二十里禽鳥不敢棲

白冠山（台州府志）在縣西六十里舊傳曾有仙人戴白冠往來其上又曰白鶴（鶴）山以是山常産鶴也林谷深邃背接東陽縉雲界

將巖

凌雲山（　）在縣西八十五里石屏山在其下傍有一巒形似將軍名隱

披雲山（仙居縣志）在縣西南五十五里遥望烟雲繚繞紛披如画

小桐山（　）在縣東南三十里烈女湖在其麓

王姥山（名勝志）在仙居縣界亦名天姥山相傳古仙人所居

晒馬坪山（台州府志）在縣東北五十里其頂坦平廣可數頃中有古湫蔭溉甚遠

三井山（赤城志）在縣北三十里以有三龍湫故名

鑊底山（台州府志）在縣西南六十里與盛旌山連

紫岷山（仙居縣志）在縣東北八十里由盧峴山進接天台界

道赭山（台州府志）在縣西南一百里山南即永嘉界通張溪

嶠山（　　）在縣西九十五里一名陽岸嶺孤峰高聳壁立千仞與蒼嶺接

白馬山（仙居縣志）在縣西南一百一十里西接縉雲相傳句踐避吳過之失白馬于此

浮石山（嘉靖浙江通志）在縣南三里下有巨石屹立溪中視之若浮

楓田山（赤城志）在縣南八十里

南峰（仙居縣志）在縣南三里其巔四面軒舒山水環擁為邑人遊覽之最

白巖山（仙居縣志）在縣南十五里

景星巖（台州府志）在縣西南五十五里幽邃迂折繞二十四盤而上

方巖（　）在縣東南四十五里米溪上王境

麻姑巖（赤城志）在縣西南二十五里麻姑訪王方平于此故名巖上有洞兩石
桐峙有麻姑像存焉

蒼嶺（嘉靖浙江通志）在縣西北九十里高五千丈周回八十里界于縉雲重岡
複徑隨勢高下險峭峻絕為東浙最（仙居縣志）與括蒼山通故名一名風門

界嶺（仙居縣志）在縣東三十七里與臨海白水洋鋪分界

游鳩嶺（台州府志）在縣東南五十里蒼山之趾通臨海石塘界

王妖嶺（仙居縣志）在縣西南一百六十里與金處二郡接壤之地

桃花洞（台州府志）在縣南三里南峰山側大溪環其足每當二三月桃花盛開
爛熳若錦

括蒼洞（赤城志）在縣東南三十里括蒼山之間按塵外記括蒼成德隱元之天

蓋第十洞天列仙所居在台之樂安即仙居舊邑也又寶藏名山記云括蒼洞周回三百里徐真人所治此洞與處之玉虛宮通自括蒼嶺而言東則屬台西則屬處（明一統志）宋光宗在東宮時書瓊章寶藏四字鎮之

相湖（台州府志）在縣東二十里昔于湖中得石刻有相湖二字

烈女湖（仙居縣志）在縣東南二十七里嘉靖間因項烈女于此捐軀全節故名

大溪（　）在縣西南八十里源發永嘉界坑山北流百餘里至四都始闊

廣遠郎之三江

永安溪（赤城志）在縣西二百一十里

櫸溪（　）在縣西二十里源出處婺溫三州流同婺流入大溪孟大武詩云樵谷斫雲春谷暗漁榔敲月夜溪寒人甚稱之

曹溪（　）在縣西九十里源出括蒼嶺南流四十里入大溪嶺上有潭曰曹潭淳熙十四年令蘇光庭禱雨忽有物蜿蜒而出一黑一黃以盤承之躍躍而入遂迎止于潭下翊日大雨遂築室以祠

龍幻潭（台州府志）在縣東北四十里昔有兩龍幻爲人詣僧曰我二人乃龍也僧求其現形云以翌午爲期戒勿鳴鐘至次午果見兩龍盤旋廊柱頭角崢嶸僧懼撞鐘寺遂漂没水退見潭其深莫測

瑶劍瀑（赤城志）在縣西五十里玉几山緣壁而下或雨初霽則飛流濺沫廣至十餘丈蓋奇觀也

月落池（仙居縣志）在縣南七里前山宋時郭氏夢月落于池而女生後爲宋理宗后即謝深甫之孫女也

九井（明一統志）在縣東南二十五里一名蔡經井每汲其一八皆波動今僅存其五

七井（仙居縣志）宋朱文公所鑿一在鼓樓前一在學宫右一在縣東巷一在縣南前巷一在官倉巷一在市橋巷一在天井巷

金華府 附郭金華縣

金華

上山（萬曆金華府志）在縣西北隅太守蘇遲謝政居此今爲縣治所倚又縣東

東南一里為芝麻山一名油麻山

望仙嶺（金華縣志）在旌孝門内登嶺可望赤松山

七寶渠（金華府志）自城北麓八郎塘發源南行穿城入由七寶寺側迤邐出祠堂巷經四牌坊永濟倉前至八咏門外從河流入婺溪

清渠（萬曆金華府志）發源隕星塚從景行坊轉入東市街至赤松門外流入大溪

西市渠（金華府志）從景蘇坊合流會縣前轉入無相寺巷内穿城西入于濠

金華縣 城外山川

城山 聚寶山（嘉靖金華縣志）俱在縣東三里城山宋王埜所居埜記云予家負城面山在井邑如郊藪西偏隙地由圃扉而入名曰城山又曰東溪一曲究轉來朝溪上諸峰秀潤如玉平蕪遠樹荒磧斷岸一望無際聚寶山一名商山宋學士商日新居此

龍鱗山（金華府志）在縣東八里一名興教山山名錯落如龍鱗

至道山（嘉靖浙江通志）在縣東三十里一名覆釜又名積道連屏擁翠石磴縈紆絶頂平坦如掌折而南曰焦巖石壁平峭高可百丈長一里環障溪流入望之如赤壁云

東山（金華縣志）在縣東五十五里自東陽之大盆山迤邐而來周三百里其東隸東陽南即武義之八素山其高巘曰齊雲岡

葛公山（　）在縣東七十五里一名葛仙峰五峰卓立霄漢抱朴子煉丹處

風門山（宋濂風門洞碑）在縣東南五十里有山曰風門山有石洞莫測所底風蓬然從中出襲人毛髮

屏山（名勝志）在縣南五里一名琴望山又名赤山

沐塵山（嘉靖金華縣志）在縣南二十五里

石門山（　）在縣南二十五里有石對峙如門黄文獻公集云婺城南有山曰石門水來高而下者三級人稱之曰龍山即謂此也

銅山（太平寰宇記）在縣南三十里東陽記云山下有泉水色鮮白號曰銅泉

玉笥山（萬曆金華府志）在縣南三十里山有石人峰高三百丈

南山（金華府志）在縣南三十五里分脉自括蒼山北來凝結于此高幾倍北山周四百餘里其南為遂昌松陽宣平其東為永康武義其西為龍游其北為縣鄙

白原山（嘉靖浙江通志）在縣南四十五里高千餘仞列二百餘峰

馬秦山（舊浙江通志）在縣南一百里

罘罳山（金華府志）在縣西南二十五里形如罘罳王魯齋柏講學其中

望山（金華縣志）在縣西南二十五里宋樞密倪普退隱于此每登之以望臨安故名

芙蓉山（名勝志）在縣北十五里（金華縣志）一名潜岳又名尖峰山方輿記云孤山秀特狀若芙蓉故名

智者山（舊浙江通志）在縣北十五里

赤松山（萬曆金華府志）在縣北十五里一名卧羊山即黄初平（黄一作皇）叱石成羊處其山往往白石錯落如羣羊散牧初平號赤松子故山以是名

梁山（金華府志）從赤松山進約十里

煉丹山（舊浙江通志）在縣北十八里（赤松山志）高數千尋一望數百里近在目睫蓋二皇君煉丹之所

金華山（萬曆金華府志）在府城北二十里一名長山自天台赤城發脉至東陽之大盆山迤邐至此横亘金華蘭谿義烏浦江之境周三百六十里山巔嶻嵲對矗曰玉壺曰金盆壺中有湖名徐公湖水分兩派而下其瀉乎山之陽者由山橋而達于溪其注乎山之陰者由鹿田而入于洞山前兩崖對峙高數百仞過脉至芙蓉峰郡治之主山也（世説新語）林公見東陽長山曰何其坦迤注引會稽土地志云山靡迤而長此縣因山而得名也（赤松山志）周回數十里即赤松山是也抱朴子云此地可以居神免五嶽洪水之患（廣博物志）金華山北有仙洞俗呼為劉先生隱身處其内有三十六室廣三十六里石刻上以松炬照之云劉晨字仲卿漢室尉贊校尉當恭顯之際極諫被貶于東陬隱迹于此莫知所終即道士蕭至元所記也

鹿田山（萬曆金華府志）在縣北二十五里上有沃野可耕此山多生奇石（金華雜識）劉宋時有玉女驅鹿耕山中常入城市貿易以物置角間刻期而歸遂名其地爲鹿田

太陽嶺（名勝志）在縣東北五十里俗傳嶺與太陽齊高故名踰嶺即浦江縣界

黄姑嶺（萬曆金華府志）在縣東北五十里宋宣和中方臘兇黨邀項德于此

紫薇嶺（方輿勝覽）在縣西北二十五里有石室梁劉孝標棄官舍其下撰類苑

石碕巖（嘉靖金華縣志）在縣東三里又名石碕頭下瞰大溪高十餘丈巖下有洞相傳嘗見梅花泛出故名梅花溪又名梅花洞郡城一帶東偏跨其上

折竹巖（金華府志）在縣北二十里金華山之陽太平寰宇記云赤松羽化處

金華洞（萬曆金華府志）在縣北三十里周五百里道家所稱三十六洞金華洞元之天其洞有三巍然在上去天若尺五者曰朝真洌然在中有泉若擊鼓鼙之聲者曰冰壺谽然在下有石若白龍之升降者曰雙龍（赤松山志）與赤松山相接分上中下三洞上曰朝真中曰冰壺下曰雙龍上洞有石真人儼然臨跨

莫測端倪中洞有水簾直下寒玉横飛其間有石像石笋等下洞有石龍虎獅象麟鳳鐘鼓之類難可枚數下洞門極低非舟不可入非燭不可見此洞天原係赤松所轄

石室洞（赤松山志）在螺螄巖之側即赤松子引小皇君入山修道之所

九龍洞（萬曆金華府志）在紫薇巖東洞口傴僂可入中昏黑持炬前進深莫可測去洞數百步有泉涌出與百盤溪合

優游洞（赤松山志）去赤松巖十里洞門高五尺許自左升梯而入虛曠如大廈數十間又出于三十六洞天之外壺天真人所治之區（萬曆金華府志）一名上霄洞縣東北三十里金華山之南

徐公湖（太平寰宇記）郡國志云在長山上周圍四百八十六步昔山下居人徐公登山至湖逢見二人共博自稱赤松子安期先生酣湖中水為酒飲徐公醉及醒不見二人而宿莽攢聚其上徐公乃追悔後因名焉

赤松澗（　　）赤松子遊金華山以火自燒而化故山上有赤松祠澗自

山出故曰赤松澗

漊溪（名勝志）在城南一曰東港一曰南港東港源出東陽縣大盆山經義烏西行入縣境又匯慈谿白溪玉泉溪坦溪赤松溪經石碕巖下與南港會南港源出縉雲黄碧山經永康武義入縣境又合松溪梅溪水遶屏山西北行與東港會于城下故名

潛溪（萬曆金華府志）發源金華山南流十里入航慈溪

梅溪（金華府志）發源武義大家山東北流合南山之箬陽上干下干及下坂之水入焉又八里為梅灘經赤山潭乃為鸕鷀灘金錢灘達于郡城與東港合是名婁溪疊石架屋為通濟橋以通閩廣諸道

長樂溪（婁公類要）郡國志云郡界有長樂溪葛洪遊處

坦溪（嘉靖金華縣志）在縣東三十里發源金華山西南流入婁溪東派與玉泉赤松並稱三溪

通元溪（金華府志）發源赤松鄉玉壺山南流至潛岳東紫巖沙溪東南行環城

後諸山盖郡城之左峡水也其地有蔣波灘停為深潭乃造弘濟橋維舟于其上西北即抵郡治經八咏灘與南港會以通温台諸郡

蘭谿縣

天福山（　）在城中距縣半里居民環列山麓縣署正東旋轉南嚮此山擁護縣右故風氣完聚民物蕃盛甲于東浙

銅山（蘭谿縣志）在縣東十里接金華山之西山石似銅故名

洞巖山一名靈洞（名勝志）在縣東二十里東北一峰怪石屹立人稱小飛來峰峰下有泉曰天池泉清鑑毫髮沿流而出為洞溪山口有天井山石高百餘丈下有天井龍潭

金龍山金鷄山（嘉靖浙江通志）俱在縣東二十里金龍山麓有金龍廟金鷄山中峰拔起兩峰旁夾

紫巖山（正德蘭谿縣志）在縣東二十五里山上有巖狀如覆釜穹窿深廣可容百人其色紫黑故名

牛石山（嘉靖浙江通志）在縣東二十五里山多怪石遠望如牛

大寺山（名勝志）在城東南矗拔數十丈山巔及趾俱有佛刹（正德蘭谿縣志）延袤五七里不一其名西南下臨大溪曰倉嶺東南曰芝巖山南為塢口山又東南為貴龍山山兩旁夾峽中有達道數里上通金華正統末括蒼盜起常于此作木寨以禦寇焉

古城山（正德蘭谿縣志）在縣東南二十里山脊有城周二三里缺處如門

南住山（一）在縣南十五里其山自閩南迤邐千餘里而來至此截然而住故名

九峰山（太平寰宇記）在縣南六十里下有唐中書侍郎徐安貞讀書巖

蘭陰山（萬曆金華府志）在縣西南六里其山多蘭絕頂有橫山塔（太平寰宇記）一名橫山臨截三江

甘棠山（蘭谿縣志）在縣西南十二里鄉以此名

東柏山（名勝志）在縣西南二十五里東溪流于其下近西曰瑞山昔產瑞麥故

名又五里曰社山〻上多嘉禾

龍門山（蘭谿縣志）在縣西南三十里狀若游龍上有蒼松六七里夾道如門故名

佛山（嘉靖浙江通志）在縣西二十餘里上有洞深不可測山巔怪石蹲踞如伏虎龍

桂竿山（萬曆金華府志）在縣西二十五里相傳山下有井人飲其水多生勇士因而塞之其旁高峰呼為將軍山

白石山（名勝志）在縣西四十里其石如玉又名玉華峰左四五里有大石高數百丈飛泉直下溜石成瀆又左四五里有石柱高百丈周十餘丈（蘭谿縣志）山腰有洞陰不可登洞中雲起其日必雨

硯山（名勝志）在縣西四十里高數百丈盤亘二十餘里山頭平正有池如硯

仁山（嘉靖浙江通志）在縣西四十里舊有仁山書院為金履祥講學之所

鳳子山（太平寰宇記）在縣西六十里上有葛洪丹竈基址

烏石山（正德蘭谿縣志）在縣北八里（名勝志）與黄大山相連本一山以石色蒼黄而異名又十里有冰山〻多流泉〻有三源上曰鮑源中曰盛源下曰繆源各深十餘丈近東曰金臺山夜每有光西曰秦龍巖高一丈深廣五六尺

豹山（金華府志）在縣北二十里山形似豹故名上有石平正如几可列尊罍

獅山（舊浙江通志）在縣北二十五里

香山（名勝志）在縣北三十里山産玉蘭無葉而花白有香故名下有香溪

東山（正德蘭谿縣志）在縣北三十里香溪之東

解石山（名勝志）在縣北五十里名小桃源

玉壺山（蘭谿縣志）在縣北六十里洪武中長史滕浩歸隱是山號玉壺山人

高眉山　茶山　椒塢山（正德蘭谿縣志）在縣東北二十五里羣峰環拱境最幽勝茶山在高眉左偏椒塢山與高眉相接

宏山（蘭谿縣志）在縣東北三十里平野中突起高數十丈上有觀音巖〻中怪石如笋巖上有佛迹又名佛迹山

白露山（萬曆金華府志）在縣東北三十餘里一名玉帶山（始豐類稿）其山頂趾皆青腰色微白故稱玉帶

屏風山（名勝志）在縣東北三十里山有小洞泉水噴出大旱不竭

白鶴山（名勝志）在縣西北二十五里傳為白鶴仙人煉丹處

五龍屏山（正德蘭谿縣志）在縣西北三十五里

白雁山　嵌山　桂峰山（嘉靖浙江通志）俱在縣西北四十里

三峰山（萬曆金華府志）在縣西北四十里峰之巔俗傳為葛稚川煉丹所丹尚存下有巖廣三丈許其深莫測

玉泉山（貝瓊玉泉隱居圖集序）距蘭谿五峰之北嶄然青芙蕖危揷天半與金華東西相望

盤山（蘭谿縣志）在縣西北五十里頂平如盤可一里許四圍皆黑石為巖

大家山（唐書地理志）蘭谿有大家山

陳嶺（萬曆金華府志）在縣西二十五里硯山之西石道迤迤千有餘丈外接龍

游壽昌之界

馬嶺（金華府志）在縣北五十餘里當蘭谿建德之界

大慈巖（蘭谿縣志）在縣西北五十里與壽昌接境巖中有佛像巖左有觀音洞高二十餘丈

小三洞（吳師道小三洞記）洞周數里峻拔百餘丈石骨巉然有小三洞皆與金華洞通上洞名白雲下洞名湧雪中洞名紫霞

靈源洞（金華府志）傍皆奇峰怪石其中一道如砥崎嶇十餘里楊梅茶筍之利出焉

蘭溪（萬曆金華府志）在縣西南二里一名瀔水其源有二一自衢城東北流至于縣謂之衢港一自婺城西流至于縣謂之婺港二水合而滙于縣之西南類羅縠文因號縠水崖多蘭茝故名蘭溪

香溪（蘭谿縣志）在縣北武昌鄉即蘭溪之下流

大梅溪（萬曆金華府志）一名龍門水在靈泉鄉源出于浦江之大洪嶺會納衆

流至金家梁而入于大溪下五里為白雁灘十里為山河為望雲灘以界于建
德縣由是歷嚴灘桐廬富陽北入于錢塘江

白泉（金華府志）在香溪市南

東陽縣

孔山（嘉靖浙江通志）在縣東南二百餘步

青臺山（名勝志）在縣東二十里高三十丈周二十里以山色長青故名

覆舟山（嘉靖浙江通志）在縣東五十里高五十丈周八里狀如覆舟

嵬山（東陽縣志）在縣東五十里高百丈周十里端整若巨屏凡六面上有井三
十六

豹山（金華府志）在縣東五十四里遠望如豹故名

天竺山（東陽縣志）在縣東六十里高一百六十丈周二十里山多修竹

玉山（萬曆金華府志）在縣東一百五十里舊名封山界于天台

叟山（名勝志）在縣東南四十五里高七百丈周二十里山巔有池廣二丈深四

只冬旱不涸側有禹廟故山以旱名

石洞山（舊浙江通志）在縣東南五十五里

歌山（金華府志）在縣東南七十里上有石室可容百人山下水通臨海有玉女祠（唐書地理志）東陽有歌山（名勝志）昔人乘舟見女子汲水山下登岸而歌姿態端美舟人挑之神怒乃墮三大石以塞水源遂不通舟

瑞山（東陽縣志）在縣東南九十里亦名鑾輿山（金華府志）界于永康

大盆山（萬曆金華府志）在縣東南一百三十里周一百三十里形如覆盆故名稍下為小盆山在永康地二山實諸山之祖

三郎山（名勝志）在縣南八里高三百二十丈周二十餘里一名峴山（韻語陽秋）峴山去東陽縣三里舊名三郎山宋殷仲文素有時望自謂必登台輔忽除東陽太守意甚不樂常登此山悵然流涕郡人愛之如襄陽之于叔子因名峴山二峰相峙有東峴西峴唐寶曆中縣令于興宗結亭其下名曰涵碧劉禹錫有詩云新開潭洞疑仙府遠寫丹青到雍州即其所也

月山（金華府志）在縣南六十里盤屈于握溪之北以形名

甑山（元豐九域志）甑山其形似甑（名勝志）在縣西南十里高三百二十丈周二

十里寰宇記崑山頂上有孤石高三十丈其形類甑即此山也下有白雲洞深
五丈廣如之
八華山（天啟東陽縣志）在縣西南四十里金華許白雲講學于此
馬鞍山（東陽縣志）在縣北一十二里高八十丈周六里與前勒馬峰正對故名
金山（萬曆金華府志）在縣北五十里迤邐至畢嶺界于諸暨
赤石山（名勝志）在縣東北十里一名孤絕山上有赤崖不生凡木
鶴昂山（東陽縣志）在縣東北二十七里高二百丈周五十里巖有三石如鶴昂
肩竦立故名亦名鶴巖其上有風穴風從中出鏘然有聲
白鹿山（金華府志）在縣東北六十里山形似鹿故名
西白山（東陽縣志）在縣東北六十里周二十里高七百丈諸暨諸山皆在其下
東白山（萬曆金華府志）在縣東北八十里周五十里嶔嵌危峭與會稽天台連
屬
裀巖山（　　）在縣西北二十五里山有石室深廣十餘丈巖巒叢互

故名

靈嶽山（舊浙江通志）在縣西北五十里

九州尖（金華府志）在縣東百餘里高諸山五百丈周二十里上有潭冬夏不涸以可望見九州故名

錢嶺（天啓東陽縣志）在縣東七十里輿地志云東陽畢嶺之下有錢嶺往往人于此獲大錢

馬鬃嶺（萬曆金華府志）在縣東二百四十里嶺勢險峻延袤三十里為發台之咽吭（互見永康縣）

南午嶺（金華府志）在縣南十里溫處台閩必由之道

烏竹嶺（萬曆金華府志）在縣東北四十里逶迤數折與鷺鷀嶺蒿嶺大小嶺相連為北境之關隘

白峰嶺（金華府志）在縣東北七十里高三百丈石棧縈紆東通嵊縣

鮑令巖（方輿勝覽）在縣南五里涵碧亭之上元豐間知縣鮑拯率僚屬來修禊

事唐最磨崖書紀令巖三字

烏舜巖（金華府志）在縣南七十里高五百丈上寬平可容千人唐馬將軍陳都使兵置寨于此拒賊旁有羊巖金仙巖

白雲洞（萬曆金華府志）在縣西六里中有玉女盆瀑布珠壁石乳諸勝

練湖（天啓東陽縣志）去縣東六十里明月之宵遠望水如匹練故名

畫溪（名勝志）在縣西南三十里一名東陽江羣山縈連草木如畫故名迤西而南十里曰横溪又折而南五里曰荆浦溪其源皆出大盆山西入義烏縣界與東陽溪合

東陽溪（嘉靖浙江通志）在縣北三里源出大盆山東北入縣導義烏之水南會于西溪至郡城又東南合永康之溪

義烏縣

鷄鳴山（名勝志）在縣東五里昔有金鷄鳴其上羣鷄皆鳴故名山高五十丈前瞰縣郭傍臨大溪俗以九日登高于此亦名登高臺

石門山（萬曆義烏縣志）在縣東九里連山中斷兩山對峙如門

南山（名勝志）在縣東十五里蜿折縈紆廣袤數里上有平土可耕人多居之鮎溪之水出焉

鐵巖山（嘉靖浙江通志）在縣東二十里俗名郭公山高峻峭拔山半有水簾下垂數十丈山頂曠土幾百畝有三塢一潭

石樓山（萬曆金華府志）在縣東二十八里周十三里兩山相峙狀若浮圖東西皆有巖深袤數丈東巖有坳西巖有石如闌干外稍西又有數穴（方輿勝覽）層級高下如重樓複屋蓋絕勝之地也

武巖山（義烏縣志）在縣東三十五里高數百丈周十餘里狀如紗帽其下有八景石滴水巖四時流注不絕

龍門山（崇禎義烏縣志）在縣東南二十五里自山口循澗水磬折而行過師姑潭石井坑登樓梯巖有平岡横亘其上是爲龍門旁皆平壤民多耕蒔其間絕頂兩峰對峙名瓊玉峰俗呼瓊尖南下蘭嶺俯瞰深谷澗水經其中西流入于

畫溪

畫塢山（金華府志）在縣東南二十五里畫溪之水經爲其上中流爲斗潭其下對岸爲石壁

齊山（義烏縣志）在縣南十里青巖山中高三十丈下有漫澗南曰前溪北曰梅溪

雲黃山（萬曆金華府志）在縣南二十五里一名松山梁傅大士于此行道黃雲盤旋其上狀如車蓋故名有峭壁高百丈下臨畫溪五色交映

石牛山（崇禎義烏縣志）在縣南二十五里雲黃山北石狀如牛上有石牛祠

蜀山（金華府志）在縣南四十里下臨蜀墅塘相傳秦末有三山飛空而過一山墮此蜀人來言蜀中所失之山故名山多靈草上有壇曰仙壇洞曰陽春洞

葛仙山（萬曆義烏縣志）在縣南五十里高一百五十丈有煉丹石

八寶山（　　）在縣南五十里妄傳有礦嘉靖三十七年間永康處州礦徒數千人訌聚開坑知縣趙大河率近山居民平之

大寒山（嘉靖浙江通志）在縣南六十里山頂有池四時不竭春夏溢出為瀑布

來山（名勝志）在縣南七十里高二百五十丈羣山逶來至此而止故名山側有羊印石

香山（義烏縣志）在縣西二十五里其地多楓香木因名上有香爐峰前有龍井遇旱禱之輒應又有夫人峰以梁樓偃妻葬此故名（隋書地理志）東陽郡烏傷縣有香山

五雲山（名勝志）在縣西四十里唐天寶中有五色雲彌漫峰頂故名五雲溪之源出焉

金山（萬曆金華府志）在縣西南四十五里屹立江流中

黃蘗山（金華府志）在縣北二十里一名黃蘆尖唐初置綢州于此山之下

洪堂山（義烏縣志）在縣北三十三里黃蘗山北麓馬蹄石南櫨尖楊公馬鞍諸山環列于後右瞰廣輪綢香諸巖在其前左碩四正雲黃四周如画

馬鞍山（崇禎義烏縣志）在縣北二十五里高四十丈在馬蹄石之東形如馬鞍

故名絶頂有手掌痕甚鉅五指宛然

清潭山（嘉靖浙江通志）在縣北四十五里山下有清潭酥溪之源出焉流出丫口與深溪合流入豐江山之頂有鷹嘴巖旁有戟巖方臘寇時居民多避于此墻址猶存

鷄栖山（義烏縣志）在縣北四十五里一名金峰山北有降魔峰西北有安貴嶺

龍祈山（金華府志）在縣北四十八里山之西有深溪西北流入浦江歲旱居民祈禱故名

東山（嘉靖浙江通志）在縣西北二十五里崇巖峭壁竹木森蔚

黄山（萬曆金華府志）在縣西北四十五里下有斬坑相傳黄巢入寇遣壯士鑿石爲之其上巖石如甕深數十丈中多伏翼山左有螺井根溪之水出焉

烏擧峰（萬曆義烏縣志）在縣東四十五里本名烏巖又一在縣南二十五里崇巒秀異岡阜紆廻名曰盤谷

七佛峰（崇禎義烏縣志）在雲黄山上梁傅大士行道七佛相随于此故名

綢巖（萬曆金華府志）在縣西北二十五里巖巒稠疊故名（唐書地理志）武德四年以縣置綢州因綢巖為名

上巖洞（崇禎義烏縣志）在縣西北二十五里綢巖之北山腰有石巖深数丈廣如之或云晋丹陽令葛洪隱此

繡川湖（名勝志）在縣西一百五十步周九里三十步山川花木掩映如繡故名

東江（萬曆金華府志）源出東陽大盆山溪史所謂烏傷溪更名義烏溪皆因縣以名

深溪（金華府志）在縣北十五里源出龍祈山至浦江界合于浦江

演溪（義烏縣志）在縣北二十里北流至浦江新界並入諸暨豐江

吳溪（萬曆義烏縣志）在縣南三十里源出杏嶺至楓坑口西南過王村至丹溪而與婆塘坑之水合因名小婁溪又西北流而峴溪合之至黃蒲潭同入大溪

大士井（崇禎義烏縣志）在九江里之南泉甘色碧遇旱不竭相傳傅大士所穿飲之療疾今名善慧泉

孝子井（金華府志）在旁傷墓傍

永康縣

峴山（名勝志）在縣東二十里高一百丈衆人排列狀如峴首

魁山（萬曆永康縣志）在縣東二十里

方巖山（永康縣志）在縣東二十里高二百丈周六里平地拔起四面如削惟南通一道至山腰而絶

石翁山（金華府志）在縣東四十里俗呼公婆巖（太平御覽）東陽記山有孤石望如人坐其傍又有石似新婦着花履焉或名新婦巖

南山 青石山（舊浙江通志）俱縣東四十里

龍窟山（萬曆金華府志）在縣東五十里山陽有小空洞宋陳亮讀書于中其墓存焉

桃巖山（金華府志）在縣東五十里山石赤白相間狀類桃花下有洞可容千人有朱文公呂東萊講讀遺跡

壽山（萬曆永康縣志）在縣東五十里山有五峰皆石壁平地拔起周圍如城郭

有大石洞高敞軒豁可容千人其中為佛剎曰壽山寺前為重樓々上為平臺

周以闌楯皆即洞支木為之不施椽瓦而雨雪霜露自然莫及最為一方登覽

之勝

橙夬山（嘉靖浙江通志）在縣東五十里高二百丈周二十里峰巒峭拔人所具

瞻相近曰銅山嶺

石室山（名勝志）在縣東南三十里高百餘丈緣崖而上南北二穴相通可容數

百人中有石柱

靈巖山（永康縣志）在縣東南四十里高四百丈周五里峭壁拔地其巖東西橫

列紫色斑錯青蘚枯木嵌之蒼藤倒掛若畫屏然緣巖架石梁曲折而上有洞

南北相通高丈餘廣五丈深二十丈形勝靈異故曰靈巖

方山（萬曆金華府志）在縣東南五十里山最高升其巔下瞰縉雲武義東陽義

烏諸縣山川一目可了

斗潭山（萬曆永康縣志）距縣東南五十里上有三石潭水清泚可鑑毛髮

金勝山（永康縣志）在縣南五里高二十丈横列縣治前若几案然（太平寰宇記）郡國志云昔有人于此拾得金勝因名山有趙炳祠炳善方術祠今無蚊

石城山（太平寰宇記）在縣南一十四里上有小石城云黄帝曾游此遥望山際四圍崟峙如雉堞然

白雲山（金華府志）在縣南十五里直儒學前危峰數百丈端拱如賔時有白雲繚繞其上相近曰伏翼巖石穴多棲伏翼縣之望山也

絶塵山（永康縣志）在縣南三十里俗呼東溪山高五百丈周十里四面峭壁拔地石峰巖列一徑縈紆斜穿巖石間以達于頂有兩石對峙如門其中周圜如城有田六十畝地倍之有大井常汲不竭

歷山（金華府志）在縣南三十五里一曰釜瀝山高峰負聳狀如覆釜山頂有潭禱雨多驗

大廚山（永康縣志）在縣南三十里高聳而方形如立廚故名

三石山　東山（舊浙江通志）俱縣南五十里

霞裹山一名龍虎山（嘉靖浙江通志）在縣西三里盤旋環頓為縣治水口之鎮

石牛山（　）在縣北二十里山巔有石如牛

鬭牛山（萬曆永康縣志）距縣東北四十里山背兩石相觸狀如牛鬭其下為烏傷侯趙炳祠

鳳山（　）距縣東北四十里一峰拔地聳起狀如偉人岸幘而坐俗呼為夾山（永康縣志）旁挾兩隴如鳳之展翼故名

三峰山（嘉靖浙江通志）在縣東北四十五里南北兩峰皆高一百丈中峰高七十丈蒙茸峭絶特異諸山縣治之祖山也

華釜山（永康縣志）在縣東北五十里周二十里高百丈餘其上平曠中窩穹高狀如仰釜左為西眉巖右為樓霞洞當華釜樓霞兩山夾處曰金城坑

容浦山（萬曆永康縣志）去縣東五十里華溪之水發源于此

雲巖霞山（懷歸稿）金華之永康有山曰雲巖拔起天半有巨舟藏空中舟尾翹出

如畫

馬鬃嶺（萬曆永康縣志）距縣二百二十里蓋縣之極東鄙也踰嶺達于仙居縣嘉靖三十三年倭寇犯台城縣于嶺上築砦屯兵以備焉互見東陽縣

石霞嶺（　）距縣東一百三十里上有池曰日月潭廣畝餘澄深莫測潭上石壁有赤白痕相間狀類日月俗又呼百丈潭迎龍禱雨極為靈驗

八盤嶺（萬曆金華府志）在縣東八十五里其勢高嶮石道路通天台縣

沓嶺（金華府志）在縣東北五十里一曰疊嶺石路崎嶇通義烏縣

岡谷嶺（永康縣志）在縣南十八里大尉山之東上有地平坦泉水出焉正統十四年括寇竊發里人結寨于上以禦之

石倉巖（金華府志）在縣東北四十里緣巖西上石竇玲瓏相傳洪雅禪師修真之所巖頂有小石倉

華溪（萬曆金華府志）在縣治東源出客浦山流至縣合于南溪又西合大洞溪入武義縣界下流至于郡城此即所謂永康港

南溪（金華府志）源出縉雲土母山折而東至縣治會于華溪

酥溪（萬曆永康縣志）源出二十都峽源坑歷長田曹園下溪紫柏爲酥溪過橋
合于華溪

李溪（永康縣志）源出四十四都峽上南流至碧湍西至石室山周其麓又西抵
官山轉而北至水崢巖入于南溪

武義縣

白陽山（萬曆金華府志）在縣東七里上有異石色隨時变歲豐則黄歉則黑鄉
人以此占候晋張彦鄉爲永康令栖于此（元豐九域志）昔陳留阮遥集之弟妻
劉氏伶小女性好山水隱于此山

小姬山（名勝志）在縣東十里中有姬水溪舊經云晋金詼為吳興太守辭疾隱
此

竹巖山（萬曆金華府志）在縣東一十四里鎮山也

明招山（金華府志）在縣東一十五里宋東萊呂成公講學于此正德十三年縣

丞林有年立碑以昭先賢遺跡

講堂山（武義縣志）在縣東二十里梁劉孝標讀書處

蠟屐山（萬曆金華府志）在縣東二十里晋阮孚之裔多居其下

蔣富山（嘉靖武義縣志）在縣東南三十五里周二十餘里山多産茶傳云昔有蔣氏居此致富因名

金柱山（武義縣志）在縣南二十里上有懸瀑如簾

菊姬山（金華府志）在縣南三十里多生蘭菊旁有姬水溪故名

白華山（名勝志）在縣南四十里近山半里二石夾道若門歷此曲折險逕至山中一石突起若蓮座昔有支大士居之名大士庵

湖山（嘉靖武義縣志）在縣西二里山有潭水故名歲旱鄉人視山爲候凌晨有雲氣是日必雨

書臺山（嘉靖浙江通志）在縣西三里相傳唐舒元輿讀書于此

蝴蝶山（武義縣志）在縣西二十里王世名報父仇處過者咸指爲孝子舊迹云

大家山　新婦山（名勝志）在縣西二十里二山相向世傳晋時張彥卿女出適累月姑婦並亡有神靈各主一山每大家山起雲新婦山即雨

銅釜山（萬曆金華府志）在縣西三十里形如覆釜正統十四年鄉民多避兵其上時名銅釜寨

青龍山（嘉靖武義縣志）在縣北九里巖高五十丈周三里遠望如青龍上平曠有小石洞登眺之勝境也

李公山（金華府志）在縣北一十五里周二里宋隱士李惠居此故名

八素山（萬曆金華府志）在縣北四十里周二十里東陽山水記云秦末有八士從洛陽來遁栖于此皆青素冠履因名唐太和八年廉察使牒縣附之圖經而姓名竟不傳也

燕山嶺（嘉靖浙江通志）在縣西南十里正統十四年尚書石璞統兵過此勦截處寇改名烏龍嶺

玲瓏巖（嘉靖武義縣志）在縣東四十五里石竅玲瓏相透若斲成者因名

劉巖（萬曆金華府志）在縣西五十五里昔劉氏栖隱之所因名石室深廣五十

文曰仙都壇正統十四年避兇于此者萬計竟免于患

熟溪（嘉靖浙江通志）在縣西南源出處州遂昌界流入縣西又東南流與永康溪合

大家溪（金華府志）在縣西二十里源出大家山流入金華界與駐石溪合

八素溪（萬曆金華府志）在縣北四十里源出八素山入金華界合入溲溪之南港

九里潭（武義縣志）在縣東南九里風雨晦冥之夕鐘聲隱隱出潭中歲旱祈禱輒應

浦江縣

龍峰山（崇禎浦江縣志）在縣東二里高三十丈周二里其支隴自仙華山一帶逶迤而來環于縣左其巔有塔曰龍德塔之後曰東峰峰之後復有山曰壽峰三山相屬蓋縣治東之輔也

伏蟾山（浦江縣志）在縣西一里高十餘丈周一里其支隴自杭口山逶迤縣右縣治西之輔山也

湖山（金華府志）在縣東十里兩山對立江水中流又名湖山峽

金芙蓉山（嘉靖浙江通志）在縣東二十五里一名香巖山白麟溪之源出焉

登高山（萬曆金華府志）在縣東二十五里相傳宋呂伯恭九日于此登高故名

元麓山（金華府志）在縣東二十六里下有飛泉宋濂與鄭元麓先生（名宗岱）數觀之作飛泉操書諸崖石

東明山（浦江縣志）在縣東三十里大澤中隱然突起旁有水一泓曰靈淵淵東百步有泉老梅橫亘其上曰梅花泉

青蘿山（萬曆金華府志）在縣東三十里

鷄冠山（浦江縣志）在縣東三十里至高天清明時可俯瞰二百里外蒼茫中見一綫微白者蓋錢塘江也（名勝志）相連三十六岡重巒疊嶂前後相屬

石牛山（名勝志）在縣東南三十五里山側有池池中有石牛水涸即見

康侯山（崇禎浦江縣志）在縣東南三十五里一名官巖唐僧祖登禱雨處高一百餘丈周十五里山皆赤黑色其勢拔起羣峰間東西視之形各不同或如覆盆或如人髻或如人側首而蹲山半有穴若屋可容十餘人絶頂稍平有宋胡侍郎廟廟傍小池夏冬不竭深三尺周二十五丈久雨不增大旱不減

黄暨山（金華府志）在縣東南五十里又十二里界于諸暨

周公山（嘉靖浙江通志）在縣南十里一名周公尖又名雷公山狀若巨人折而西曰辛山曰保安山山頂有巖巖下有罅深不可測相近曰五路嶺高一百餘丈長五里自縣入郡城所經也

白石山（　）在縣南十五里山有潭宋嘉定三年勅封靈澤橋溪之源出焉東流入浦陽江以其溪流常涸故名

烏蜀山（名勝志）在縣南三十里突然中起衆峰羅列梅溪之源出焉

深裊山（　）在縣西南五十里重峰複嶺峭拔千仞其下溪流清澈即浦陽江源所出也

壺盤山（萬曆金華府志）在縣西南五十五里在金華北山之北高出衆山至蘭溪縣界

四金山（浦陽縣志）在縣西十五里類金木火土四星故名

藥壺山（萬曆金華府志）在縣北二里一名寶靈巖

仙華山（名勝志）在縣北八里一名仙姑山又名少女峰相傳軒轅少女于此上昇故名高一百五十丈上有五峰東溪之源出焉中一峰與東峰尤極峻懸崖百仞有穴深黑風従中出（崇禎浦江縣志）再左一山名華柱山其間層嶂疊翠峭崿嶙嶒懸巖千尺下臨幽絶隆冬積雪清冷徹人肌骨吳淵題稱如芙蓉翠蓮又如彩鳳騰霄一邑之勝緊縣治之主山也

寶掌山（萬曆金華府志）在縣北八里與仙華山近唐寶掌大師栖處禪前有高巖號飛來峰浦陽山水惟此與仙華為最勝

茅盧山（崇禎浦江縣志）在縣北十五里高百丈廣三十餘丈橫亘八九里上有峭壁疊嶂層巖諸山四面環拱若屏幄然浦之名山前數仙華次天玉筍巑岏

玲瓏浚數芙盧拔地金城莊凝突兀並稱奇秀云

小孤山（嘉靖浙江通志）在縣北三十里峰巖險峻人不能升又北十里曰大孤山峭削壁立上銳下直無可攀援而旁巒環伏映帶清溪流峙交翠蓋獨勝也

又有赤巖山在衆山間

響巖山（崇禎浦江縣志）在縣北五十里巖石推下有聲故名大湫與檀溪二水流其下踰盤州金沙環折萬山間流入富陽江

九重山（萬曆金華府志）在縣北五十里山有九峰元戴良居于是間

左溪山（崇禎浦江縣志）在縣東北二十五里山有唐僧元朗墓在亂石間前有巨石高一丈相傳卯風太急移石鎮之因名卯風石

巖坑山（　　）在縣東北五十里山水分流東曰巖坑北曰湖溪水抵富陽以達于浙江

江公山（浦江縣志）在縣東北六十里山形如鷄足高出羣峰之表登眺越中諸山在指顧間

清遠山（洞天福地記）第十六福地在浦陽縣

篔簹嶺（嘉靖浙江通志）一名斤竹嶺在縣東北九十五里下有斤竹澗界于富陽

浦陽江（萬曆金華府志）一名浦陽汭在縣南界謝惠連詩非發浦陽汭今宿浙江湄韻譜云水之相入為汭源出縣西深裊山東北流至諸暨縣又東北流入臨浦灣以入于海按浦江本吴越三江之一春秋外傳所謂三江環之者是也江水雖微而與吴松錢塘並稱者獨入海也

白麟溪（浦江縣志）在縣東二十五里其源出金芙蓉山麓東流入浦陽江

湖溪（萬曆金華府志）在縣北二十里源出巖坑山北流抵富陽縣界以達于大江

月泉（崇禎浦江縣志）在縣西二里源出縣北仙華山之下其泉視月盈虛為消長宋政和三年知縣孫湖疏為曲池築亭以備遊觀歲久湮塞嘉定十六年縣尹趙崇萊治之咸淳三年知縣王霖龍築塘以瀦泉東南三十步有大阜上有

亭曰高遠

孝感泉（浦江縣志）在縣東二十五里按圖經在白麟溪側宋鄭綺母張性嗜溪水值旱鑿數仞不得泉綺乃慟哭三日不息水為湧出人以為孝感所致

寶掌泠泉（柳貫詩注）在寶掌山唐千歲和尚道場巖竇出泉極甘寒

湯溪縣

西霞山（萬曆金華府志）在縣東十五里絣塘遶于其畔

吳山（金華府志）在縣東南二十里山頂有小菴菴前澄潭碧水翠色濃陰為湯邑名山之勝

屏風山（湯溪縣志）在縣東南四十里與香爐山相對

福民山（名勝志）在縣東南四十里高數百丈林木蓊鬱山頂有廟層樓疊閣遶挹數百里又十里為香爐山狀若匡阜卓然雲表旁列衆峰環列競秀

青峰山（湯溪縣志）在縣南十里白石巖山相連高五百丈周五十餘里每天陰霧罩則穴中氣騰人多怯行

九峰山（名勝志）在縣南十里高數百丈峰巒秀拔巖洞玲瓏唐徐安貞肄業于此石榻猶存（萬曆湯溪縣志）一名風子山先賢龍邱萇仙人鄭玄奢俱家于山下

時和山（舊浙江通志）在縣南二十里（嘉靖浙江通志）又五里曰淨塘山又五里曰靈泉山曰下甘泉山又南二十里曰眺望山曰上方山曰金魚山一名魚潭山又十里曰黄甲山曰迴龍山又南十里曰章甫山

仙舟山（萬曆湯溪縣志）在縣南三十里其山四面如一

天竺山（嘉靖浙江通志）在縣西南二十五里又五里曰絲雲山

青雲山（　）一名玉葉山縣西七里又西一里曰古城山迤南二里曰塔山

五龍山（　）在縣北三里又北二里曰擂鼓山野老相傳古勸農時擂鼓督耕之地也

梅家山（湯溪縣志）在縣北五里因梅科兄弟家焉故名

紫芝山（　）在縣北五里有淞雲菴

一峰（　）在縣南十里形如覆盂高不數丈奇松茂竹可供游玩

市聚嶺（金華府志）在縣東南七十里商旅會于此必衆而後行以達于遂昌縣
界

蘭源（萬曆湯溪縣志）在縣西南十里其地出玉蘭無葉而香每歲清明時一發

苦竹源（萬曆金華府志）在縣西南二十里

瀔江（名勝志）在縣北二十里上接盈川下通蘭溪其水縈洄如瀔紋故名

大湖（萬曆湯溪縣志）在縣北十里計一百八十畝與小湖相接小湖計四十六
畝餘

白砂溪（嘉靖浙江通志）在縣東南三十里自遂昌界北流至金華入于永康溪
出白石

永湖（湯溪縣志）在縣北二十里寬八百餘畝其中張氏村落在焉湖環繞于旁
僅四面有路可通所產菱藕鷄頭之屬及所蓄魚尾歲以數千計居民利之

琳湖（）在縣北十五里水色蒼瑩如玉環遶數里

白龍溪（）在邑東自宣平遂昌二縣之水會于石阬湍悍澎湃折而北注蕩爲巨浸婺衢間一要津也

衢州府（西安縣附郭）

龜峰山（弘治衢州府志）府治在其背西北則綴崢嶸山

崢嶸山（）今通廣門內小山鄭氏譜云孫吳遣將軍鄭平以千人守崢嶸鎮即此（衢州府志）王象之曰昔有柴宏者屯兵于此後乃譌爲崢嶸

開明泉（弘治衢州府志）在東隅開明坊

逢萊泉（）在東隅烏橋南

長街泉（）在南隅狀元坊口

西安縣（城外山川）

爛柯山（爛柯山志）舊名青霞第八洞天爛柯福地又名景華洞天在縣南二十里高餘千尺周回十五里其址二百步穿空彌亘下潯平處可數十步因名石

橋又名石室今石室在橋之右五里（太平寰宇記）一名空石山（元豐九域志）晉樵人王質見石橋下二童子棊質就橋下看之二童子指視質斧柯爛焉（水經注）東陽記云信安縣有縣室坂晉時有民王質伐木至石室中見童子四人彈琴而歌質因留倚柯聽之童子以一棗核與質〻含之便不復飢俄頃童子曰其歸承聲而去斧柯漼然爛盡既歸去家已數十年親情凋落無復向時比矣

鳳山（西安縣志）在芝溪源距縣北八十里高五里其上極平曠可治田園

葉逢山（弘治衢州府志）距城五十里上有盧杜二禪師道場

王貴山（　　）與烏巨相近舊傳貴乃質弟于此登仙

九龍山（西安縣志）在靖安鄉去城二十里

響谷山（名勝志）在縣南三十二里崖之半有石穴風嘘則鳴

塘基山（嘉靖浙江通志）在縣東三十里

疊石山（弘治衢州府志）在縣南四十里有巖穴名仙遊洞

爵豆山（嘉靖浙江通志）在縣南七十五里

衢州

鷄鳴山（衢州府志）在城東北十五里定陽溪流其下上有嶺曰鷄鳴嶺

烏巨山（方輿勝覽）在縣東三十五里林木薈蔚乃信安精藍第一山

鷲籠山（名勝志）在縣東五十里一名繡峰上有三鳩一池

紫微山（弘治衢州府志）在縣東五十里一名迷茨山中有懸崖泉滴不休

矻石山（　）在縣西二十里平地撑拔五峰環以溪石

翠微山（崇禎衢州府志）在仙巖秀峰之間高十餘里

巖山（名勝志）在城西十里四面壁立絶頂平曠畧數十畝中有石井冬夏不竭

前霧山（舊浙江通志）在臨江鄉去郡城三十里

烏石山（弘治衢州府志）在湖山東距縣四十里巨石周匝若城之有石門中蓄
水田歲未嘗旱

泉嶺山（舊浙江通志）在縣東南一百里（元豐九域志）朱買臣云東越居保泉山
一人守險萬人不得上是也

項山（名勝志）在縣北四十里項羽廟在焉

金鷄山（弘治衢州府志）在縣北百里高可五里上有平坡昔有棋者于山得石

如鷄剖視之有金固名

鹿鳴山（西安縣志）在縣西三里岡巒秀潔修竹蒼松掩映禅剎爲郡人遊宴眺覽之所

銅山（舊浙江通志）在縣西北百里宋時山出銅鉛錫今出礦前徽處州人羣聚取礦其後官兵蕩平今設兵防守

狀元峰（弘治衢西安縣州府志）在縣北四十里其山尖峻與南峰對

梧桐峰（弘治衢州府志）在縣北七十里與紫微峰相望稱南北高峰或謂南北銀峰蓋南北銀場實二峰支麓故也

悲思嶺（隋書地理志）東陽郡信安縣有悲思嶺

余馬嶺（弘治衢州府志）西距城十七里唐余將牧馬處

銅錢嶺（舊浙江通志）去郡城三里而遥

國朝康熙十三年耿逆之變官兵列營于此與賊對河而陣歷三年

王師雲集賊始大潰夜燒營壘而遁

仙巖（弘治衢州府志）在縣東二十里中空可坐數十人寺在其側

小靈巖（　）在縣東二十五里橫山之右山本培塿下有蔭室如巖

貿石若囷而深之旁有偃王祠

九仙巖（名勝志）在縣東五十里狀如屏扆唐侍郎徐安貞隱此亦名侍郎巖

道巖（崇禎衢州府志）俗名大巖縣東南三十里與九仙巖相望

朝陽洞（弘治衢州府志）去芝溪五里洞門纔三尺其中石際水瀧深不能測紹

興間邑令禱三洞取石龜創三洞龍王廟聞于朝賜額靈澤今故宇無存偶像

移于龍寺

白檜洞（崇禎衢州府志）在芝溪源去縣九十里口狹內寬入時先以足第二層

有龍潭深不可測日夜水滴凝成白鷺管石宛似檜形故名士人探石療疾疾

風清月白時聞仙樂聲

井湖（西安縣志）距縣東三十五里太平寺側長五里餘廣百丈

彭湖（弘治衢州府志）在縣東十五里俗傳有彭氏竈下忽茁兩筍斬之流血已

即大雨頃陷為湖廣數百丈袤五里餘通石室水深不可測大旱不涸民常禱此（西安縣志）今無此湖但溪中有灘絶陡入鄱彭湖磯

東溪（弘治衢州府志）按隋志名定陽溪源出紫微山至石室下東北流合為信安溪

西溪（西安縣志）距縣二里源出徽州祁門之百濟嶺由開化常山縣流至城下又江山之水從仙霞嶺過峽口紅橋渡歷江山至達溪口與開化常山溪合環城西以過而柘溪烏溪石碇溪馬尪溪懍溪後溪之水皆匯焉為信安溪

穀溪（方輿勝覽）出西安合江山常山之水（輿地志）穀溪之水交錯如羅紋（互見龍游縣）

龍游縣

龍邱山（龍游縣志）在縣東四十里（後漢書郡國志）東陽記太末龍邱山有九石特秀林表色丹白遠望盡如蓮花龍邱萇隱居于此因以為名其峰際復有巖穴外如窗牖中有石牀（太平寰宇記）山生龍鬚草擢柏望之五采俗呼為新婦巖南齊書曰太末徐伯珍宅南九里有青山班固謂之

九巖山（弘治衢州府志）又名九峰山山際有石壁百餘丈復有巖名三疊唐徐安貞讀書其中

東華山（崇禎衢州府志）在縣東二里下有姑蔑子墓

岑山（衢州府志）在縣西南十五里山有五峰如筆格名筆架山又名婺女照臺自金華望之正當其面故名

鷄鳴山（龍游縣志）在縣南三里宋嘉祐末邑人呂防講學于此有見鷄鳴叢棘中羅浮白金數十鎰輸之官而已不染後防三子皆貴人以為祥故名

方山（弘治衢州府志）在縣東四十里頂正平如古冠形

徐山（　　）在縣南四十里今名靈山山有徐偃王廟（龍游縣志）山東一石卓立曰香爐峰山下有溪曰靈山港裸樹交映雲垂烟接

白石山（名勝志）在縣南四十里山有圓石聳二十餘丈其色純白唐初以白石名縣

大乘山（衢州府志）在縣治北四十五里山接西安縣界高一千四百丈有奇

白鶴山（萬曆龍游縣志）去縣治四十里（衢州府志）即鄮去奢上昇處

楊樹山（　　）去縣治西南八十里（龍游縣志）疊嶂重巒上戛牛斗登其巔望兼川陸上有五粒小松數株相傳楊盈川從華山移植後人因以名山

杜山（龍游縣志）在縣北四十五里峭壁長林疑無入路

石壁山（舊浙江通志）在縣東三十里

聖壇山（崇禎衢州府志）在縣南三十里山勢聳拔高五里登其巔可見數百里鳥道盤旋名十八曲

埨山（　　）在徐山下溪中孤嶼峙立四水交流竹木掩映舟行望山上埨寺人物宛如畫圖

三疊山（衢州府志）在縣東三十里一名三疊巖上有石室如層樓旁有石鼓擊之淵淵聲徹林杪中有乳泉甚清冽

樓山（龍游縣志）在縣南五十里隋書所載樓山即此土人呼爲五鳳

梅嶺（　　）在縣北八十里名勝志稱宋建都臨安時此嶺最爲要道王檄

君日抄曰嘉隆時有女郎名賦雪者從征過此題一絶云太末山多竹似麻霧中鷄犬幾人家此行探得春消息十里梅花送鹿車今嶺與壽昌接界

赤津嶺（　　）在治南七十里嶺崖峻隘爲邑中五嶺之一舊置有寨守此則括蒼之兜不能北下所謂五嶺者在南爲赤津上塘在西南爲小連豪嶺在北爲梅嶺是也

鷺鷥巖（弘治衢州府志）在縣西五里梁時有異鳥紫質五采羽族聚而隨之因以名下有潭深百尺多巨魚

白佛巖（　　）在縣北四十里廣五丈四尺深四丈七尺巖中有佛堂地峻人跡罕至

湖巖（舊浙江通志）在縣東十五里石巖横截水面其下深巖窈然半入水中深不見底上築浮圖繪影松陰與水光上下相映

五百人湖（名勝志）在縣東北三十里按異苑昔有五百人入此取魚先祈湖神丙水連竭至暮夢神云竭湖當如禱若見異魚必毋殺或得銅缶亦勿發連往

決水浮魚狀絕異逢羹之祭物猶在腹旋浮去以為金又共發之已而水暴長五百人俱没惟監督者免

穀溪（漢書地理志）會稽太末有穀水東北至錢塘入海（互見西安縣）（弘治衢州府志）出西安合江山常山之水經縣之西圍石潭匯于翠光巖下東流八十里入蘭溪界唐武德置穀州以此

圍石潭（弘治衢州府志）在縣西二十里有石出潭上先是石峙旁岸孔世文洙南野史云圍石圓出狀元紹興十四年大水石因轉面視正圓明年劉文靖公章果魁天下

常山縣

堷山（衢州府志）在縣治左六十五步一名文筆峰知縣蘇玭建堷其上

挂榜山（常山縣志）在縣東五里山羅列如榜形故名

三衢山（名勝志）在縣北二十五里昔有洪水暴出其支派分為三道故名州名亦取此（太平寰宇記）三衢山東陽記云山上有石周回三百步

常山 一名湖山（萬曆常山縣志）在縣東三十里山頂有田百餘畝湖廣數畝中有巨魚有石環繞如城故縣以此名按東陽記云常山仙人採藥處高且神

白馬山（衢州府志）在縣東四十里上有石如掌擎一盤水流不息

紫竹山（常山縣志）在縣北十五里萬山中一峰屹起羣峰環擁

容東山（弘治衢州府志）在縣北二十五里下有碧玉蓮花二洞山高三百丈廻環九百丈初鬻薪者每五鼓過之如聞梵唄聲後十年山破湧出一石僧跏趺坐立祠祀之扁曰石僧院

石門山（　）在縣北二十五里石徑僅容一人下臨大溪其巔有冢每旦有雲出其中東馳則雨西馳則晴驗之頗應

巖谷山（　）在縣北三十八里石壁高百餘丈山腋有洞流泉不絕山下巖姐居焉故名

彤弓山（舊浙江通志）在縣西二十里石勢龍蟠溪疇縈帶

硯山（崇禎衢州府志）在縣南二十里出紫石作硯

禹明山（衢州府志）在縣南二十五里宋時旱禱有應因建廟于山麓

黄岡山（萬曆常山縣志）在縣北三十里

西高峰（常山縣志）在縣西昭慶寺後山尖秀聳為縣治龍脈

賢良峰（弘治衢州府志）在縣北一十五里秀聳如筆宋王介讀書其下應賢良科第一因名

豸峰（）在縣北二十里山石嵯峨狀肖獬豸宋侍御江躋居其下故名

木棉嶺（衢州府志）在縣南十里往江山之要路

石姻嶺（）在縣北十五里由輝山入巖口丁村之路

趙公巖（萬曆常山縣志）在縣東北二十五里捫蘿而登石洞可容百人趙清獻公讀書其下因以名巖

桂巖（常山縣志）在縣北二十里麻山之麓上有桂樹百餘株不種自生過秋花發風送清香數里

禹跡洞（弘治衢州府志）在縣南五里中出泉溉田二百餘頃洞前石刻乃唐剌史陸仁燦述元祐初郡守曹輔歲旱遣人汲泉于瓶有雲紫之少頃雨大至郡以有年

攝龍洞（[illegible]）在縣北二十五里了中山（名勝志）洞前石竇常乾禱雨則滲潤須臾滿溢或有異物如魚蝦之類與水注瓶而歸雲雨隨至及送還洞口則瓶已空若攝而去故名

寶蓋洞（崇禎衢州府志）在縣西五十里球川上正德間桃源盜起戍此洞中有石乳懸如鐘磬擊之有聲光彩閃爍若寶蓋然

白龍洞（名勝志）在縣西一里許草木蒙密昔有白龍乘大風雨凌虛而翔風休雨息視前蒙密處乃有二洞一當山腹偃躬而入莫窮其奧一在山趾澗溜瀑瀑有聲

白石塢濠坑（崇禎衢州府志）在七都正德七年立寨戍守己卯宸濠作亂金華同知張齊寧波通判王鶯奉命守此

私溪（弘治衢州府志）在縣南十里其源出開化境東北流四十里與石硿溪會而為新開溪（雲林石譜）衢州常山縣思溪又地名石洪或云硿字石出水底倒垂如鍾乳

僬溪（弘治衢州府志）（舊浙江通）在縣西北五里其源出玉山縣界沿至縣北五里注于金川宋玉山令汪杞欲鑿巃以通常山水道以工用不貲而罷

金川（常山縣志）在縣北半里邑之水惟金川最大其源出開化按信安志云昔有仙人飲此而吐金故名

球川（　）在縣西五十里溪水清潔民多造紙

石硿溪（弘治衢州府志）在縣南一里發源江山東流七十里與私溪合

新開溪（常山縣志）在縣南一里乃私溪石硿二溪水所滙流出金川謂之三合水

江山縣

江郎山（弘治衢州府志）在縣南五十里按文思博要山有錦文三石峰俗傳有江姓兄弟三人登其巔化為石因名山又有金純須郎二名鄭緝之東陽記金純山有三峰悉數百尺色丹奪目不可仰視杜佑通典云須郎山發地如筍有

三峰

航埠山（江山縣志）在縣東一里其陽有鹿溪航渡故名

西山（弘治衢州府志）在縣西一里林木蓊蔚與縣治相映帶有泉曰清冷邑人多擇勝為亭榭

龍眠山（江山縣志）在縣北十里高五丈周廻七里俗名七里山蜿蜒屈盤故號龍眠

馬鞍山（嘉靖浙江通志）在縣西十五里（江山縣志）一在齊禮鄉

神仙山（江山縣志）在縣東三十里泓泉在巔為禱雨之所

景星山（弘治衢州府志）在縣南五里高四十五丈周回五里本名突星紹興中令楊雯易今名（天啓江山縣志）按文思博要云山有三石峰後漢方士趙炳過山下以鞭指之其石猶存

鵠鳴山（江山縣志）在縣南二十五里山巔有泉不涸

徐王山（弘治衢州府志）在縣南相傳偃王駐此處

鷟龍山（名勝志）在縣東南四十里上有靈湫

騎石山（江山縣志）在縣西二里高四十五丈周回四里狀如人騎故名與縣余一龍改名岁敖

漸山（弘治衢州府志）在縣東二十里俗稱大靈山巍然秀出上有偃王廟旁發湫泉三旱暵必禱

安定山（）在縣東北二十里煙霏空翠[illegible][illegible]相高

湖山（天啓江山縣志）在縣北二十五里上有石崖深黑有龍居焉旱禱立雨山半有石城兩層城內有腴田泉水四時不竭

洗仙山（正德江山縣志）在縣南四十里舊名泛青山昔有漁者見洞口有道人手招之不往道人旋揭巨石塞其門

聖堂山（江山縣志）在縣南五十里頂有龍井旁有祠旱禱必應

覲星山（弘治衢州府志）在縣南百里許高一百八十丈爲衆山之宗僧寶月結菴于此前有巨石常飯虎

泉嶺山（江山縣志）在縣南一百三十里周回數百里（通典）漢朱買臣云東越王居保泉山即今信安郡北界也互見西安縣

小江郎山（　　　）在清湖峭石懸潭與浮橋联帶漁翁聚宛然濠濮之間

浮盖仙山（弘治衢州府志）在縣南百里外上有仙洞洞口石壇為禱所洞内石壁陡峙上通一罅徑署容身可數十步始得曠處有仙人奕局泉竇冰滑餘石嵩嵩如屏如筍上有真紅桃花而不實

箬山（舊浙江通志）在縣南百里高出仙霞之上霽景可望衢城

獨秀峰（嘉靖浙江通志）在縣東南五十里高四十五丈秀色為諸峰之最

仙霞嶺（仙霞嶺志）在縣南一百里高三百六十級凡二十八曲長二十里宋史浩師閔過此始募人甃以石路

窑嶺（衢州府志）在仙霞北十五里

茶嶺（　　　）在仙霞南三里

大竿嶺（崇禎衢州府志）在縣南一百十里北趨婺杭南通七閩西抵廣信遂為

通途

小竿嶺（　）在縣南一百三十里高一百五十丈接福建浦城縣界

梨嶺（俗名五顯嶺）（衢州府志）在仙霞南五十六里

楓嶺（小竿南五里爲浙閩分界處）

瑑公嶺（崇禎衢州府志）在縣南六十里路達括蒼

紅旗嶺（弘治衢州府志）在縣西三十五里路通玉山縣

登真巖（正德江山縣志）在縣西北十五里舊名篛竹山唐妙容于此得仙唐别駕令狐峘易今名山高五千尺中有潭溢則旱淺則豐唐刺史投金龍以祈雨名爲天泉

瀟巖（一名青巖）（江山縣志）在彭村上下有二巖

白巖（弘治衢州府志）在縣東四十五里山骨對下如垂釵中有巖廣一丈深倍之衢袤三百弓規如半月平曠可容十客瀑流從巔下如飛練

煙蘿洞（名勝志）在縣南五里景星山之西可容二十人怪石崛奇紺碧舊傳有

煙蘿子隱焉

左坑洞（弘治衢州府志）在縣北二十里巖洞穴乀所有石佛石乳石田至者如聽龍吟虎嘯歲旱則祈宋安定郡王趙令衿名其洞以顯應

青雲洞（　）在縣南二十五里中有龍居乾道間里人鑿石偶浮其穴蛇骨絕多

大嶺洞（正德江山縣志）在縣西二十里懸石如屋有石盤屈狀如龍下有石田炬而後入杳不可窮

目連洞（舊浙江通志）在縣西二里明淨幽曠如覆石室瀑布聲響不絕舊傳同目犍連修行于此政和間掘得青提夫人碑乃目連母也

大溪（衢州府志）一名鹿溪亦曰鹿頭溪即古瀫水又名須江漢志太末縣有瀫水東北至錢塘入江元和志瀫水在須江縣東南一里舊志源出仙霞諸嶺匯流至清湖渡始通舟楫北逕城下又東北十八里而為大溪灘舊有浮橋一名渡江頭為縣境之衝要又東北入西安縣為衢港

文溪（弘治衢州府志）在禮賢鎮之西發源有四一自石鼓山一自廣源一自廣嶺永豐之後洋一自括蒼之半挑山至鎮滙為是溪

石魁潭（江山縣志）在縣北二十五里巨石峙立如魁故名

濟川潭（正德江山縣志）在縣東南六十里方而深外限橫石

雙溪泉（弘治衢州府志）在縣市東側有雙溪堂及竹溪為負邑佳處

湏女泉一名梅花泉（天啓江山縣志）在縣北三里發源西山之麓深不及丈甘冽宜茗

瀑布泉（江山縣志）在仙居寺右高數十丈懸崖傾瀉狀如匹練

開化縣

鐘山（名勝志）在縣北里許一名覆釜山金溪流其下

埨山（弘治衢州府志）在縣南一里昔學舍遷改不常術者謂此山為文筆峯若建學與茲山對時文盛果驗

獨山（開化縣志）在縣南十里皇甫仙讖云獨山員出狀元獨山漾出宰相

金錢山（弘治開化縣志）在縣東百步世傳金錢二道人煉丹于此

臥佛山一名玉屏山（　）在縣西七十步山形如臥佛狀故名

笏山，（開化縣志）在縣西五里山形如笏

蟠桃山（弘治衢州府志）在縣東北五里巖壁峻立上平廣山徑縈紆處處種桃花時望之如蒸霞狀

玉母山（衢州府志）在縣東十五里山高而銳山半有靈湫俗謂之天井

鳳凰山（開化縣志）在縣南一里如鳳展翅舊有置麻車其下而去者其西南一帶又名麻車山

石耳山（弘治衢州府志）在縣西八十里周回三百里與婺源德興交界巖傍有井及池四時不竭（開化縣志）石壁聳立嵌空如耳望彭蠡觀日出尤為奇觀蓋南龍祖也

古田山（名勝志）在縣西百里外高十五里中有田可百畝田畔有龍湫侵晨有雲一縷浮空而出所向輒雨

酒務山（衢州府志）在縣北坦夷盤秀縣治奠之今名華山

臺石山（名勝志）在縣北十里高三十餘丈山之東有臺石懸崖瞰溪嶙峋欲墜

天童八仙山（弘治開化縣志）在縣北四十里周回五里唐乾符間有仙人鄞去奢于山中修煉感天童八仙降後得飛昇丹井猶存

鴉金嶺（弘治衢州府志）在縣東二十五里周回五十里抵常山界山勢壁立靈湫一泓在山之半

歌嶺（　）在縣西北七十里其路由白沙抵德興界

百際嶺（衢州府志）在縣北五十里與婺源縣接界

馬金嶺（弘治衢州府志）在縣北九十里休寧縣界

片嶺避嶺（弘治開化縣志）在縣西南三十里高十五里相連並高

雲霧巖（　）在縣北七十里廣七丈中有龍湫旱禱輒應

烏白二巖（名勝志）在縣南十五里二巖對峙相去可二里

金溪（弘治衢州府志）在縣東五十步凡兩源一出馬金嶺下經九里巒環石柱

源一出際嶺下經高陽源俱達馬金合流曰馬金溪西南注四十里經鍾山下環縣治復東南流達華埠始容小舟入常山境而溪漸大

馬尾溪（開化縣志）在縣東十五里發源白馬山下合大馱小馱二澗西南三十五里至常山境注于金溪

聲口溪（弘治衢州府志）在縣西瀑泉所集因成溪水聲如風雨

第一泉（開化縣志）在縣西山下冬涸夏冽甘美特異

義泉（　）在縣東北百步廣僅十丈深不盈仞泡湧如沸冬溫夏涼甘美不涸汲者相望故稱

浙江山川古蹟記卷六

仁和杭大宗世駿輯

嚴州府 建德縣附郭

烏龍山（嚴陵志）在府治北三里郡之鎮山也高六百丈周回一百六十里宋宣和初臣僚建言龍為君象山水地名有龍字當避乃改為仁安山明洪武初稱廣濟廟神為烏龍山神仍復今名

東山（　）在府治北一里烏龍山支脉下走平陸緣入郡城各有其名此其一也

秀山（新定續志）在以秀亭得名西連東山

西山（　）在城内西北

道場山（建德縣志）西連西山唐高僧陳尊宿嘗結菴其上因名

建安山（嚴陵志）在府治北一里秀山之東府城隍廟在焉

建昌山（萬曆嚴州府志）在府治西二里又名建蒼山有順濟龍王廟下瞰江水

嚴州

左有西湖諸水皆出于橋下

三雄山（太平寰宇記）在縣治郡國志云山有石門故閔多牛馬跡在石上故也

界山（　）在縣治郡國志云界山欲雨輒聞鐘鼓之聲

錦沙岡（新定續志）在城內北方正脉融結萃為郡治

東湖（建德縣志）在興仁門內建德縣治左湖廣袤數十餘畝水自太平橋下遶江家塘直至西湖

聖水池（明一統志）在烏龍山巔池有二一清一濁俗謂之聖水歲旱禱雨多應

瀟灑園池（舊浙江通志）在府治後

建德縣城外山川

橘山（明一統志）在府城南十里相傳上有羅浮橘一株熟時風飄墮地得者詑為仙人橘

棋枰山（嚴陵志）在縣南十五里山巔有石若棋枰

明山　巖山（舊浙江通志）俱縣東南二十里

萬歲山（新定續志）在縣東南二十里與明山巖山相連巒秀環繞爲山水佳處

馬目山（名勝志）在縣西南二十五里一峰狀如馬首中有小峰如目又名南高峰

九峰山（嚴陵志）在縣西五里上有九峰寺

羊亭山（萬曆嚴州府志）在縣西八十里晉太傅羊祜祠在焉

方門山（嚴陵志）在縣東七里烏龍山之支也對峰列嶂臨于江滸其狀若門故名

屯軍山（　）在縣西北一里相傳黄巢屯軍于此

青山（　）在縣西十里四時蒼翠色蔭黛潭

平壁山（　）在縣西十里馬目山之支也千仞壁立因名

銅官山（萬曆嚴州府志）在縣西八十里（元豐九域志）新安記云秦時于此置官採銅因名

高峯山（嚴陵志）在縣東五里即北高峯烏龍山之支也複峯聳秀林木清幽爲

一郡偉觀（建德縣志）上有浮屠七級與南山天寧寺塔相望

南山（　　）在縣南五里與城對峙馬目山之支也

慧巖山（萬曆嚴州府志）在縣西十五里

赤山（建德縣志）在縣西北一里山無樹木土石殷然

龍門山（嚴陵志）在縣東二十七里山巔累浮圖下瞰江渚有石壁飛瀑上連胥
水下接嚴陵

幽徑山（名勝志）在縣西四十里朱買臣常寓此滌硯于池後人因名為朱池

雲岫山（嚴陵志）在縣東北四十里

湫山（　　）在縣東北四十五里高六百丈周回一百餘里與烏龍清冷二山相
埒中有石湫俗呼為聖水遇旱禱之輒應

夫山（新定續志）在宣政鄉峯亦峭拔

吳氏山（嘉靖浙江通志）在縣西北四十里山下有吳村

義湖山（建德縣志）在縣西四十里山有池大旱不竭

焦山（嚴陵志）在縣西五十里臨新安江滸

安仁山（建德縣志）在縣東北六十里

蓮花山（嚴陵志）在縣西五十里與楊溪峯相連狀如蓮花故名

芝山（一　）在縣東六十里桐廬縣清冷山之支也與安仁相對下有芝水環之故名

靈巖山（一　）在縣西八十里與淳安紫蓋峰相連巖泉不竭遇旱禱之即雨

五寶山（新定續志）在建德鄉西八十里五山共一源曰金山曰銀山曰銅山曰綠山曰鐵山

楊溪峰（萬曆嚴州府志）在縣西四十五里如卓筆

烏龍嶺（建德縣志）在烏龍山側樵採從此過嶺

留潭嶺（萬曆嚴州府志）在縣西二十三里下有留潭又名鍾潭

午方嶺（明一統志）在府城東北六十里以在烏龍山之南故名絕頂有金鷄窠石六

新安江（萬曆嚴州府志）在府城南一名歙江經淳安一帶又名青溪至城東二里合婺港又東入浙江

東陽江（舊浙江通志）在府城東南二里來自金華與歙港合如丁字然

胥口江一名建德江（建德縣志）在縣東二十五里以伍子胥經此因名

西湖（　）在城西南和義門外廣袤五百四十二丈中有寶華洲

桐溪（　）在縣南十里自南高峰發源七里至溪口

大洋溪（嚴陵志）在縣南二十五里自馬目山發源十五里至溪口

胥口溪（　）在縣東二十五里自胥嶺發源三十里至胥口逆流十里達于胥口江

下涯溪（　）在縣西三十里自太周招賢橋東北塢發源六十里至溪口

楊溪（　）在縣西四十里自蛇嶺發源五十里至溪口

大郎灘（新定續志）在縣東十里江南寧順廟顯應妃長男倪惇募鄉兵決流感神兵不期而集風雨裒作廣決水道因號大郎灘

烏石灘（嚴陵志）在縣東十五里以上二灘並在東陽新安二江會流之下沿入桐廬縣界

玉泉（　　）在府東北七里烏龍山麓昔人甃石為瀑流如噴玉傍有石佛龕久漸長殆所謂息石也

一　淳安縣

南山一名青山（新定續志）在溪南為縣治對山巖石疊繚林木陰翳有亭曰物外一邑奇觀也

仙壇山（隋書地理志）遂安郡雉山縣有仙壇山

都督山（名勝志）在縣南六十里相傳後漢方儼為都督常駐兵處（太平寰宇記）都督山高峻臨江

邁山（嚴陵志）在縣西北六里新安記云其山重疊秀邁諸山故名

三鶴山（　　）在縣南三十五里相傳昔有潘氏兄弟三人于此乘鶴上昇故名

裘山（　　）在縣東三十五里山形甚峭拔其麓有數洞相連接外一洞有石龍水自龍口下注石盆中常滿不溢盆前有石果數品甚異遇旱請水于池輒雨

金鈎山（淳安縣志）在縣東八里一名象鼻山

燕山（嘉靖浙江通志）在縣東三十二里

東山（明一統志）在縣東五十里絶頂有僧菴中祠石佛

龜鶴山（嚴陵志）在縣東五十里兩峰相値以形名

安樂山（明一統志）在縣東六十五里山頂有泉及石棋盤遇旱禱雨多應

重坑山（　　）在縣東八十里山有二坑故名

雉山（嚴陵志）在縣西南一里周回七里四十步新安記云郡西南渡水一里餘有山如雉蹲因名隋時常取以名縣

雲巖山（　　）在縣東北六里周回十三里舊名龍山吳永安五年黄龍見于此因名唐元和元年觀察使牒改雲巖山宋時方建庵舍其下更號蛟峰

蔗山（名勝志）在縣東北三十八里山分八面水注十派（淳安縣志）昔有人植蔗故名

岐山（萬曆嚴州府志）在縣東北九十里石門逕内

吴山（淳安縣志）在縣東北一百里上有仙姑洞子胥祠三寶石五蓮峯與杭之吴山相類因名

聖姥山（　）在縣東南二十五里山巔有平地餘一頃洞泉冬夏不竭祈禱輒應

客山（嘉靖浙江通志）在縣東南五十里

並桃山（新定續志）跨常樂永平兩鄉登絶頂杭歙衢婺之山依約在目山下望之如二桃因名

南來山（明一統志）在縣西北一百三十里山勢自北而南故名

東泉山（萬曆嚴州府志）在縣東北一百三十里舊名覆船具一支南出為崒瑞峯當龍池之上望之如青芙蓉出泉三派並東注唐改今名

小金山（嚴陵志）在縣西十里屹立大溪中上有佛宇有似鎮江之金山而小故名

響山（名勝志）在縣西十八里石壁如削下有深潭澒洞舟人呼之其響相應

尹山（嘉靖浙江通志）在縣西南七十里兩峰南峙跨石如橋倚石如人中有石室石棋皆天然之勝也

揺塩山（嚴陵志）在縣西北一百一十里相傳錢鏐微時常販塩經此因苦渴以拄杖觸巖泉忽涌出後人因名其山

雲濛山（名勝志）在縣南三十里高五百丈周回七十里天欲雨則雲霧滃騰山頂

芝山（名勝志）在縣南六十里高文毅公家于此

百桂山（淳安縣志）在縣西七十里香桂叢生

蜀阜山（名勝志）在縣西六十五里以其山似蜀三峽故名

鳳山（嘉靖浙江通志）山有二一在縣西北一在縣東北

金紫峰（嚴陵志）在縣東北八十里高二十餘丈中峰有圓石起數十丈光瑩無草木其旁兩峰若俯每旭日照灼則有金紫閃爍之色上有九龍瀑布

魚口峰（淳安縣志）在縣西十五里當儒學櫺星門之前

虎峰（舊浙江通志）在縣東北二十五里渡市相傳方仙翁儲與弟忠烈侯儼常隱此

梅花峰（明一統志）在縣南三十里望之如梅花五出

紫蓋峰（新定續志）在安福鄉山腰微瘦上乃旁拓形如擁蓋因以為名

銅嶺（嚴陵志）在縣東七十里中有石洞出泉又有田號曰仙人田爲壽淳二邑限隔之地懸崖絕壁無路可通

遂嶺（一）在縣東七十五里乃壽淳二邑限隔之地懸崖絕壁無路可通舊惟水中往來成化間知府朱暟通判劉永寬命工修砌遂成坦途其有不可措鑿者悉為橋以濟之行旅多賴焉

登雲嶺一名黃泥嶺（淳安縣志）在縣西北六十里永平鄉之蜀阜

西嶺（舊浙江通志）在縣治南八十里亦與壽昌接境在玳瑁之西故名

方壺嶺（淳安縣志）在縣西七十里御史王賓出入于此更名驄馬嶺

燕石巖（明一統志）在縣西一十五里穹然如石屋可坐數人俗呼積甲山

保安巖（　）在縣東北六十里一名玉筍峰側視如圭正視如筆

小溪巖（淳安縣志）在縣東六十里怪石峨巖水陸俱險明嘉靖間知縣洪英明立錦溪關于此以禦礦寇

仙居洞（名勝志）在縣東三十五里羣山連接十數洞皆一竅相通最外一洞狀如龍蟠中有石座〻有石盆龍口水下溢盆中

靈巖洞（嚴陵志）在縣東五十里青溪鄉千仞里〻東諸山一峰特高跱千仞峯下有兩水源東曰聰明西曰龍門其源下又分二洞一曰龍泓一曰均濟各溉田數頃宋時邑人邵晃讀書于此其子炳兄弟復建室洞側隱居焉元祐中通判殿中丞楊偕行縣訪之名其洞曰靈巖

仙女洞（明一統志）在縣東北六十里洞口有祠每歲旱禱之則環山皆雨不及他境

威平洞（嚴陵志）在縣西七十里一名清溪洞一名幫源洞宋宣和中方臘反韓世忠擊敗之窮追至此洞賊深據巖屋為三窟諸將莫知所入世忠乃潛行溪谷間問野婦得徑即挺身仗戈搗其穴擒臘以出賊平改今名

鶴迹石（）在縣東北一十五里石高五丈許上有鶴迹長徑尺餘傍有馬虎虎迹相傳方儲兄弟三人各乘一物游此其跡天然非鐫刻所及

魁星石（明一統志）在縣東北五十里俗傳星隕所化

青溪（舊浙江通志）一名西安江西出于歙環繞于縣之前東注于嚴東南入于海

進賢溪（名勝志）在縣東北二十五里漢尚書令方儲晉尚書方操唐隱士方干宋校理方恪最為顯著故鄉里市渡皆曰進賢溪因以名

軒駐溪（明一統志）在縣東五十里相傳漢方儲乘鶴至此登舟故名

三潭（嚴陵志）在縣西一百里崇岡僻嶠極深處源出昱嶺瀦為三潭高下相比上者可一畝中者尤大其下則差小常有輪麻縷縋（下）石測之者盡一輪莫竟

其底旁有石山斜瞰潭上

九里湾潭（舊浙江通志）在虎石潭下

響山潭（淳安縣志）在響山之下往来過者必停舟歌吁為響聲相答

長潭（舊浙江通志）在黄江潭下黄花谷口

雉山潭（萬曆嚴州府志）在縣南一里

懸藤灘（舊浙江通志）岸有二石臨灘上

桐廬縣

安樂山（嚴陵志）在縣北一里縣以此山為主而差低于鳳凰山宋時邑人羅彦昇昇建塔以鎮之高七級元末張士誠遣劉真據桐廬拆磚石他用塔遂毁

國朝康熙十一年重建

桐君山（[illegible]）在縣治東二里突然一峯下瞰兩江相傳山側舊有桐樹枝柯蔭蔽數畝嘗有異人採藥于此結廬樹下或問其姓則指桐以示之因號為桐君山因以名

鳳皇山（名勝志）在縣東二里下瞰桐江

戴山（嚴陵志）在縣東二里劉宋時戴顒隱此故名

梓芳山（　　）在縣東六里本名紙芳後人訛傳梓芳數峰連接或伏或起皆西上以迎桐君

舞象山（萬曆嚴州府志）在縣西二里因形得名

常山（名勝志）在縣西五里晋許邁曾隱此

斗山（嚴陵志）在縣西五里路當驛道上通閩廣下接杭越內逼山外瞰江崎嶇屈曲凡十有五里宋淳熙己亥邑令趙伯膚向雲丞等憫行人多致顛墜于是沿江一帶設扶欄七百行者便之元末劉真取石柱築城扶欄遂廢

金鷄山（桐廬縣志）在縣西十里前臨大江

富春山（舊浙江通志）在縣西四十里前臨大江上有東西二臺一名嚴陵山清麗奇絶踞錦峰繡嶺乃子陵釣處

新婦山（嘉靖浙江通志）在縣西北八里前臨江水

尖山（桐廬縣志）在縣西北十五里一峰秀銳矗出江上

雪山（　）在縣西北四十五里孤峰峻拔陟其頂可見杭城相傳白鶴真人煉丹于此絕頂有龍池上有巖人鑿石為真人像

香爐山（舊浙江通志）在縣西北二十五里

龍角山（桐廬縣志）在縣西北三十里其山高聳如龍角故名

法華山（嚴陵志）在縣西北二十五里相傳昔時高僧曇翼戒行孤高挂錫松下日誦法華經感羣鳥聚聽因名

羅峯山（舊浙江通志）在縣西北三十里

風穴山（桐廬縣志）在縣西北四十里山下有穴常出風

藍田山（楊維禎三一精舍記）山去桐江北三十里北負鍾阜與周顒隱居伊邇其香爐峭壁紫煙瀑布如白龍蜿蜒掉尾雲際

龍蟠山（名勝志）在縣西北四十五里山頂有石曰虎蹲登之可見錢塘城郭

龍洞山（新定續志）在常樂鄉行羊腸半舍許有石曰洞門中乃東曠廣法寺居

之山巔有龍門池流水溉田足以供僧

環翠山（嚴陵志）在縣西北二十五里相傳晉時郭文常隱于此山上有仙碁石

清冷山（名勝志）在縣西北三十里高五千餘仞周七十里有洞一穴四面出泉溉田五千餘頃宋時常遣使醮祭

鐘山（舊浙江通志）在縣西北四十里其形似鐘鄉以是名晉周顒隱金陵之鍾山後出為海鹽令會稽孔稚圭作北山移文因為所誚乃卜居于此

石柱山（桐廬縣志）在縣西北四十五里絶頂有巨石高十餘丈濶一丈遠望如柱故名

鷄籠山（　）在縣西北五十里側有佛印洞下有城門洞

龍潭山（嚴陵志）在縣南十里有龍潭禱雨多應

大奇山（桐廬縣志）在縣南十里頂有泉舊名寨基山

歌舞山　金牛山（舊浙江通志）俱縣南一十五里

侍郎山（　）在縣東南二十五里上有胡寅侍郎廟故名

香泉山（嘉靖浙江通志）在縣東南二十五里側有仙姑巖

烏石山（嚴陵志）在縣東南四十五里漢末孫鍾種瓜于此有三異人爲葵其祖墓葵畢化爲三白鶴飛去故又名白鶴峯

獨高峯（桐廬縣志）在縣西北二十里突出江表獨高于衆山因名山上有井著中峯禪師住錫于此

小嶺（　）在縣北一里鍾山桐廬鄉之要道也上有碧雲菴

娘嶺（舊浙江通志）在縣西北二十里上通金衢下通省直

白峯嶺（嚴陵志）在縣東北三十里嶺西有舖達新城縣

周顒嶺（　）在縣西北四十五里相傳周顒隱焉

桃嶺（嚴陵志）在縣東南七十里東至狐野嶺浦江界

白霧巖（新定續志）在桐廬鄉山最高將雨先霧

老鷹巖（桐廬縣志）在縣西四十里巖有路瀕江傾隘峻嶮纜舟之人多有顛躓成化間同知張昇命工琢巖砌石而其險猶存

閬仙洞（嚴陵志）在高山相傳昔有仙人居其中有石閬入閬十步許曲折而東忽曠然空明藤蘿交加葱蒨可愛其北乃洞也迴還二十餘丈巖間石乳溜滴不竭

瑶林洞（　　）在縣西北四十五里洞口濶二丈許梯級而下百丈餘壁有五采泉有八音犬吠人語可驚可怪蓋神仙遊集之所也

垂雲洞（名勝志）在縣西北五十里可容百人上有穴見天光傍有石稜萬片狀如晴雲亂墮上多石佛舊名石佛洞唐貞元間改今名

桐源洞（桐廬縣志）在縣西北三十五里嘉靖時樵者數聞音樂在藤蘿間遂從而斧之去其壅蔽内有洞高十餘丈并石龍石鳳石球石柱石塔石牀蓮花石座之類

館仙洞（嚴陵志）在縣西北五十里自桐門梯級而下三丈餘有石壁自壁側入十餘步洞屋高敞乳竇涓滴凝成石柱石塔石馬石龍之類自是縈迂曲折而入莫知所窮相傳内有蟾蜍翠鵠壁間多名賢題志原名赤洲洞唐貞元殿中

侍御史李士舉來游改今名

桐江（　）在縣南六十步其源其三一出徽州一出衢州一出金華三水合而東北遠注九十里至縣郭之南曰桐江東流歷富陽是謂浙江以入于海江岸山巒峭峻其水深渟若黛

桐溪一名潢港一名分水港（名勝志）源出天目山經於潛東流六十里入桐江（太平寰宇記）桐溪一名紫溪水木泉石相映名樸林自桐溪至於潛有九十六瀨第二即嚴陵瀨也

窄溪（嚴陵志）在縣東南三十里乃甘溪之下流由前村衆善院北分派東流十三里入于江名窄溪埠與新城港相對

蘆茨溪（　）在縣西南四十里有大小二源山皆壁立一出紫洲一出西坑嶺至端平橋合流入江

白雲源（　）在縣西南四十里一名蘆茨源重山插天林麓茂盛鄉民採薪為炭供數州薰爨之用（名山勝槩記）白雲源與釣臺對乃唐處士方干之舊隱

也

屏風源（嚴陵志）在縣東南四十五里上有龍潭其泉自石罅中涌出外有山對峙鈐鎖其中澗五里許識者謂築其喉以積水則深澳一帶可以無旱

桐洲（）在縣東三十五里袤二十里南臨大江北有後港以富陽趙家灘為界相傳桐君種藥于此故名

七里灘（）在縣西四十五里與嚴陵瀨相接兩山夾峙水駛如箭諺云有風七里無風七十里盖舟行艱于牽挽惟視風以為遲速

漏港灘（）在縣西有上漏港下漏港二灘

嚴陵瀨（）在縣西三十五里釣臺下按子陵本傳云耕于富春山後人名其釣處為嚴陵瀨

十九泉（）在縣西三十五里釣臺下其甘美陸羽茶經品第天下水味以此泉居第十九故名

遂安縣

丘獅山（　　）在縣治後五山聯屬形如獅故名

婺山（新定續志）在縣東南二里許孤峯峭立爲一邑望紹興中有避地者李季精天文謂二浙上當斗女之分今婺州與徽之婺源縣皆以女宿得名此邑介其中宜曰婺山作霧非也

仁山（名勝志）在縣北五里其巔有池注爲瀑布

義山（萬曆遂安縣志）在縣西五里

白石山（萬曆嚴州府志）在縣西七里（元和郡縣志）其山出白石英因以爲名

語石山（舊浙江通志）在縣西五里天啓間鴻臚姜習孔搜奇剔石洞壑玲瓏彷彿飛來紫陽

純和山（名勝志）在縣西十里上有仙人橋

巖山（遂安縣志）在縣北十里其巔有井大旱不竭

高柏山（　　）在縣西二十里

碧梢山（舊浙江通志）在縣東十五里遥截下流屹然華表下有碧梢塢

靈巖山（方輿勝覽）在縣北十五里上有泉分注三井溢為瀑布二百尺許

織女山（晏公類要）在縣西南一十里山有織女祠

金紫山（萬曆嚴州府志）在縣北二十里為縣鎮山

公山（嚴陵志）在縣西四十里四面環拱此山獨高故尊之曰公山按圖經載郡國志所紀公山云山出水水有橘自然泛來行人噉之恣飽食則可將去則病樂史以為在建德境內今建德不聞有此山疑即此公山也

愚公山（遂安縣志）在縣西三十里特聳如翁故名

霞山（　）在縣西四十里丹崖返照遙望如霞

瀛山（舊浙江通志）在縣西北四十里周令恪建書院其上為朱子與詹儀之講學處

花果山（嚴陵志）在縣西北四十五里相傳古有僧化身于此因建庵焉居者不種蔬但芟其地而鋤之則蔓菁之類自出

七峯山（萬曆嚴州府志）在縣西南四十里巒巒奇秀為諸山冠

龍耳山（萬曆遂安縣志）在縣西六十里舊名兎耳山新安記云有兩峯直上如兎耳有神號大姥夫人祈禱皆應若兎至土人能勝之則神鼓先鳴唐天寶六載改今名

高喬山（　　）在縣西六十五里閩化界層峯峭削旁若迂廻正德癸酉流賊殘閩化之馬金去界不十里縣令容九霄築寨于此以遏其衝境遂以完

雲濛山（　　）在縣北五十里與梓樹塢相屬

武强山（嚴陵志）在縣西南五十里山極險峻鄉民常保焉盜不能攻故名

洪洞山（明一統志）在縣西南七十里唐時置場于此採銅久廢

許由山（名勝志）在縣東十里宋朱子訪詹儀之于此至今目爲朱墩

長垓山（萬曆遂安縣志）在縣西五里兩山壁立道狹多阻元末高指揮遏紅巾于此

黄連嶺（晏公類要）在縣南七十里山路險阻行人渡嶺者皆口苦如咀黄連

楊嶺（嚴陵志）在縣東北四十里通淳安界

安硎嶺（萬曆嚴州府志）在縣東北四十里

猥嶺（嚴陵志）在縣南五十里

佛嶺（　）在縣西南四十里通淳安界

積雪嶺（萬曆嚴州府志）在縣西八十里冬春積雪不消故名

馬金嶺（嚴陵志）在縣西南八十里通開化界

歙嶺（遂安縣志）在縣西北七十里

白漈嶺（　）在縣西九十里通休寧界

靈巖洞（嚴陵志）在縣西北十五里巖上有泉自山巔石罅中流出為小澗石壁上瀑布二百尺秋冬不竭宋宣和元年歲旱禱之龍見而雨乃建祠以奉焉

乳洞（名勝志）在縣南八十里洞口廣三丈許具出出泉大旱不涸

幞頭石（嚴陵志）在縣南八十里屹然臨水高十丈廣八丈形似故名

石柱（名勝志）在縣南八十里聳立山足高數丈圍丈餘

石船（　　）在縣南八十里長四丈臥水中如船尾懸一石如柁

武強溪（萬曆遂安縣志）在縣西源出武強山下達于縣治繞郭之南復東注四十里入淳安境又二十里入新安江

龍溪（嚴陵志）在縣東北自淳安縣境發源南流至縣東南一里許入武強溪

百丈漈（萬曆遂安縣志）在縣西五十里霞源山上臨崖有三石池瀉作瀑布百餘丈下有叢石激水聲振巖谷

石下潭（萬曆嚴州府志）在縣東二里

漢井（遂安縣志）在縣南八十里一名米井泉水湧出大旱不涸溉田數百畝

壽昌縣

萬松山（嚴陵志）在縣北八十步山皆髯松蒼翠可愛近市而不囂足以游目騁懷焉

青龍山（新定續志）在縣東一里縣治來岡分遠通衢出臨艾溪勢若昂首

馬鞍山（壽昌縣志）在縣東南三里兩峯突起下連平岡如馬鞍故名

石鼓山（嚴陵志）在縣東南七里山有石每歲穀日扣之鳴則其年豐稔候之有驗

彭頭山（　）在縣西二湖之東晴波倒影上下一色雖密邇市廛清絕夐異

黙山（　）在縣西南二里峰巒環拱

仙池山（壽昌縣志）在縣南三里一名南山其上有池真人卜景雲棲丹處也

鄭山（　）在縣南五里

天井山（嘉靖浙江通志）在縣南十里（太平寰宇記）輿地志云壽昌縣有天井山天將降雨頂上輒有鐘鼓之聲

下馬山（萬曆壽昌縣志）在縣西五里峰巒綿亘湧出平陂宋直龍圖閣葉三省既貴顯每歸鄉邑望此必下馬徒行鄉人服其恭謹故以名山

玉華山（　）在縣東南二十里巖崖奇削高數百丈其色映空如玉

烏石山（壽昌縣志）在縣南十五里山石多黑

泉山（　）在縣南二十五里有泉分四道而下冬夏不竭

金臺山（名勝志）在縣南十五里山峰如露臺日色臨照其上

冠山（壽昌縣志）在金臺之南壁立萬仞中有洞洞有冠山洞主像

岑山（嚴陵志）在縣東二十里孤峰峭立麓有石室可容數人宋國子監丞鄭彥

常構書院遺址猶存

寒山（壽昌縣志）在縣北五里怪石崔嵬人莫能至

巖山（　）在縣北六里山頂有石回抱如負扆狀

過浴山（嚴陵志）在縣北十八里下有洞相傳昔有仙人過此浴故名

屏風山（貝瓊翠屏軒記）壽昌茗灣東北一山郁立千仞曰屏風山

燕山（晏公類要）在縣西北二十里每遇亢暘旱有煙霧橫其上羣燕翔集即雨故

名

青山（名勝志）在縣西十里

錢師山（舊浙江通志）在縣西南四十五里山頂有嶺名曰石郭嶺上多平地崖

石嵯峨水泉滴瀝與衢州西安接境

巖洞山（嚴陵志）在縣東南三十里山有五峯一曰華蓋二曰羅帽三曰玉露四曰慶雲五曰景星五峰之中華蓋最高常有雲霧罩其上山南屬金華山北屬嚴州實爲二郡之鎮

西山（壽昌縣志）在縣東十五里山形奇秀右襟淤堨左帶芳溪

赤孤山（名勝志）在縣東二十里有石赭色壁立孤峻

硯山（嚴陵志）在縣南三十里山南屬金華北屬嚴州西屬衢州實爲三州之界

天湖山（名勝志）在縣西二十里上有池流下溉田

桑山（ ）在縣西三十里山半有蘗泉

貌馱山（嚴陵志）在縣西四十里

四疊山（名勝志）在縣西四十里四山拱揖相向形肖麒麟鳳龜龍宋葉樞密義問故居在焉

塘山（壽昌縣志）在縣西五十里石徑屈曲上有二池

朱山（舊浙江通志）在縣西六十里

金姑峰（壽昌縣志）在縣東三里峰尖峭拔卓立其麓若鳳翅截縣之水口正艮峰也

長嶺（　）在縣東南二十五里東通金衢西達宣歙

掬嶺（嚴陵志）在縣西南四十里與龍游接境宋都臨安凡江西閩廣荊湖雲貴八番海外諸國來者咸道其下今取道蘭溪非宋時驛路也

遼嶺（　）在縣西北五十里嶺半有小亭為登臨憩息之所其北接淳安界

大慈巖（　）在縣南二十里其巖穹然如屋東有一石竅僅可容人曲身以入為梯三級可憑而下有石室曰觀音洞歲旱禱而必應巖之西北可一里許又有石洞披蘿乃可得入中有石筍從地涌出元大德間臨安人莫子淵棄家學道至此見其奇秀遂琢石筍為石佛號大慈巖因留居焉其巖望金衢二州之景一覽可徧

高湖巖（　）在縣東南二十五里山巔一平如掌四畔多巖石惟一徑可通

金鷄巖（明一統志）在縣西六十里昔有異人過此聞石中有鷄聲剖石得一物

如鷄有金色石數今存

寶公巖（嚴陵志）在縣西六十里巖壁絕險相傳昔有烈士常居此巖出入設危鉤以渡之有人見其負一牛犢入巖後不復出至今時聞音樂聲

南山洞（　）在縣西三十里洞上有三門屈曲旁通嵯峨突兀清楚可愛

靈栖洞（　）在縣西四十里洞極深邃盛夏人或持火而入至其深處寒不可懍洞中水常泛溢有魚躍出

西湖（　）在縣西廣袤二百四十步有飛橋跨其上唐景福二年縣令戴筠開（詳見水利）

艾溪（新定續志）發源自縣西鷄籠山過縣東七里為淤堨溪又東為湖神溪實一源也至芝塘入建德縣界達于新安江

淤堨溪（萬曆壽昌縣志）在縣東七里承艾溪之水至桂村與協儒溪合流至翠溪口與翠溪合流

壽昌溪（嚴陵志）在縣西六十里舊志云大溪源自鷄籠山東南流經邑村與交

溪合流曰大同溪又東注過縣西曰艾溪遶南而東過白沙曰淤堨溪又東北注曰湖神溪實一源也流長九十里出壽昌港口繞蒼山入新安江

新市潭（萬曆嚴州府志）在縣東十五里（嚴陵志）南宋都杭此地經行者衆有葉氏百餘家聚居其旁新列市肆故名

分水縣

雙峰山（新定續志）在縣北縣治依為主山

玉華山（嚴陵志）在縣北山下有泉如玉色故名

天祿山（嘉靖浙江通志）在縣北十里印渚繞其下

慶雲山一名五雲山（嚴陵志）在縣東南二百五十步唐長慶三年有五色雲見因名

塔山（　）在縣東上有塔院

中臺山（分水縣志）在縣東十里

石柱山（名勝志）在縣南二十里山有石柱狀似削成

紫羅山（嚴陵志）在縣東十五里

崤山（分水縣志）在縣東五十里峰巒高峻約千餘丈

石壁山（萬曆嚴州府志）在縣東五十里有洞如室旁皆石壁故名

石筍山（嘉靖浙江通志）在縣北四十五里

秦遊山（嚴陵志）在縣東十七里相傳始皇遊天目山庶民于此山覲見因名秦山唐改今名

鍾山（分水縣志）在縣西五十里有泉自洞出俗名仙洞

覺道山（　）在縣西三十五里（太平寰宇記）分水縣覺道山上昔有二人入山得道不知所終石壁留二人影如道士狀晴日視之宛然

紫龍山（新定續志）在縣南二十里上有龍池

黄潭山（分水縣志）在縣北二里

白雲山（嘉靖浙江通志）在縣北二十里

鳳凰山（萬曆嚴州府志）在縣北二十五里形如飛鳳

勞山（舊浙江通志）在縣八都三十五里俗名豪山

三姑山（分水縣志）在縣北四十里地名麻源

學士峰（舊浙江通志）在縣西四十里十八峰排列故名

胥嶺（萬曆嚴州府志）在縣南六十里上有子胥廟

歌舞嶺（嚴州府志）在縣南五十里路通建德

塔嶺（嚴陵志）在縣西五十里路通淳安

桐嶺（分水縣志）在縣東六十里路通新城

湯安嶺（舊浙江通志）在八都麻姑源

千佛巖（嚴陵志）在縣東十五里昔有邑人方子容因母病鑿山作千佛于此

雲峰巖（新定續志）在縣西北二十五里四面如削一峯突在雲中

百聖巖（一）在縣東一十五里其高為邑最

楊山洞（嚴州府志）在縣西北四十里洞中可容百人崖上乳滴如羅漢像相傳

昔有異人楊嵩隱此

錦溪（萬曆嚴州府志）在縣東十里有渡通桐廬

天目溪（新定續志）源出天目山繞縣境而南達于浙江可勝百斛舟

印渚溪（萬曆嚴州府志）在縣北十里有渡通於潛

千佛潭（舊浙江通志）即新坊德水縣西三十里安禪寺前

鐘潭（名勝志）在縣東北二十五里相傳有古鐘沒于下其紐可見漁人撼之莫能動

温州府 永嘉縣附郭

華蓋山（萬曆温州府志）一名東山在郡東偏城沿其上郡城九斗山此山鎮其口有容成太玉洞道書為天下第十八洞天又有石龜池三生石青牛鳩丹井蒙泉諸勝

積穀山（名勝志）在城東南隅山形圓正如高廩故名（萬曆温州府志）又名飛霞山城沿其上麓有謝客巖謝靈運書白雲曲青吟草于崖上今蕪沒惟謝客巖三字存又有飛霞洞春草池

松臺山（萬曆温州府志）在郡治西又名淨光山

温州

海壇山（永嘉縣志）在縣治東北其支阜為慈山坐鎮海門內外最關郡城來龍舊云海壇沙漲温州出相宋陳宜中明黄淮張孚敬皆應之

郭公山（萬曆温州府志）在郡西北晋郭璞登此山卜居故名

湧泉（太平寰宇記）永嘉華蓋山周回九里遥望似華蓋有湧泉旱則水不減雨則水不加謝公與從弟書云地無佳井賴有山泉

謝池（嘉靖浙江通志）謝靈運嘗游息于上池水澄湛俗呼靈池

永嘉縣城外山川

金丹山（名勝志）去城西三里上有三峰色如丹霞

巽吉山（萬曆温州府志）去城東南二里當郡治巽位世傳白玉蟾駐鶴于此

仁王山（　）去城南五里旁有小阜曰湖嶼正對府治

黄土山（永嘉縣志）在巽吉山側

靈官山（温州府志）在府城南五里一名霞釜林靈素葬此故名按郡城九斗松臺郭公海壇華蓋為斗魁積穀巽吉仁王為斗柄黄土靈官為左右輔弼

暘奥山（　　）在府城南十里下有暘湖

孤嶼山（江心志）在郡北江中因名江心東西廣三百餘丈南北半之距城里許初離為兩山築二塔于其巔中貫川流為龍潭川中有小山即孤嶼宋時有蜀僧清了以土塞龍潭聯兩山成今址孤嶼之椒露于佛殿後

東山（太平寰宇記）去城西四里其山北臨永嘉江東接蒼海

西山（溫州府志）在府城西五里連峰疊巘如列畫屏若護國山甌峯紫芝峯慈雲峰篔竹峰瑞鹿峰皆其支也又有愛泉鑒泉玉乳泉飲鶴泉虎跑泉龍珠塢丹竈洞赤松洞雲霞碁桃花澗小雁谷藏春谷諸勝為登覽勝地

淩福山（　　）在府城北六十里一名雞嶼山峙永寧江中

羅峰山（嘉靖浙江通志）山在羅溪之上

吹臺山（名勝志）在府城南二十里上有王子晉吹笙臺下有飲鶴泉山之陰屬永嘉山之陽屬瑞安

慈湖山　竹碁山（舊浙江通志）俱府城南二十里

太平山（温州府志）在府城西八里山北臨江有太平嶺

大羅山（嘉靖浙江通志）在縣西南四十里（温州府志）上有菊花潭臥龍潭玉涵潭龍鬚潭飛來巖動石茶山霹靂泉（萬曆温州府志）唐劉沖隐此明少師張孚敬羅峰書院在其下

桂綠山（舊浙江通志）在府城東北二十里（永嘉縣志）其石壁立爍爛若綠繡然故名

岷岡山（温州府志）在府城西南三十五里亂峰環簇如蓮花瓣宋儒戴溪讀書于此

五峰山（萬曆温州府志）在建牙鄉俗稱丁公山有西華洞乃石豨真人吹簫地

瞿溪山（　）在郡西南五十里（太平寰宇記）沿山石壁高十二丈古老傳云是石室步廊

瞿嶼山（嘉靖浙江通志）在城東二十里獨峙江濱吳義士瞿素所居

石鼓山（温州府志）在府城西四十里（名勝志）山有石如鼓扣之則響

青嶂山（萬曆溫州府志）在郡城西北四十里即陶貞白隱居之地宋柯可崇于此辟穀麓有陶真君祠

羅浮山（名勝志）在永寧江北岸與孤嶼相望永嘉記云秦時從海上浮來

永寧山（舊浙江通志）一名北山在江北郡之主山也綿亘賢宰仙桂永寧清通四鄉

綠嶂山（萬曆溫州府志）在府城北永寧之支也

白茶山（茶經）永嘉圖經縣東三百里有白茶山

華嚴山（名勝志）在府城北八里有石可為硯王右軍帖云近得華嚴石頗佳即此

石門山（溫州府志）在府城北十五里賢宰鄉

溫州永嘉石門山無瀑布謝靈運邪運石門諸詩括蒼彙紀俱載入青田石門山下萬曆溫州志則係之永嘉觀唐郎丹奉使過石門觀瀑詩有吾祖昔曾臨謝公亦游行之句邵孝善注文選引靈運游名山志云石門澗水上入兩山口兩邊石壁下臨澗林正與青田石門瀑布合今青田縣劉宋時係永嘉郡則謝公所游處當在青田不得以永寧支山混之也

破石山（名勝志）在城西北二十里臨江壁立如張帆水上安溪遠其下上接青田惡溪七十二灘之水東流入甌江（元豐九域志）永嘉記云永嘉江岸有枯石乃堯時神人以破石為堆將入惡溪置之溪側遙望有似張帆

石犢山（温州府志）在府城西北一百八十里（名勝志）上有方石狀如犢舊傳黃帝緘玉版篆冊于此

石室山（嘉靖浙江通志）在府城東七十里上有石天人及瀑布泉（太平寰宇記）石室山南溪入一百二十里有石室可坐千人

天臺山（名勝志）在大若巖之北環列一十三峰中有傳巖瀑布蟾蜍石龍聽洞石柱諸勝

青嶴（　）在府城東北二百里海中兩山對峙如門宋永明中郡守顏延之于此築亭觀海

大若巖（萬曆温州府志）在府城西北一百五十里又名赤水山為天下第十二福地乃地仙李方回所治梁陶弘景于此纂集真誥故又名真誥巖吳甘露中道士傅隱遥亦于此飛昇此山地勢幽阻水石清奇略如雁蕩云

童子峯（三洞羣仙録）朱孺子居大若巖見二花犬入枸杞叢下掘得根烹食之飛于峰上雲擁而去今謂之童子峰

甌海（温州府志）在府城東九十里一名蜃海城北甌江即海之支江也江流東至磐石寧村會于海洋茫無際涯是謂甌海〻山之際常有蜃氣凝結忽為樓臺城櫓忽為旗幟甲馬錦幔

甌江（太平寰宇記）一名温江東達大海西通處州青田溪（名勝志）舊名慎江一名蜃江一名永嘉江（永嘉縣志）潮汐往來旁流四達東西接台處二郡南北抵瑞樂兩邑内通三洲四溪及十三鄉十三浦無不悉貫焉

蜃川（萬曆温州府志）在府治西或云即浣紗潭自西南至西北凡七曲有放生池樂湖荷荷灣西溆廟灣綺川虹橋滙津漁郎洞以西城枕水如卧蜃之象故名蜃川

會昌湖（温州府志）在府城西南五里（名勝志）唐會昌四年刺史韋庸重浚因名又分為南湖西湖總謂之會昌湖也

楠溪（太平寰宇記）在州西南十五里水入温江（温州府志）源出台州仙居諸山與縉雲永寧清通仙居四鄉水合流為樣樟羅藤蓬珍小李八溪至潮際合入

永寧江

樂清縣

縣後山（萬曆溫州府志）一名翔雲峰歷台之仙居及永嘉楠溪西北皆高山大谷至縣後雜沓若翔雲然縣治建于山麓

東塔山（　）在縣治東有峰如筆宋紹興二十六年景雲見其上明年王十朋廷對第一

西塔山（樂清縣志）一名馬院山在縣治西與東塔山對下瞰阡陌室家如魚鱗然

九牛山（萬曆溫州府志）在縣治東有大石九遠望若牛又名謝公山以靈運常游此

丹霞山（　）在縣治西舊名白鶴山山色多丹本名赤巖唐天寶六年改今名晉張文君煉丹于此太守王羲之訪之遁入竹不獲見下有金星溪其石名金星石巖下有招賢巖丹霞塢

簫臺山（名勝志）一名玉簫峰相傳王子晋吹簫之所其麓有沐簫泉

盖竹山（舊浙江通志）在縣西三里其上有盖竹洞天俗呼楊八洞奇峰怪石峻峭幽深舊八洞今止三洞可通

西際山（萬曆温州府志）在縣西三里三面蒼崖峭立惟東軒豁如門前臨大海瀑布懸崖而下

章輿山（温州府志）在縣西十二里一名澓峰

湖横山　盤谷山（舊浙江通志）俱縣西十里（嘉靖浙江通志）湖横山石崖横亘澗水出自深谷盤谷山東臨于海宋時王十朋孫閎讀書于此

左原山（嘉靖浙江通志）在縣東北三十五里羣山環繞中有田二千餘畝居民悉藏谷中一峰如卓筆更有四景曰梅溪曰蓴湖曰左嶺曰小雁蕩

白石山（樂清縣志）在縣西三十里一名白石巖唐天寶間改名五色山高千丈周回二百三十里純石無土木乃十二真君所居之地名白玉洞天石色如玉亦名玉甑峰（温州府志）宋太平興國中羽士李少和居此山下有白石徑爲謝

靈運行田之所

石船山（萬曆温州府志）在縣西五十三里（嘉靖浙江通志）山腹有石如船

赤水山（萬曆温州府志）以水色名一名赤巖山又名峣山有石室及錢池潭、中有龍居焉

盤嶼山（太平寰宇記）在州西北七十里海畔上有淡水（温州府志）其下為盤厂衛

靈府山（樂清縣志）在象浦（太平寰宇記）一名鬼府山云地官所理

芙蓉山（太平寰宇記）去瞿口五十里西南上三峯有四聳石並高三四尺森然如芙蓉相映因名

石垜山（嘉靖浙江通志）一名石帆山在縣東三十里山之後有大石高丈餘若片帆然磨石山西山横嶼山皆其支山也

黄塘山（温州府志）在縣東四十五里（嘉靖浙江通志）羣峰環合林木陰翳淒溪自西北來沿流于其下又東五里曰大崧山曰小崧山因以名其村赤水川之

源出焉

雁蕩山（名勝志）跨樂清平陽二縣北雁蕩在樂清之東南雁蕩在平陽西南各去縣一百里諸峰峭拔險怪上聳千尺皆包諸谷中自嶺外望之都無所見至谷中則森然干霄（嘉靖浙江通志）東瞰溫嶺西接白巖南跨玉環北控蒼山頂上有湖水常不涸春雁歸時多宿于此故名山有東西內外谷東外谷之峰五東內谷之峰四十有八西內外谷之峰各二十有四建寺一十有八各有殊名皆宋以來好事者所命也（雁山志）宋太平興國元年永嘉僧全了游至荊州遇天竺僧言汝緣在浙當得名山有諾詎羅尊者道場數遠當興詰其所曰地以花名山以鳥名中有龍湫宴坐此尊者棲息處也二年歸至海濱問父老曰此芙蓉村雁蕩山也了大感悟結菴曰芙蓉菴天聖九年僧文吉又居山之東曰碧霄菴靈跡始顯

楚門山（嘉靖浙江通志）在縣東南一百九十里海中其峽如門廣二十步海船皆由此出入

南閣山（溫州府志）在縣東一百二十里

盤山（溫州府志）在縣東北一百四十里有盤山嶺黄巖縣界

謝公嶺（李孝光雁山十記）自石梁南出五百步折而西行過謝公嶺嶺東居人多謝姓故名或曰地舊屬臨海郡謝靈運開山至此因名

常雲峰（李孝光雁山十記）雁山西南一峰絕高其上常有雲氣居人呼曰常雲

黄羊巖（溫州府志）在湖上嶴北連霞盤西連白石直插霄漢舊傳見黄羊在其下

館頭江（嘉靖浙江通志）在縣西南六十里水自永嘉之蠶江東下至盤石入于海

芙蓉川（溫州府志）在縣東七十里亦名港一自小芙蓉南至芙蓉塘口入江一自雁蕩山西外谷至長徼為大川入江

檡川（樂清縣志）在縣西柳市至盤石入海

雁湖（雁山志）一名平湖（溫州府志）在雁蕩山頂方十里半為蒻林餘皆水草雁多集之

白石湖（溫州府志）在縣西三十里一名合湖自盤谷諸山澗分為東西兩溪出

五六里合而為湖

斤竹澗（雁山志）在能仁寺東南峽中經龍半塘入海口

大龍湫（名勝志）在雁山西谷水自雁湖合諸溪澗會成巨淵淵側石檻有龍窟如井深窈不測檻中作四石壁數百仞水從四中瀉下望之若懸布隨風變態縱横不一（徐弘祖游雁蕩山記）大龍湫水出絕頂之南常雲峰之北夾塢中即其源也

小龍湫（温州府志）在雁山東谷從巖澗中飛流而下高三千尺

象浦（方輿勝覽）在縣西六十七里

三原灣（廣博物志）樂成縣三原亭灣水清如鏡此灣無所不容有人能食者常自譬腹如三原灣無所不容見永嘉郡記

白沙海（温州府志）在縣東南横亘二百餘里南望海之外則有青嶼倪嶴霊昆東望海之外則有玉環雞籠洋青鹿西横列海旁歷歷可數

瑞安縣

白巖山(萬曆溫州府志)在縣治東南又名龍山舊有白鶴銜花之瑞稱白鹿巖有丹井安泉玉泉洞

西峴山(名勝志)在縣治西神仙傳梁馬湘卜居西峴下紫霞常覆其居左右有二十八井上應列宿

栖隱山(嘉靖浙江通志)在縣治東北形如鳳舞

集雲山(萬曆溫州府志)在縣治正北縣之主山也跨帆遊崇泰清泉集善四鄉

寶香山(名勝志)在縣西南三十里上有浮圖江水環遶

帆遊山(萬曆溫州府志)在縣北四十五里界永嘉接大羅山

仙巖山(名勝志)在城東四十里即大羅山之陽道書天下第二十六福地上有三皇井巖頂有黄帝池廣五百餘畝水分八派下有五潭玉函潭龍鬚潭雷潭梅雨潭三姑潭高下相屬

步廊山(太平寰宇記)在州東北二百二十里從瑞安江入遠望如有屋宇之形因而名之見謝公名山志

雲頂山（萬曆温州府志）大羅支山在崇泰鄉有齊雲洞漱玉潭雲頂瀑石馬巖

三漈潭

岑崎山（　　）在縣東二十里有巨人足跡山趾有無漏泉

篔簹山（温州府志）在縣西八里昔處士李月泉修煉于此多種竹故名

陶山（萬曆温州府志）去城西三十五里周回二里前江後湖梁陶弘景隐此有昇仙壇煉丹石〻鼓洗藥池（洞天福地記）二十四福地在温州安固縣貞白先生煉藥處

許峰山（温州府志）在縣西四十五里（嘉靖浙江通志）高數千仞海舶視為方向

其支曰鳳岡山

五公山（萬曆温州府志）在縣西三十里世傳梁僧誌公化公朗公唐公寶公會此故名有五公石〻上有剪尺拄杖跡

巾子山（瑞安縣志）在縣西六十五里（嘉靖浙江通志）上有七星潭

五雲山（名勝志）在縣西一百里唐信宗時僧令瓚来居山巔一日有真人乘五

色雲降亘日而散郡上其事勅賜今名

翠微嶺（仙巖寺志）在嶺頭崖側有宋侍郎姚厶撰勒仙巖銘至今存焉

飛雲江（瑞安縣志）在縣南門外一名安陽江又名安固江吳時名羅陽江唐時名瑞安江又名飛雲渡其源有二一出福建政和縣界一出處州青田縣

北湖（　）在縣北二里發源于集雲山衆流瀦焉

梅雨潭（仙巖寺志）兩巖陡削飛流濺沫煙霧濛濛宛若梅雨

大溪（萬曆溫州府志）在縣西一百四十里一名西溪源出福建政和縣界縈紆數百里至三港入江

東海（溫州府志）在縣東十里

平陽縣

昆山（名勝志）在縣治西南（嘉靖浙江通志）雄麗峻拔為縣城表鎮絕頂有巨石俗名古巖山下有六洞世稱崑陽蓋指此也（蘇伯衡西枝草堂記）中眷支而為九故九曰九凰

嶺門山（萬曆溫州府志）在縣治前其山翼然夾峙故名

仙壇山（晏公類要）在縣東五里山頂平石方十餘丈號為仙壇

新羅山（平陽縣志）在縣治南二里有新羅國王廟在焉故名

錦屏山（萬曆溫州府志）在城西一里（嘉靖浙江通志）形類屏扆四時蒼翠

鳳皇山（平陽縣志）在縣東南二里儒學遷其下嘗産紫芝其麓有七絃水

鳴山（名勝志）在縣治北形如伏虎穴常有聲西有小山七突立平原名七星山

少西有管輿山

林亭山（嘉靖浙江通志）在新羅山之南有大石瞰海登之可望日出

石帆山（舊浙江通志）在縣西北十五里

麥城山 麥一作墨 （平陽縣志）去城南十里枕海上有龍湫其下為仙口巡司

鳳山（萬曆溫州府志）去城西南二十五里下臨長江綿亘數里舊名錢倉相傳石罅間有錢流出後厭之遂塞有鳳皇巖醉翁巖望海壇石鼓又有石洞石上刻魏晉間人紀游又有黄石公洞乃邑人黄本英栖隱處

羅源山（名勝志）在縣西南二十五里横陽江流其下

青華山（舊浙江通志）在縣西南二十五里（名勝志）其頂有湖東有犀仙洞

蓋竹山（平陽縣志）在縣西南五十里（名勝志）上有華蓋峰下有漱玉泉

棲石山（平陽縣志）在城西南五十里周回四十三里高數十仞遠望如棲閣踊

三山棲（初學記）溫州棲石山三石並高百丈杪如劍峯

象灣山（名勝志）在縣東三十里有仙人跡又名仙灣

將軍山（萬曆溫州府志）在城東南七十里相傳昔越陽將軍屯兵處

鵲溪山（舊浙江通志）在縣西六十里

南雁蕩山（南雁蕩山志）在縣西南百里（嘉靖浙江通志）北自穹嶺南自施巖皆名雁蕩

白雲山（南雁蕩山志）一名白雲峯與雁蕩山連周回二十餘里高插雲漢中有溪澗道絕不通巨藤盤繞其上游人援之以進是曰藤道又有明玉澗玉乳洞白水瀑玉篋瀑寒瀑懸棲諸勝

玉蒼山（萬曆溫州府志）在縣西南八十里一名八面山周回百餘里跨八鄉有

華蓋峰華表峰

松山（　　）在縣西南八十里有丹井丹竈丹臼唐真人馬湘與徒王延叟煉丹于此飛昇（嘉靖浙江通志）錢令公入閩五子從行嘗宴于此又名五公山其南曰凝翠山

陽嶴山（名勝志）在縣南一百里燥溪流其下上接蘭陽之水別為東西二溪分流注于江入海

羅溪山（舊浙江通志）在城西南百里一名西山壁立千仞横亘十里

風門嶺（白石樵唱注）在平陽西口

嚴乙巖（十國春秋）嚴永永嘉人初仕南唐避地于青華山人名其處曰嚴乙巖

仙姑洞（潘耒南雁蕩遊記）宋時朱氏女辟穀居此洞高廣如夏屋屋隅有泉一泓洞左復有一洞如曲室室後窈黑處深不可窮

横陽江（平陽縣志）在縣西南二十五里舊名始陽江又曰錢倉江

梅溪（萬曆温州府志）在城西三十里發源蓋竹山古稱梅源宋林克民栽梅溪

上改今名

寒瀑泉（南雁蕩山志）在白雲山兩柱對屹類天台瓊闕而高過之泉注其巔飛流濺沫常如梅雨下為龍湫

東海（平陽縣志）在縣東二十五里北自瑞安榆木經陡門仙口而南經江口小茹南監邪溪塩亭又自塩亭經大嶴王孫蒲門墮墳嶺俞山抵福亭烽火寨擴亘三百餘里而麂山大嶴長腰諸山駢列其中

泰順縣

鳳皇山（名勝志）在治後山形起伏疊宕有鳳翔千仞之勢

萬羅山（萬曆溫州府志）在縣治前四畔皆平地孤峰獨峙

天関山（泰順縣志）在縣北一里高聳特異下有龍湫雲蒸則雨鄉人以此占晴雨焉

地軸山（萬曆溫州府志）去城南里許横鎖水口

陳岱山（　）在城東三十里有陳岱嶺

飛龍山（泰順縣志）在縣東城外蜿蜒陵谷若龍嘘氣而飛

舞鳳山（泰順縣志）在縣西城外坐伏殊態若鳳舞然

分水山（萬曆温州府志）在縣南二百里與平陽松山界連泉發隴上東西分派以限閩浙五代吳越戰守在此山下地名平水達前倉江可通舟

龍關山（嘉靖浙江通志）在縣東一百二十里

仙山（名勝志）在縣南七十里上有巖室祈禱即雨又三十里爲木源山

莒岡山（萬曆温州府志）在縣東七十里

文筆峰（泰順縣志）在縣南十里卓立如筆鎮水口古讖云文筆鎮水口羅陽出郡守

盧坑嶺（萬曆温州府志）在縣南七十里

滴水巖（萬曆温州府志）在縣東四十里弘治間范令勉新闢路

雙溪（泰順縣志）在三魁橋下錦溪小溪二水合流

仙居溪（萬曆温州府志）在縣東西四十里

雷分彔（嘉靖浙江通志）在三都天湖山之北成化間旱耕者爭決致鬭忽大風震雷中分其水爭乃息

處州府 麗水縣 附郭

櫸山（嘉靖浙江通志）在縣西南一里長岡秀隴多生櫸木上有孔廟又名廟山

枣山（栝蒼彙紀）今郡治在其麓

芝山（栝蒼彙紀）在枣山北

錦山（崇禎處州府志）在枣山東北舊多蒔桃柳若錦繡然

月山（嘉靖浙江通志）在芝山西海月初升此山先浮其光

萬象山（栝蒼彙紀）在月山西俯臨城邑近挹溪光城中山之最高者

梅山　姜山（名勝志）並在枣山西南

富山（崇禎處州府志）古三皇嶺

麗水縣 城外山川

壽元山（舊浙江通志）為郡治鎮山（名勝志）在北城外

處州

白雲山（舊浙江通志）在府城北十里山頂有鏡心池

靈山（括蒼彙紀）上有靈山寺

城門山（名勝志）踰白雲為城門山永嘉記云城門山瀑布值風散為雨遇日散為青虹

麗陽山（嘉靖浙江通志）在縣北七里縣之名麗以此上有龍潭石室天井下環清溪曰麗陽溪

稽勾山（括蒼彙紀）在壽元北百里崔巍盤繞亘二十餘里為甌括士民往京省之間道

劉山（括蒼彙紀）宣德間溫守何文淵卻金于此有司就其地建卻金館

大連雲山（名勝志）在縣西南六十里巉巖陡絶上連雲霄（括蒼彙紀）一名沙溪尖與青田小連雲山相界

大杉源山（崇禎處州府志）跨麗水雲和之間山下有大杉狐梯二潭

木寮山（崇禎處州府志）景寧接界

石羊山（太平寰宇記）山石如羊有蘭若溪〻有一穴深數丈

天馬山（括蒼彙紀）山形如馬又如幞頭俗呼幞頭山北拱縣學

南明山（括蒼彙紀）在府城南七里上有印月池獻花巖高陽洞石梁米芾書南明山三字崖刻靈崇二字乃漢葛洪隸書

大梁山（名勝志）在縣南二十里北跨麗水南跨青田

中子山（名勝志）在城東十里山形如巾

少微山（舊浙江通志）在府城東南十里郡應少微處士星故以之名郡又以名山舊祀少微星君于此

高畲山（括蒼彙紀）去郡西五十里北跨宣平西跨松陽峰巒攢簇草樹蓊蔚視諸山環列如几席下西山之最高者

鷹鳥山（括蒼彙紀）山有三峯在高畲之南上曰靈峯中曰翠峰下曰岑峰俱有僧舍林巒秀麗為諸山冠

風門山（舊浙江通志）在府城西三十里（括蒼彙紀）上有三穴深邃風自中出每

夜靜月明白氣起自山麓上徹霄漢

石僧山（舊浙江通志）在府城西四里（括蒼彙紀）山有一石狀如癯僧

天王山（方輿勝覽）在府城西北隅城壁繞其上有唐時天王像故名

桃山（崇禎處州府志）舊多產桃去郡西五里

小栝山（真誥）小栝山即小栝蒼山在永嘉溪橋之北左慈元放所治（括蒼彙紀）

衆山環簇狀如蓮山又名蓮城山徑路盤紆亦名九盤嶺唐宋州治皆在焉

佛頭巖（舊浙江通志）下二十里爲青田界

巃崆巖（崇禎處州府志）有石洞如屋可坐十許人

三巖（括蒼彙紀）距城一里踞西山之根宋皇祐間知州李堯俞名其右曰清虛

中曰白雲左曰朝曦

天堂洞（崇禎處州府志）距城三十五里上有迎天堂下有蟄龍洞祈雨輒應驗

東山之最高者

碧湖（　）鄉人立市于此以丑辰日集諸貨物交易邑西一都會也

麗陽溪（括蒼彙紀）在麗陽山下源出練水（舊浙江通志）括城之水止麗陽溪一源溪設二閘旱則閘入溪之水以灌城潦則閘入城之水以歸溪

好溪（名勝志）即東溪也自縉雲大盆山西流為東渡東折于大程經石口秋塘諸渡達于洞溪

浯溪（崇禎處州府志）在太平渡

洞溪（括蒼彙紀）在東溪東二里

大溪（名勝志）亦名洄溪源自龍泉來入縣界東南流逕青田至永嘉入海

突星瀨（括蒼彙紀）在縣東四十五里一名惡溪晉王右軍游惡溪歎其奇絕書突星瀨于石後里人苦州縣摹打之繁推石墮水中

猫兒潭（崇禎處州府志）昔有術者檄龍于百尺潭以禱雨龍奔化為猫入潭故名

石牛潭（括蒼彙紀）一名鏡潭為上游諸邑要津有通濟橋維舟為浮梁

縉雲縣

翠微山（名勝志）縣治所倚即李陽氷以中峰名之者

金紫山（　　）在南溪與縣治對麓有毛翁巖宋毛維瞻為尉暇則飲此

湧翠山（　　）在縣西里許一名西巖

雲塘山（崇禎處州府志）在縣北朝京門外

雲峰山（縉雲縣志）在縣西五十里巖有飛泉如白練

大小君子山（崇禎處州府志）在縣西北十五里

吏隱山（方輿勝覽）在州東北五十里瀑布飛泉灑落三百餘丈上有四井周回四丈（括蒼彙紀）一名窪尊山李陽氷篆吏隱山三字于壁鑿巖為窪尊而飲之奇跡尚存作忘歸臺窪尊二銘刻于石

仙都山（仙都山志）古名縉雲山按道書洞天三十六所仙都第二十九名元都祁先洞天周回三百里黄帝駕火龍上升處山巔有石屋世傳為洞天之門史記載縉雲本黄帝夏官之名張守節云括蒼縉雲郡縣其所封也太平寰宇記云唐置縉雲縣又以括州為縉雲郡蓋以其地有縉雲山故也今縣在山之西二

十三里圖經云唐天寶七年六月八日彩雲飛于李溪源覆繞縉雲山獨峰之頂雲中仙樂響亮鸞鶴飛舞俄聞山呼萬歲者九諸山皆應自申至亥乃息刺史苗奉倩上其事于朝勅改今名（元豐九域志）一名朋峰山

獨峰山（仙都山志）一名仙都石謝靈運名山記云縉雲山旁有孤石屹然干雲高二百丈頂有湖生蓮花舊東陽記一名丹峰山

步虛山（　）在仙都山前疊嶂倚空羣峰掩映又有小峰列如北斗名曰斗巖古老云黃帝常煉丹于此

好山（　）在仙都山西初暘谷宋紹興間轉運使李士舉常遊仙都有華屋重重對好山之句由是得名

大象山（縉雲縣志）在縣西南二十里形如卧象

大姥山（崇禎處州府志）在縣西南三十五里

姑婦山（嘉靖浙江通志）在小蓬萊山之東五里上有二石相上下又名母子山

萬松山（縉雲縣志）在縣東五里山勢盤旋林巒森秀

括蒼山(崇禎處州府志)一名蒼嶺圖經十大洞天此為第十道書名成德隱真洞天周廻三百里東跨仙居南控臨海

靈龜山(嘉靖浙江通志)在縣東三十五里左曰東山右曰西山山之中有石狀如龜其背有紋

官山(舊浙江通志)在縣東七十里(嘉靖浙江通志)接台州境薪竹之饒民利賴之

大峎山(縉雲縣志)在十四都上有七十二洞界青田

黄龍山(括蒼彙紀)四圍陡絶池水潔清相傳有龍潛此蓋縣北之控阨也

歷山(縉雲縣志)在縣西北四十里有摧車坑架鼓巖上有舜廟下有龍津

檗山(崇禎處州府志)在縣西北二十五里舊傳有龍遺檗于此因名

仁壽山(舊浙江通志)在縣西北五十里

瀑布山(崇禎處州府志)在縣北三十五里飛泉濺落三百餘丈

葛竹山(括蒼彙記)在縣西北五十里世傳葛洪煉丹于此遺筆化筍成竹人取

具笋可書數十字

大盤山（崇禎處州府志）在縣東北一百二十里水源從此出與東陽界

小仙都山（澄懷録）縉雲南峰之東謂之小仙都有二石如人形俯而相先後俗呼新婦石

小蓬萊（仙都山志）在仙都之西潭心有小島上多怪石奇樹潭之南有石壁高可百仞四明褚鑰大書小蓬萊三字刋于碑以亭覆之

岱嶺（崇禎處州府志）在縣北一里嶺左之水流于好溪歷麗水青田以達温州入海嶺右之水流于龜溪歷永康蘭谿以達杭州入江

三嶺（　）在縣西南三十五里麗水界高峻難陟明耿再成築寨于此

芰嶺（　）在縣西北四十里界于武義邑之要害處

馮公嶺（括蒼彙紀）善士馮大㬎所鑿宋楊億比于蜀劍閣云

謝公巖（縉雲縣志）在縣南五里謝靈運常遊此故名

仙掾巖（崇禎處州府志）在縣東十五里峭壁千仞色赪一名小赤壁

隱真洞（仙都山志）在步虛山巔巖石玲瓏宛若窗牖唐劉隱真先生修煉之所

仙水洞（　　）在步虛山麓郡志一名鏡巖唐周景復先生修煉之所

初暘谷洞（　　）在仙都山西有石室洞房虛敞可居以東向先浮日故名

崖上有三大字或云李陽冰篆

金龍洞（　　）在步虛山東深不可測道家所稱洞天者此也宋天禧四年

投金簡于中

阮客洞（括蒼彙紀）在縣治東一百五十里唐李陽冰題洞額鐫于石上

鼎湖（仙都山志）即獨峰頂上湖也常生蓮花按唐宋以來名公題咏並以鼎湖

稱之

好溪（崇禎處州府志）在縣治前源出大盤山山橫亘縉雲東陽永康仙居四縣

源深流長歷麗水達溫州（輿地廣紀）處州惡溪舊多水怪唐刺史段成式有善

政怪自去改名好溪

錬金溪（仙都山志）源出大盆山至仙都則名錬金水中有石與獨峰之根連續一片其平如砥兩岸相望濶三十餘丈而水深僅尺許唐隱真先生元墟志曰錬金溪畔足以濯纓則錬金之名古矣

管溪（縉雲縣志）在縣東七十里

百丈潭（崇禎處州府志）在縣東一百二十里有三潭周回皆石各百餘丈水深莫測巖瀑瀉練時有龍潜昔同闍黎取雨于此曾有神應

金花潭（仙都山志）在錬溪賜谷洞前世傳鼎湖金蓮花瓣落此

赤壁潭（崇禎處州府志）在縣東六十五里即巖門潭南旁有巖壁峻百仞廣半里餘下有茂林堪憩宋人鐫小赤壁三字于巖上

青田縣

青田山（嘉靖浙江通志）在縣西北一里舊經云葉法善棲此學道田産青芝故名上有試劍石下有洞可容數人石壁上刻混元峰三字未詳何人書也前有井乳泉湧出不竭

錦屏山（括蒼彙紀）在縣西三里（青田縣志）狀如屏

湧泉山（青田縣志）在縣東一里

東寶山（嘉靖浙江通志）在湧泉山東八里又曰文筆山

披雲山（舊浙江通志）在縣南五里（崇禎處州府志）高數百丈若雲翔波湧勢

大鶴山（括蒼彙紀）在城北二十里所謂第十三洞天也周回五百里永嘉記云青田有雙白鶴年年生子子長飛去又道書載元鶴洞天在處州青田（許白雲集）青田大鶴洞有葉法善試劍石舊有元鶴巢于上復有青牛在下

巾子山（括蒼彙紀）卓立如巾為縣第一高峰絕頂一覽福台溫處四郡皆在目前上有龍湫祈旱輒應

金田山（青田縣志）在縣北十里下有石井龍湫

南田山（舊浙江通志）在縣南一百五十里（括蒼彙紀）下有黃莊棱百丈漈右有吳埠橋古稱七十二福地南田居其一誠意伯劉公族居此山周二百里土沃宜稻歲旱豐稔如常

丁公尖山（崇禎處州府志）在縣西十里上有龍潭

鷹台山（青田縣志）在縣西六十里山脉發自天台

石盖山（　）在縣西六十里二山峙立中有大石横覆其上下可容數十人因名

石佛山（舊浙江通志）在縣西五里濱溪有石高二丈餘其狀如佛

大小連雲山（青田縣志）在縣西南一百二十里

石樓山（括蒼彙紀）在縣西七十里雲霧擁結狀若樓臺

葱陽山（青田縣志）在縣西五十里極峻險

古陽山（舊浙江通志）在縣西一百里

芝溪嶺一名天梯嶺（崇禎處州府志）崎嶇險峻人馬難行寺僧仁達募工改築

石門洞（方輿勝覽）在縣南七十五里兩峰壁立高數十丈相對如門因名有瀑布直瀉至天壁凡三百尺自天壁飛瀑至下潭凡四百尺（括蒼彙紀）宋永嘉太守謝靈運躡屐来游始開此洞

青田溪（元和郡縣志）在縣西南十八里

沐鶴溪（名勝志）在縣西南五十里出于鶴口嶺經白巖至大郎回小郎回爲浣紗溪

浣紗溪（括蒼彙紀）宋謝靈運游石門入沐鶴鄉有二女浣紗潮以詩二女忽不見

松陽縣

部山　夾山　玉旦山（　）在縣治北五里三峯聯合狀若筆架縣之鎮山也

西屏山（嘉靖浙江通志）在縣西一里上有靈霄臺半月泉旁有望松嶺

紫金山　石笋山（舊浙江通志）俱縣西五里（松陽縣志）石筍山雙峰對峙石磴千尋峭拔如筍下臨大溪

射堋山（舊浙江通志）在縣東十五里形類射堋

馬鞍山（　）在縣西四十八里（括蒼彙紀）如馬鞍狀橫截水口陟其巔

可遠瞰郡城

七寶山（舊浙江通志）山北舊出礦今絶

南洲山（崇禎處州府志）山下有渡

獨山（括彙蒼紀）在縣治南永嘉紀云其山孤峙旁無連接故名一名百仞山

戴火山（　　）即留明洞山多奇勝有戴火仙廟

箬寮山（松陽縣志）在縣西南一百四十里

烏礓山（括蒼彙紀）舊出銀冶今塞

蟾湖山（崇禎處州府志）高四千仞正統間鄉人築寨于此

石印山（括蒼彙紀）有義和橋凡四十八座

道觀山（　　）中有叢石如林有小桃源桃核洞臥雲巖浴丹井

九芝山（松陽縣志）在縣西南十五里（崇禎處州府志）山曾産芝九莖

南巖山（崇禎處州府志）在縣南十里（名勝志）幽勝甲一邑東有石筍高四五丈泉出石穴名馬蹄泉

横山（名勝志）在縣南十里如雲横空中高三百丈

上方山（松陽縣志）在縣西五里唐進士毛雲龍煉丹于此泉出巖中大旱不竭傳曰煉丹井

卯山（名勝志）在縣西二十里有怪石如松有枝葉唐葉法善家于此

酉山（　）與卯山對各以方向為名亦法善往来處也

石甕山（松陽縣志）在縣西四十里旁無聯屬若石甕然

長松山（栝蒼彙紀）因以名縣一名牛首山上有龍潭有九雲峰葉法善解化于此

南嶺（崇禎處州府志）最稱險峻西南一阨塞也横溪之水出焉

望松嶺（名勝志）在縣治西一里舊傳王羲之望松于此

雲巖（　）在城西一里有石洞洞口有臥龍岡

烈婦巖（崇禎處州府志）正統末鄉人避寇于此守寨人何志福通賊破之婦女多投巖死故名

松陽溪（括蒼彙紀）上有界首橋及渡下有靦口上下二橋及靦口渡金梁渡有響巖橋至堰首會龍泉水經郡城達青田入于海

白龍津（名勝志）在蟾峰山麓

遂昌縣

瑞山（嘉靖浙江通志）在縣治南半里舊有紫雲盤結于上人謂瑞氣故以名山有井曰煉丹井井右為尖山左為塔山宋縣令朱元成因尖山崒嵂建塔于土鼓壇之上曰瓊峰塔與尖山對峙因名塔山

白馬山（崇禎處州府志）在邑西二十里又名丁公山相傳昔有丁公家山下喜跨白馬殁為神故名

君子山一名城山（括蒼彙紀）在縣治西南百步山麓多士夫家故名

妙高山（遂昌縣志）在邑西秀麗峻拔蓋縣之近而尊者

屏風山（括蒼彙紀）妙高山西南狀如玉扆

曾山（崇禎處州府志）在縣西十里名文筆峰俗名尖山

魚袋山（名勝志）瑞山之次（崇禎處州府志）象狀魚袋故名

西明山（名勝志）在縣東十里峰巖峻絶下臨大溪

青城山（括蒼彙紀）上有飛瀑龍井相公巖玉女芙蓉二峰

唐山（嘉靖浙江通志）在縣北一十八里山北二峰如卓筆相向又名羅漢峰五代時僧貫休所居菴北有淵廣五畝有虎跑泉澄澈不竭一名虎郎

飛鶴山（遂昌縣志）在縣東一里山形似鶴張翅迴翔

平昌山（括蒼彙紀）在縣東十五里兩山前後相疊形如昌字縣名本此

尹公山（遂昌縣志）在邑東三十里與百丈巖相連隋大業中有尹姓者煉丹于此因名

牛頭山（名勝志）與松陽接境（遂昌縣志）峯巒層疊有九又名九雲山

月山（嘉靖浙江通志）在縣西四十五里狀如月與瑞牛山相對

湖山（名勝志）在縣北七十里突峙溪口

獨山（崇禎處州府志）在縣西八十里一名天馬山一名赤壁山

大棱巖（括蒼彙紀）在縣西飛瀑四時不絕冬則凝結倒懸如玉浮圖下爲龍湫者三十六奇勝爲一邑冠

石姥巖（遂昌縣志）絕頂出泉爲池有二金鯉魚或隱或見又有花一株青紅兩色殊爲奇絶

侵雲嶺（　　　）在縣北十五里下有馬埠巡檢司

赤津嶺（崇禎處州府志）在邑北六十里山勢峻絶兩山如門北至衢州龍游

航川（遂昌縣志）一名航頭在邑東十里前有深潭澄徹無底

幞頭潭（方輿勝覽）在縣東五里大溪中其狀似之水涸則見諺言幞頭潭上岸遂昌官一半今溪南漲沙與山麓等去潭纔數尺而登桂籍者相望

澓溪（名勝志）在魚袋山下湖山溪金溪二水合流達衢州入浙江

梧桐溪（遂昌縣志）在邑東三十里永嘉志云梧桐溪有兩源

雲和縣

鳳皇山（括蒼彙紀）在縣北百里許最爲秀拔

鯉魚山（　　　）在縣北五十步許狀若魚首有石室如魚口最為秀拔陟其巔一境形勝可舉目而盡

龜山（雲和縣志）在縣東一里穹然嶙峋其狀如龜

象山（　　　）在縣東二里環列道旁宛如馴象

委狗山（崇禎處州府志）在縣北二十里為縣鎮山上有石屋石笋下有清泉旱禱響應

白龍山（名勝志）在縣東南五里環拱縣治（雲和縣志）山頂有泉出石碊中

雲漈山（括蒼彙紀）在縣東堂宇幽寂瀑布星飛務溪水出焉

大杉源山（雲和縣志）在縣西七十里（崇禎處州府志）西為雲和東為麗水

武岱山（雲和縣志）在二都（括蒼彙紀）中建菴宇旁有石碊出泉冬夏不絕大雄峰即山之巔為黄家畲通景龍慶三縣

香火山（雲和縣志）在縣東三十里遇旱禱雨多應

安溪巔（名勝志）路通景寧兩山叢峽足以按禦

安溪（括蒼彙紀）在縣治南源出東岱下流與雙溪滙至小徐繞獅峰合流于浮
雲溪

規溪潭（舊浙江通志）達麗水界縣北之襟帶也

龍泉縣

九姑山（括蒼彙紀）在縣治北百餘步昔縣令葉九女葬此因名

石馬山（龍泉縣志）距縣一十五里峯巒秀聳為一邑羣山之祖（括蒼彙紀）山巔
巨石如馬有文筆秀才二峰

桃泉山（舊浙江通志）在縣西二里（龍泉縣志）天台之右

佛山（龍泉縣志）距縣一十里（崇禎處州府志）又名石棋山縣治對之

豫章山（嘉靖浙江通志）在縣南二十里唐時常産銅今無下環川流曰豫章川

金鰲山（名勝志）在縣東水中巨石擁起其形似之

九漈山（龍泉縣志）距縣一百里（嘉靖浙江通志）巖高百仞上有龍井者九皆水
旋而成各廣袤數丈深不可測飛瀑九道自巖頂而下或分或合形若垂簾聲

如霹靂以注于壑

匡山一作筐（括蒼彙紀）在縣西一百二十里匡山之水出焉（宋濂看松菴記）龍泉西南百餘里有四旁奮起而中窪下者狀類筐箕人因號為筐山山多異松彌望入雲

昴山（龍泉縣志）距縣三十里（括蒼彙紀）青壁聳削雲霧晦冥

鳳皇山（名勝志）在縣西四里勢若翔鳳

天台山（　　）相傳中有小澗桃花片片流出西北一墟似石非石瑩白可愛

琉華山（龍泉縣志）在縣南七十里（括蒼彙紀）高出境內諸山巔有長湖深不可測下為琉田有青瓷窯今廢

其山秀麗挺拔為一邑勝槩

石笏山（嘉靖浙江通志）在縣西十里以形名又西十里曰孝義山宋時孝童盧猛居此下有孝義泉

棋盤山（龍泉縣志）在縣南三里上有砰石狀如削成因名

湖臺山（名勝志）在縣西南八十里五代梁時邑人郎鼓採樵入山忽遇澄湖橋林杳非人間見二叟對奕及還已期年矣

黄鶴嶺（崇禎處州府志）晋唐間龍泉號黄鶴鎮者以此乃縣之鎮山也

武溪嶺（　　　）龍泉雲和分界于此

白雲巖（栝蒼彙紀）上有五顯神廟相傳宋德祐中幼主過此日暮屯兵其上俾各負溪石為壘〻與廟至今存管師復隱此人才特盛

劍池湖（龍泉縣志）在縣南五里（名勝志）周三十畝世傳歐冶鑄劍于此

昴溪（名勝志）發源于三徑經秦溪至錦川披雲二橋滙于大溪

雲溪一名槎溪（方輿勝覽）在縣東一里崇因薦福院北其溪夹長洲為兩派里讖云沙洲到寺上龍泉出宰相沙洲到寺前龍泉出狀元後何執中拜相劉知新釋褐為首蓋符其讖云

秦溪（舊浙江通志）劍池湖在其陰（龍泉縣志）下與蔣溪合流大溪

楮聖潭（崇禎處州府志）舊有橋亘縣學水口

慶元縣

霞披山（嘉靖浙江通志）在縣治南色如渥丹

象山（名勝志）在縣治西北

松源山（崇禎處州府志）在下管勢若建瓴

石壁山（名勝志）在縣東十里石筍凌空為邑關阻

巾子山（慶元縣志）一名錦山在縣北十里兩峰對峙佳氣浮空若彩橋然學宮在其下

薰山（舊浙江通志）在縣西十二里（嘉靖浙江通志）吐氣如虹與錦山相對芸溪之水出焉薰山相接曰文筆山圓尖如削稍西曰仙桃山山多桃樹春花盛開爛若雲錦

天馬山（括蒼彙紀）去城南二里山之近而尊者

溫陽山（舊浙江通志）在縣西南六十里

百丈山（括蒼彙紀）距城西三十里懸崖孤峭下有龍湫相傳為馬氏女棲真所

丹成仙去

鳳皇山（慶元縣志）在縣西七十里飛翥比翼高入雲漢

石龍山（崇禎處州府志）在縣西北數百步蜿摞若龍伏而再起頴如卓筆因名

文筆

粉盒山 金釵山 龜山 鼠山 蓮花山（慶元縣志）在五都各以狀名並鍾

奇瑞

横嶺（舊浙江通志）在治東八十里連亘雲中入閩界

烏石嶺（慶元縣志）在縣西十里石壁峭削為邑西障

安溪（括蒼彙紀）水出挂橋山下

芸溪（慶元縣志）在縣北二十五里合槎溪水

梅溪（括蒼彙紀）水過頭陀峽橋趨郡城

景寧縣

桂山（崇禎處州府志）在治北山上有突石方正如印旁生奇木以蔭之自福建

壽寧萬里林導冢至此

玉泉山（括蒼彙紀）麓有泉滴巖清瑩如玉故名有洗心亭邑人胡岳建題曰鶴溪洞天

雅山（景寧縣志）在縣西一里上有孤峰特聳遥望儼若雅立即儒學朝山

香山（括蒼彙紀）對縣之山千巖競秀爲一邑勝槩

象山（景寧縣志）在縣西半里其形如象故名

筆架山（　）在縣北五里宛若筆架

敕木山（崇禎處州府志）高數千仞積雪經旬不消

石耳山（名勝志）在縣南巖高百餘丈上生石耳如葚又有響巖扣之作聲

石牛山（　）在縣南十里（崇禎處州府志）高百丈頂有巨石黑色旋伏如牛

洪嶺（景寧縣志）在縣北十五里遂邑必由之路嶺最險峻知縣汪士璜開鑿行人便之歸嵐頭嶺

烏鐵巖（括蒼彙紀）在治東半里時雨初霽石色如鐵其第二峰尤陡絶

盧棲洞（崇禎處州府志）唐道人盧教棲其中

大溪（栝蒼彙紀）古浮邱伯沐鶴于此又名沐鶴溪

壆溪（景寧縣志）在縣南二里宋秦少游訪墨法師于此

大漈溪灘（栝蒼彙紀）東下五十里大石錯立形如犬牙水行峽中如雷下有獨石高四五丈屹立湍流中知縣鍾旻嵩就山水之峽築陸漈關以為防禦

宣平縣

占鰲山（嘉靖浙江通志）在縣北一里

台山（　）在縣北二十里層巒疊嶂迴出諸山前有松溪後有桃溪山界于中二水夾而西下又折而西十里曰礱坑山

棲臺殿閣山（崇禎處州府志）其狀儼肖

墨山（栝蒼彙紀）在縣治東五十五里高聳千仞其色如墨

栗山（名勝志）在城西四里環山二水左曰干溪右曰申溪皆以方位名

歐溪山（栝蒼彙紀）在縣東五十五里相傳古歐冶子鑄劍于此

天馬山（崇禎處州府志）在縣南十里

白馬山（括蒼彙紀）在縣西五里上有石室室中有石擊之鏗然有聲

榅樣山（　　）在縣西一十五里山巔有唐葛周廟（名勝志）三峰錯峙四面峻絶

俞高山　玉巖山（舊浙江通志）俱縣南六十里

竹客嶺（崇禎處州府志）又名寨頭可防禦松陽縣分界

槁嶺（括蒼彙紀）在縣治南越此爲麗水界

蘇符嶺（崇禎處州府志）俗傳葉法善埋蘇符于此

東巖（括蒼彙紀）在縣西五十里四面陡絶惟一徑捫蘿可入一名赤樓山

西巖（　　）又西四十步與東巖對峙唐袁晁宋方臘之亂郡人避此獲免

白沺巖（崇禎處州府志）一名雲巖高百餘丈一徑可援蘿而上正統間寇亂鄉人避難于其巔

蘇溪（括蒼彙紀）發源于戌嶺至洗灘會馬村水

茭溪（　　）在縣治西自磐坑出大溪口達麗水

玉環

玉環山（太平寰宇記）一名木陋嶼又名地肺山在海中週五百餘里去郡二百里上有流水潔白如玉因以為名按登真隱訣云郗司空先立别墅于此東晋居人數百家至今湖田見在（洞天福地記）山為第七十一福地在温州樂清縣（台州府志）一名木榴山避錢王諱改今名

國朝雍正八年浙江總督李衛題請展復奉

旨設立同知一員築于其上

中青山（玉環志）半在城内

東青山（　）半在城内

西青山（　）在城外

靈山（台州府志）在楚門港中與玉環山相接連

筆架山（玉環志）在西潭

仙人山（玉環志）舊有寨城週五里今廢城址猶有存者

龍尾山（　）山麓内有巖方八尺周三丈餘號印巖

錦屏山（　）山頂有巖方如巾又名方巾山

分水山（　）樂清太平分界處

牛頭山（　）抵海十餘里前有溪名大岙溪

高椅山（　）抵海二里前有溪名小岙溪

尖巖山（　）抵海五里前有溪名小溪

考功山（　）舊有壘寨今址存抵海二里

木岡山（　）上有龍潭能興雲雨

虎叉山（　）山有鐵樹二株每踰四五年一發至今不改

金竹山（太平縣志）在玉環鄉俗呼竹岡

大烏山　小烏山（温州府志）俱在海中

鷄冠山（玉環志）一名長嶼山在海中

花巖嶼（玉環志）在白沙屏
百丈巖（　）在蘆嶼
女兒洞（　）在漩門
流沙洞（　）在沙嶼
天開河　在玉環城外
國朝雍正八年浙江總督李衛題請展復玉環山奉
俞旨允行將築城垣七月初一日暨二十一日兩次雷雨滂沛衝開一河直通後坟
浦長一千三百二十丈濶約二三丈許載石之舟直抵城下商民舟楫可通矣
船出哨甚捷仰見
聖德感孚為千古未有之嘉祥也
龍潭（玉環志）在大理嶴東北叢山峻嶺中有大溪溪水入潭深邃莫測